U0196147

◆◆◆ 全国建设行业中等职业教育推荐教材 ◆◆◆
住房和城乡建设部中等职业教育市政工程
施工与给水排水专业指导委员会规划推荐教材

市政管道施工

（市政工程施工专业）

鲁雪利 主 编
鲁 莹 张铁成 副主编
张军升 主 审

中国建筑工业出版社

图书在版编目（CIP）数据

市政管道施工/鲁雪利主编. —北京：中国建筑工业出版社，2016.4（2023.7重印）
全国建设行业中等职业教育推荐教材. 住房和城乡建设部中等职业教育市政工程施工与给水排水专业指导委员会规划推荐教材（市政工程施工专业）
ISBN 978-7-112-19236-6

Ⅰ.①市… Ⅱ.①鲁… Ⅲ.①市政工程-管道工程-工程施工-中等专业学校-教材 Ⅳ.①TU990.3

中国版本图书馆CIP数据核字（2016）第050065号

本书是在住房和城乡建设部市政与给水排水专业指导委员会的指导下，依据《中等职业学校专业教学标准（试行）》及国家现行规范、规程、技术标准，运用项目法进行编写。本书主要包括市政管道的土方工程、市政给水、排水、雨水管道施工、燃气及热力管道施工、人工掘进顶管等项目。在学习支持中介绍了相关项目的基本知识。知识链接部分介绍了相关项目内容的规范要求，并且介绍了市政管道工程施工新技术及新设备。

本书适用于职业院校市政工程及相关专业师生选用。

为了更好地支持本课程教学，本书作者制作了精美的教学课件，有需求的读者可以发送邮件至：2917266507@qq.com免费索取。

责任编辑：李　慧　聂　伟　陈　桦
责任校对：陈晶晶　党　蕾

全国建设行业中等职业教育推荐教材
住房和城乡建设部中等职业教育市政工程施工与给水排水专业指导委员会规划推荐教材
市政管道施工
（市政工程施工专业）
鲁雪利　主　编
鲁　莹　张铁成　副主编
张军升　主　审

*
中国建筑工业出版社出版、发行（北京西郊百万庄）
各地新华书店、建筑书店经销
北京科地亚盟排版公司制版
建工社（河北）印刷有限公司印刷
*
开本：787×1092毫米　1/16　印张：12½　字数：279千字
2016年5月第一版　2023年7月第五次印刷
定价：**30.00**元（赠课件）
ISBN 978-7-112-19236-6
（28509）

本系列教材编委会

序言

住房和城乡建设部中等职业教育专业指导委员会是在全国住房和城乡建设职业教育教学指导委员会、住房和城乡建设部人事司的领导下，指导住房城乡建设类中等职业教育（包括普通中专、成人中专、职业高中、技工学校等）的专业建设和人才培养的专家机构。其主要任务是：研究建设类中等职业教育的专业发展方向、专业设置和教育教学改革；组织制定并及时修订专业培养目标、专业教育标准、专业培养方案、技能培养方案，组织编制有关课程和教学环节的教学大纲；研究制订教材建设规划，组织教材编写和评选工作，开展教材的评价和评优工作；研究制订专业教育评估标准、专业教育评估程序与办法，协调、配合专业教育评估工作的开展等。

本套教材是由住房和城乡建设部中等职业教育市政工程施工与给水排水专业指导委员会（以下简称专指委）组织编写的。该套教材是根据教育部 2014 年 7 月公布的《中等职业学校市政工程施工专业教学标准（试行）》、《中等职业学校给排水工程施工与运行专业教学标准（试行）》编写的。专指委的委员专家参与了专业教学标准和课程标准的制定，并将教学改革的理念融入教材的编写，使本套教材能体现最新的教学标准和课程标准的精神。目前中等职业教育教材建设中存在教材形式相对单一、教材结构相对滞后、教材内容以知识传授为主、教材主要由理论课教师编写等问题。为了更好地适应现代中等职业教育的需要，本套教材在编写中体现了以下特点：第一，体现终身教育的理念；第二，适应市场的变化；第三，专业教材要实现理实一体化；第四，要以项目教学和就业为导向。此外，教材中采用了最新的规范、标准、规程，体现了先进性、通用性、实用性。

本套系列教材凝聚了全国中等职业教育“市政工程施工专业”和“给排水工程施工与运行专业”教师的智慧和心血。在此，向全体主编、参编、主审致以衷心的感谢。

教学改革是一个不断深化的过程，教材建设是一个不断推陈出新的过程，需要在教学实践中不断完善，希望本套教材能对进一步开展中等职业教育的教学改革发挥积极的推动作用。

住房和城乡建设部中等职业教育市政工程施工与给水排水专业指导委员会

2015 年 10 月

前言 Preface

本教材是中职学校市政工程及给排水专业的主干课程之一。

在近几年的教学中，适合目前中职新教学课标改革的教材较少，本教材是由住房和城乡建设部中等职业教育市政工程施工与给水排水专业指导委员会组织编写的，教材编写依据为《中等职业学校专业教学标准（试行）》及国家现行规范、规程及技术标准。另外，本教材根据编者多年的教学经验编写，在教材中运用了大量的图片，让学生在学习中增强感性认识。这是本教材的特点之一。其次，在理论知识的编排中力求简单明了，必须够用为度，注意理论联系实际。第三，在施工技术的编排中重点突出市政管道施工的常用技术，适当介绍国内外市政管道施工的新技术、新工艺。侧重学生的工程素质能力的培养，最好在教学中结合项目的完整过程对学生进行实训，以达到学生的实践操作能力的培养。本教材针对近几年城市雨水排除的新问题，介绍了几种城市雨水排除的新方法及实例，以解决城市雨水排除的新问题。

本教材按 80 学时编写，共分为 9 个项目，主要有市政管道的土方工程、市政给水管道施工、市政排水管道施工、市政排水管道施工、燃气及热水管道施工、市政管道的不开槽法施工、水泵及水泵房、市政管道附属工程施工及给水排水管网的管理与维护。其中建议教学中实训课时 30～50 学时。建议实训市政管道的开槽法施工全部工序；市政管道的不开槽法施工建议现场参观学习或模拟教学。其中项目 1、项目 2、项目 3 由鲁雪利老师编写；项目 4、项目 5 由张铁成老师编写；项目 6～9 由鲁莹老师编写。

在本教材的编写过程中，参考并引用了有关院校编写的教材、专著和生产科研单位的技术文献资料，并得到了住房和城乡建设部中等职业教育市政工程施工与给水排水工程专业指导委员会的大力支持，在此一并致以感谢。

由于编者水平有限，书中定有不妥之处，恳请广大读者批评指正。

目录

Contents

项目1 土石方工程

【项目描述】

市政管道工程施工一般是由土石方工程开始。土石方工程量的大小及其施工的难易程度，取决于工程规模、性质、建设地区的工程地质条件、施工期的天气和地形等情况。本项目主要任务有土方量计算、沟槽开挖、沟槽排水、沟槽支撑、沟槽回填等主要工序。

任务1.1 沟槽断面与土方量计算

【任务描述】

在市政管道开槽法施工中，常用的沟槽断面形式有直槽、梯形槽、混合槽和联合槽等。其中联合槽适用于两条或两条以上的管道埋设在同一沟槽内，如图1-1所示。合理确定沟槽的开挖断面，有利于简化施工程序，为管道施工创造方便条件，并能保证工程质量和施工任务。选定沟槽断面，应考虑以下几项因素：土的种类、地下水水位、管道断面尺寸、管道埋深、沟槽开挖方法、施工排水方法及施工环境等。

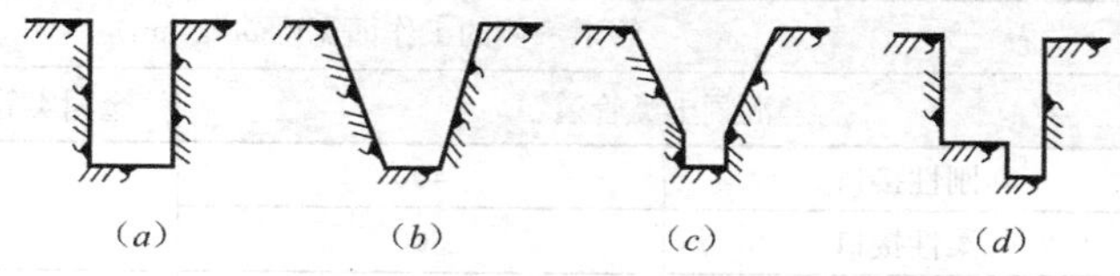

图1-1 沟槽断面形式

(a) 直槽；(b) 梯形槽；(c) 混合槽；(d) 联合槽

【学习支持】

1. 沟槽开挖尺寸的确定

(1) 沟槽底部开挖宽度应符合设计要求；设计无要求时，可按式(1-1)确定，如图1-2所示。

$$W_{下} = D_1 + 2(b_1 + b_2 + b_3) \tag{1-1}$$

式中 $W_{下}$——沟槽下底宽（m）；

D_1——管道结构的外缘宽度（m）；

b_1——管道一侧的工作面宽度（m）；

b_2——沟槽一侧的支撑厚度，一般取 0.15～0.2m；

b_3——现浇混凝土或钢筋混凝土管道一侧模板的厚度（m）。

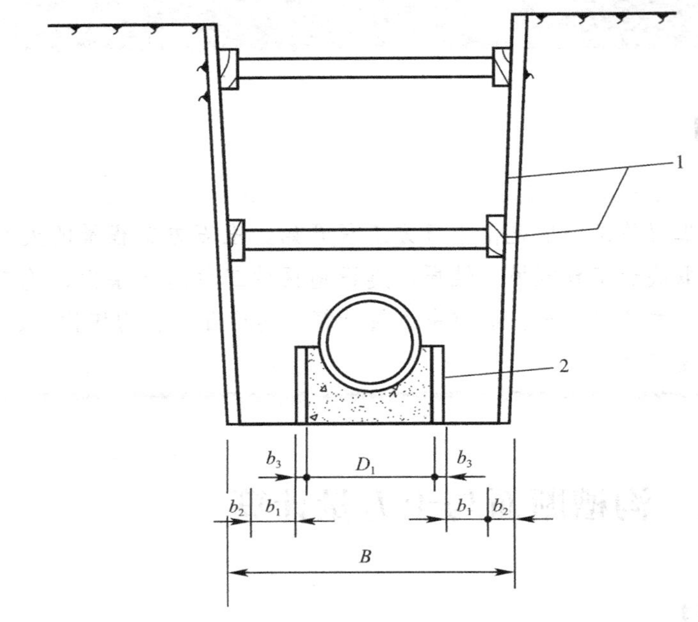

图 1-2 沟槽底部开挖宽度图

1—支撑；2—模板

工作面宽度 B 的确定，应根据管道结构、管道断面尺寸及施工方法，每侧工作面宽度应符合表 1-1 的要求。

管道一侧的工作面宽度（mm） **表 1-1**

管道的外缘结构 D_1（mm）	管道一侧的工作面宽度 b_1（mm）		
	混凝土类管道		金属类管道、化学建材类管道
$D_1 \leqslant 500$	刚性接口	400	300
	柔性接口	300	
$500 < D_1 \leqslant 1000$	刚性接口	500	400
	柔性接口	400	
$1000 < D_1 \leqslant 1500$	刚性接口	600	500
	柔性接口	500	
$1500 < D_1 \leqslant 3000$	刚性接口	800～1000	700
	柔性接口	600	

注：1. 槽底需设排水沟时，工作面宽度应适当增加；

2. 管道有现场施工的外防水层时，每侧工作面宽度宜取 800mm；

3. 采用机械回填管道侧面时，工作面宽度需满足机械作业的宽度要求。

（2）沟槽挖深 H，如式（1-2）所示。

$$H = H_1 + t + h_1 + h_2 \tag{1-2}$$

式中 H_1——管道埋设深度（m）；

t——管壁厚度（m）；

h_1——管道基础厚度（m）；

h_2——垫层厚度（m）。

（3）沟槽上口宽度的确定，如式（1-3）所示。

$$W_{上} = W_{下} + 2nH \tag{1-3}$$

式中 $W_{上}$——沟槽的上口宽度（m）；

$W_{下}$——沟槽的下底宽度（m）；

H——沟槽的开挖深度（m）；

n——沟槽槽壁边坡率。

2. 挖方的边坡度

地质条件良好，土质均匀，地下水位低于沟槽地面高程，且开挖深度在5m以内不加支撑时，边坡最陡坡度应符合表1-2的规定。

深度在5m以内的沟槽边坡的最陡坡度 **表1-2**

土的类别	边坡坡度（高：宽）		
	坡顶无荷载	坡顶有静载	坡顶有动载
中密的砂土	1：1.00	1：1.25	1：1.50
中密的碎石土（填充物为砂土）	1：0.75	1：1.00	1：1.25
硬塑的轻亚黏土	1：0.67	1：0.75	1：1.00
中密的碎石类土（填充物为砂土）	1：0.50	1：0.67	1：0.75
硬塑的砂黏土、黏土	1：0.33	1：0.5	1：0.67
老黄土	1：0.10	1：0.25	1：0.33
软土（经井点降水后）	1：1.25	—	—

注：1. 静载指堆土或材料等，动载指机械挖土或汽车运输作业等。静载或动载距挖方边缘的距离应保证边坡和直立壁的稳定，堆土或材料应距挖方边缘0.8m以上，高度不超过1.5m；
2. 当有成熟施工经验时，可不受本表限制；
3. 采用机械挖槽时，沟槽分层的深度应按机械性能确定。

（1）人工开挖沟槽的槽身超过3m时应分层开挖，每层的深度不宜超过2m。

（2）人工开挖多层槽的层间留台宽度：放坡开槽时不应小于0.8m；直槽时不应小于0.5m；安装井点设备时，不应小于1.5m。

（3）采用机械挖槽时，沟槽分层的深度应按机械性能确定。

【任务实施】

为编制工程预算及施工计划，在开工前和施工过程中都要计算土方量。沟槽土方量的计算可采用断面法，其计算步骤如下：

1. 划分计算段。

将沟槽纵向划分成若干段，分别计算各段的土方量。每段的起点一般为沟槽坡度变

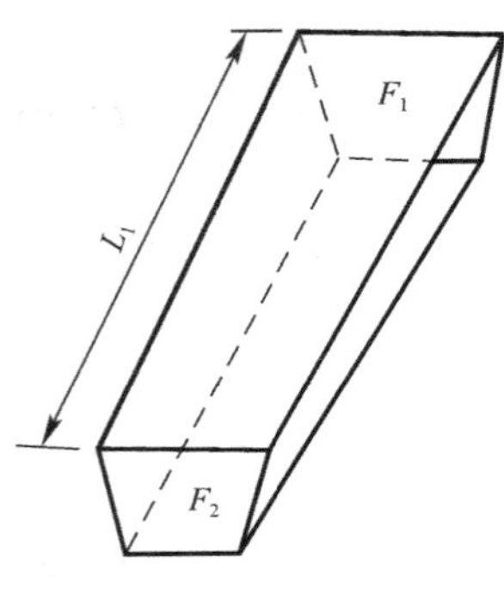

图 1-3 沟槽土方量计算

化点、沟槽转折点、断面形状变化点、地形起伏突变点等处。

2. 确定各计算段沟槽断面形式和面积。

3. 计算各计算段的土方量。如图 1-3 所示，计算公式如下：

$$V=\frac{F_1+F_2}{2}\cdot L \tag{1-4}$$

式中 V——计算段的土方量（m^3）；

L——计算段的沟槽长（m）；

F_1、F_2——计算段两边横断面面积（m^2）。

【土方量计算实例】

已知某一排水管线纵断面如图 1-4 所示，钢筋混凝土排水管（管内径 600mm），管壁厚 55mm；采用 180°的混凝土基础，基础高度为 110mm，宽度为 930mm；其中混凝土模板厚度 20mm。采用人工开槽法施工，土质为黏土，无地下水，其开槽边坡为 1∶0.25，计算土方量。

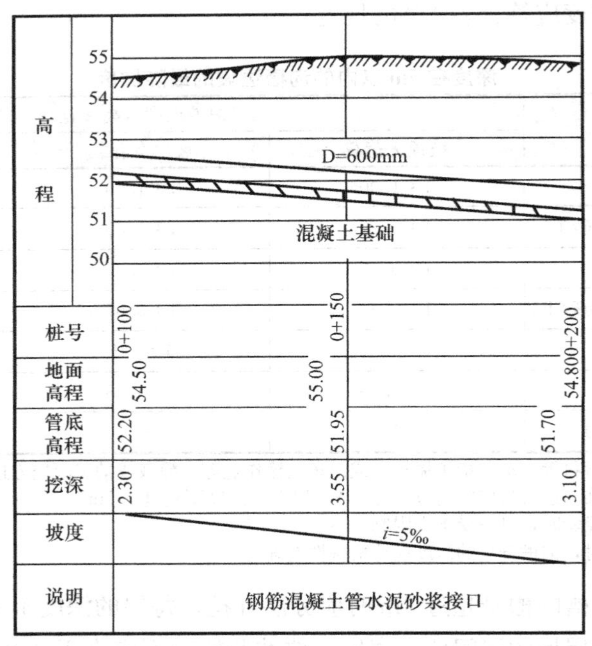

图 1-4 管道纵断面图（单位：m）

【解】 根据管线纵断面图，可以看出地形是起伏变化的。为此将沟槽按桩号 0+100～0+150，0+150～0+200 分为 2 段计算。

1. 各断面面积计算：

（1）0+100 处断面面积：

由表 1-1 知管道一侧工作面宽度为 0.4m。

沟槽底宽 $W_下=0.93+2\times(0.4+0.02)=1.77$m；

沟槽上口宽度 $W_上=W_下+2nH=1.77+2\times0.25\times2.30=2.92$m；

沟槽断面面积 $F_1=\frac{1}{2}(2.92+1.77)\times2.30=5.39m^2$。

(2) 0+150 处断面面积：

沟槽底宽 $W_下=0.93+2\times(0.4+0.02)=1.77m$；

沟槽上口宽度 $W_上=W_下+2nH=1.77+2\times0.25\times3.55=3.55m$；

沟槽断面面积 $F_2=\frac{1}{2}(3.55+1.77)\times3.55=9.44m^2$。

(3) 0+200 处断面面积：

沟槽底宽 $W_下=0.93+2\times(0.4+0.02)=1.77m$；

沟槽上口宽 $W_上=W_下+2nH=1.77+2\times0.25\times3.10=3.32m$；

沟槽断面面积 $F_3=\frac{1}{2}(3.32+1.77)\times3.10=7.89m^2$。

2. 沟槽土方量计算：

(1) 桩号 0+100～0+150 段的土方量 V_1。

$V_1=\frac{1}{2}(F_1+F_2)\cdot L_1=\frac{1}{2}(5.39+9.44)\times(150-100)=370.75m^3$。

(2) 桩号 0+150～0+200 段的土方量 V_2。

$V_2=\frac{1}{2}(F_2+F_3)\cdot L_2=\frac{1}{2}(9.44+7.89)\times(200-150)=433.25m^3$；

沟槽总土方量 $V=\sum V_i=V_1+V_2=370.75+433.25=804m^3$。

任务 1.2　沟槽开挖

【任务描述】

沟槽开挖是市政管道开槽法施工的主要工序。沟槽土方开挖直接影响管道工程施工的质量，并且影响管道工程施工的造价。根据施工要求进行沟槽开挖。

【学习支持】

坡度板法

沟槽的测量控制方法较多，比较准确方便的方法是坡度板法，如图 1-5 所示。

坡度板的埋设方法如下：坡度板埋设的间距，排水管道一般为 10m。管道纵向折点和附属构筑物处，应根据需要增设一块坡度板，坡度板距槽底的高度不应大于 3m。人工挖土时，沟槽坡度板一般应在开槽前埋设；机械挖土则在机械挖土后，人工清底前埋设。坡度板应埋设牢固并加以保护，板顶不应高出地面（设于底层槽者，不应高出槽台面），两端伸出槽边不应小于 30cm。板的截面一般采用 5cm×15cm（木板）。坡度板上应钉管线中心钉和高程板，高程板上钉高程钉。中心钉控制管道中心线，高程钉控制沟槽和管底高程。相邻两块坡度板的高程钉至槽底或管底的垂直距离相等，则两个高程钉连线的坡度即为管底坡度，该连线称为坡度线。坡度线上任何一点到管底的垂直距离是一常数，

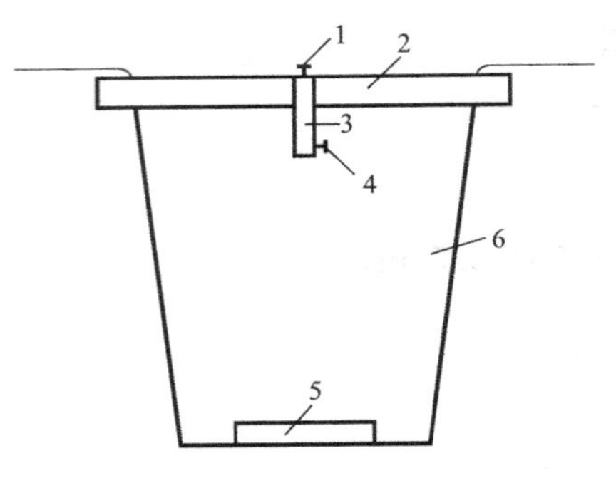

图 1-5 坡度板

1—中心钉；2—坡度板；3—高程板；4—高程钉；5—基础；6—沟槽

称为下反数。具体作法是：

1. 管线中心钉钉在坡度板的顶面；

2. 高程板钉在坡度板的侧面上，应保持相互垂直，所有高程板宜钉在管道中线的同一侧；

3. 高程钉钉在高程板靠中线的一侧；

4. 坡度板上应标明桩号（检查井处的坡度板同时应标明井号）及高程钉至各有关部位的下反常数。变换常数处，应在坡度板两侧分别书写清楚，并分别标明其所用的高程钉。

受地面或沟槽断面等条件限制，不宜埋设坡度板的沟槽，可在沟槽两侧槽壁或槽底两边，对称的测设一对高程桩，每对高程桩上钉一对等高的高程钉。高程桩的纵向距离以 10m 为宜。在挖槽见底前、灌注混凝土基础前、管道铺设或砌筑前，应及时校测管道中心线及高程桩的高程。

【任务实施】

1. 沟槽的测量控制

沟槽的测量控制工作是保证管道施工质量的先决条件，如图 1-6 所示。管道工程开工前，应进行以下测量工作：（1）核对水准点，建立临时水准点；（2）核对接入原有管道或河道的高程；（3）测设管道坡度板、管道中心线、开挖沟槽边线及附属构筑物的位置；（4）堆土堆料界限及其他临时用地范围。

图 1-6 沟槽放线

临时水准点应设置在不受施工影响，而且明显固定的建筑物上。对所有测量标志，在施工中应妥善保护，不得损坏，并经常校核其准确性。临时水准点间距以不大于 100m 为宜，且使用前应当校测。

2. 沟槽的土方开挖

沟槽土方开挖的一般原则和规定

（1）挖槽前应认真熟悉图纸，了解核实挖槽断面的土质、地下水位、地下及地上构筑物以及施工环境等情况。合理地确定沟槽断面，选用施工方法和施工机械，并制定必要的安全措施，以确保施工质量、工期及安全。

（2）沟槽若与原地下管线相交叉或在地上建筑物、电杆、测量标志等附近挖槽时，应采取相应加固措施。如遇电讯、电力、给水等管线时，应会同有关单位协调解决。

（3）当管道需穿越道路时，应组织安排车辆行人绕行，设置明显标志。在不宜断绝交通或绕行时，应根据道路的交通量及最大通行荷载，架设施工临时便桥，并应积极采取施工措施，加快施工进度，尽早恢复交通。

（4）施工期间，应根据实际情况铺设临时管道或开挖排水沟，以解决施工排水和防止地面水、雨水流入沟槽。

（5）沟槽内的积水，应采取措施及时排除，严禁在水中施工作业。当施工地区含水层为砂性土或地下水位较高时，应采取井点排水或集水井排水，地下水位降至基底以下0.5～1.0m后开挖。

（6）沟槽及基坑开挖时，应先确定开挖顺序和分层开挖深度。如相邻沟槽开挖时，应遵循先深后浅或同时进行的施工顺序。当接近地下水位时，应先完成标高最低处的挖方，以便在该处集中排水。在土方开挖过程中，当挖到设计标高后，应会同设计监理单位验槽。

（7）土方开挖不得超挖，防止对基底土的扰动。采用机械挖土时，应使槽底留20cm左右厚度的土层，由人工清理槽底。若个别地方超挖时，应用与基底土相同的土质分层夯实达到要求的密实度。挖槽过程中若发现坟穴、枯井、土质不均匀等特殊问题时，应由设计单位确定地基处理方案，并办理变更设计手续。

（8）挖出的土方应根据施工环境、交通等条件，妥善安排堆存位置，搞好土方调配，多余土方应及时外运。

3. 沟槽土方开挖方法

沟槽土方开挖可采用人工开挖、半机械化开挖及机械开挖等方法。当土方量不大或不适于机械开挖时，可采用人工开挖。凡有条件的应尽量采用机械开挖。

（1）人工开挖

沟槽深度在3m以内，可直接采用人工开挖。超过3m应分层开挖。每层的深度不宜超过2m。层与层间留台，如图1-7所示，留台宽度，放坡开槽时不应小于0.8m；直槽时不应小于0.5m；安装井点设备的不应小于1.5m。

图1-7 分层开挖

(2) 机械开挖

在沟槽土方开挖中，常用单斗挖掘机，如图 1-8 所示。采用机械挖槽时，沟槽分层的深度按机械性能确定。

(*a*)

(*b*)

图 1-8 挖掘机

(*a*) 正铲挖掘机；(*b*) 反铲挖掘机

4. 堆土

图 1-9 沟槽堆土

沟槽每侧临时堆土时，应保证槽壁土体稳定和不影响施工，如图 1-9 所示，并且应符合有关施工规范，并注意下列事项：

(1) 不得影响建筑物、各种管线和其他设施的安全；

(2) 不得掩埋消火栓、管道闸阀、雨水口、测量标志以及各种地下管道的井盖，且不得妨碍正常使用；

(3) 人工挖槽时，堆土高度不宜超过 1.5m，且距槽口边缘不宜小于 0.8m。施工时有施工机具或车辆通行，其堆土边缘至槽口边缘的距离应根据运输机具而定。雨期施工不宜靠近房屋、墙壁堆土，并采取措施防止雨水流入沟槽。

5. 土方运输

在市政管道工程的开槽施工中，受施工现场环境和交通的影响，有时挖出的土方需要全部外运，如图 1-10 所示。回填时再将部分土运回。施工时一般采用自卸汽车进行土方外运，则汽车运土应与挖土机挖土工作相匹配，以保证挖土机连续作业。此时与挖土机配套的自卸汽车的台数可按式 (1-5) 计算：

图 1-10 土方运输

$$N=\frac{P_d}{P_q} \tag{1-5}$$

式中 N——自卸汽车台数；

P_d——单斗挖土机台班产量（m^3/台班）；

P_q——自卸汽车台班运量（m^3/台班），根据汽车的有效载重量和台班运输次数确定。

也可按时间计算，即式（1-6）：

$$N=\frac{t}{t_1} \tag{1-6}$$

式中 t——自卸汽车自开始装车至卸土返回时的循环时间（s）；

t_1——自卸汽车装车时间（s）。

6. 沟槽土方开挖质量检验标准

沟槽的开挖质量应符合：

主控项目：(1) 原状地基土不得扰动、受水浸泡或受冻；检查方法：观察、检查施工记录。

(2) 地基承载力应满足设计要求；检查方法：观察、检查地基承载力试验报告。

(3) 进行地基处理时，压实度、厚度满足设计要求；检查方法：按设计或规定要求进行检查，检查检测记录、试验报告。

一般项目：沟槽开挖的允许偏差应符合表1-3的规定。

沟槽开挖的允许偏差 **表1-3**

序号	检查项目	允许偏差（mm）		检查数量		检查方法
				范围	点数	
1	槽底高程	土方	±20	两井之间	3	用水准仪测量
		石方	+20、−200			
2	槽底中线每侧宽度	不小于规定		两井之间	6	挂中线用钢尺量测，每侧计3点
3	沟槽边坡	不陡于规定		两井之间	6	用坡度尺量测，每侧计3点

任务1.3 沟槽排水

【任务描述】

开挖沟槽或基坑时，有时会遇到地下水，如不进行排除，不但影响正常施工，还会扰动地基，降低承载力或造成边坡坍塌等事故。因此，正确选择施工排水方法是非常重要的。

施工排水一般包括地下水和地面雨水的排除。施工现场雨水的排除，主要利用地面坡度设置沟渠，将地面雨水疏导它处，防止流入沟槽或基坑内，一旦流入应及时排除。

请运用集水井法和人工降低地下水法排水。

【学习支持】

1. 集水井排水法

集水井排水也称明沟排水，其排水系统组成，如图 1-11 所示。在开挖沟槽内先挖出排水沟，将沟槽内的地下水流入排水沟，再汇集到集水井内，然后再用水泵将水排除。

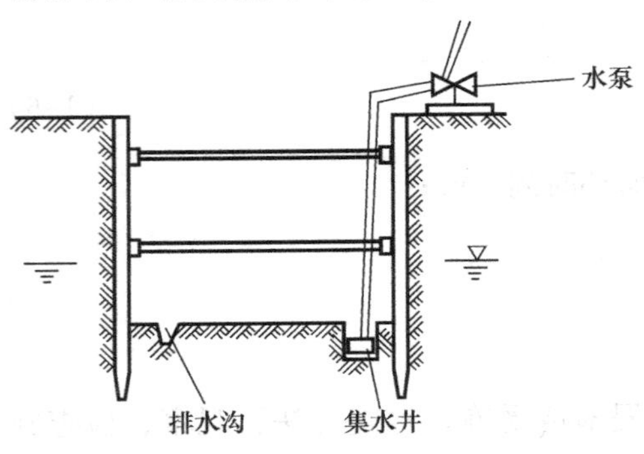

图 1-11　明沟排水

（1）集水井

集水井一般布置在沟槽一侧，距沟槽底边 1.0～2.0m，每座井的间距与含水层的渗透系数、出水量的大小有关，一般间距为 50～80m。

集水井井底应低于沟槽底 1.5～2.0m，保持有效水深 1.0～1.5m，并使集水井水位低于排水沟内水位 0.3～0.5m 为宜，如图 1-12 所示。

集水井的断面一般为圆形和方形两种，其直径或宽度一般为 0.7～0.8m。集水井通常采用人工开挖，为防止开挖时或开挖后井壁塌方，需进行加固。在土质较好，地下水量不大的情况下，采用木框加固，井底需铺垫约 0.3m 厚的卵石或碎石组成反滤层；在土质（如粉土、砂土、砂质粉土）较差，地下水量较大的情况下，通常采用板桩加固。即先打入板桩加固，板桩绕井一圈，板桩深至井底以下约 0.5m；也可采用混凝土管集水井，采用沉井法或水射振动法施工，井底标高在槽底以下 1.5～2.0m，为防止井底出现管涌，可用卵石或碎石封底。

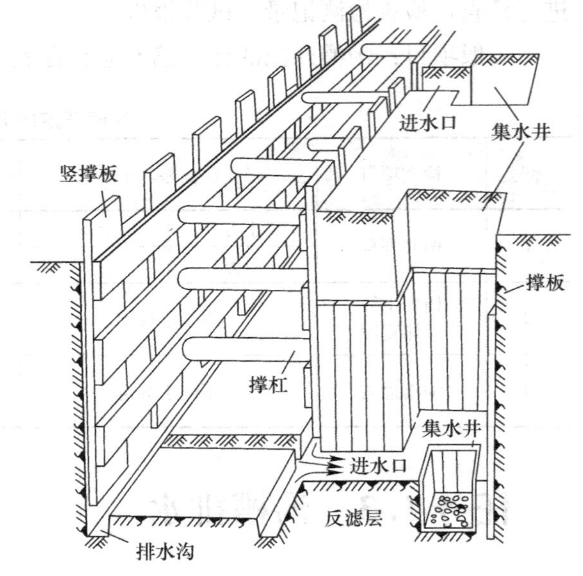

图 1-12　集水井

（2）排水沟

当沟槽开挖接近地下水位时，视槽底宽度和土质情况，在槽底中心或两侧挖出排水沟，使水流向集水井。排水沟断面尺寸一般为 30cm×30cm。排水沟底低于槽底 30cm，以 3%～5%坡度坡向集水井，如图 1-13 所示。

集水井明沟排水法，施工简单，所需设备较少，是目前工程中常用的一种施工排水方法。

2. 人工降低地下水位法

在非岩性的含水层内钻井抽水，井周围的水位就会下降，并形成倒伞状漏斗，如果将地下水降低至槽底以下，即可干槽开挖。这种降水方法称为人工降低地下水位法，如图 1-14 所示。

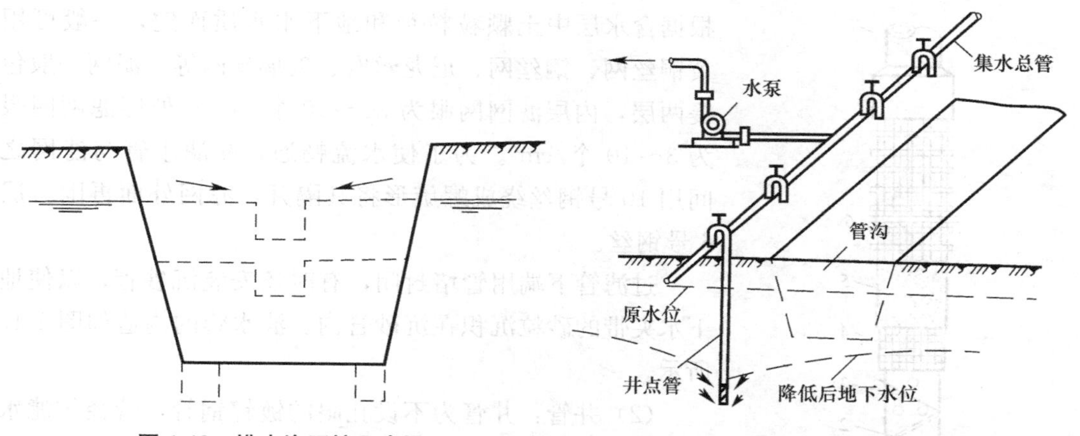

图 1-13 排水沟开挖示意图　　图 1-14 人工降低地下水位示意图

人工降低地下水位的方法有：轻型井点、喷射井点、电渗井点、深井井点等。选用时应根据地下水的渗透性能、地下水水位、土质及所需降低的地下水位深度等情况确定。

轻型井点系统适用于含水层为砂性土（粉砂、细砂、中砂、亚黏土、亚砂土等），渗透系数在 0.1～50m/d，降深小于 6m 的沟槽。这是目前工程施工中使用较广泛的降水系统，现已有定型的成套设备。

轻型井点系统由滤水管（也称过滤管）、井管、弯联管、总管、抽水设备等组成，如图 1-15 所示。

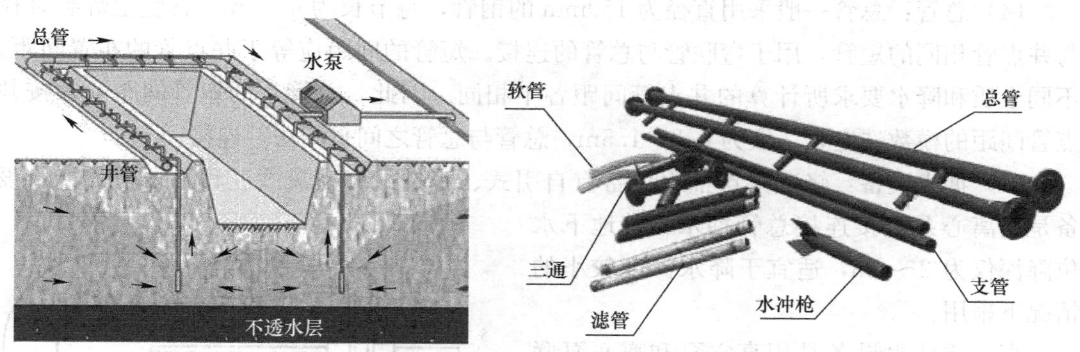

图 1-15 轻型井点系统组成

（1）滤水管（过滤管）：一般用直径为 38～50mm，长度为 1～2m 的镀锌钢管制成。管壁上钻直径为 5mm 的孔眼呈梅花状布置，孔眼间距为 30～40mm，其进水面积按式（1-7）计算：

$$A = 2m \cdot \pi \cdot r \cdot L_L \tag{1-7}$$

式中 A——滤水管进水面积（m^2）；

m——孔隙率，一般取 20%～30%；

r——滤水管半径（m）；

L_L——滤水管长度（m）。

过滤管外壁包扎滤网，防止颗粒（砂）进入滤水管内。滤水网的材料和网孔规格应

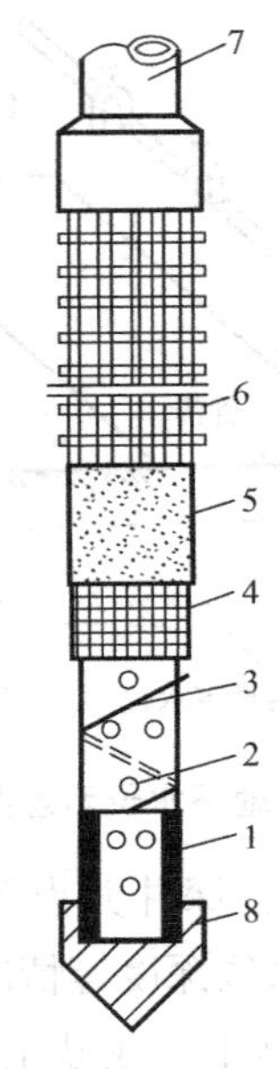

图 1-16 滤水管

1—钢管；2—滤水孔；3—铅丝；4—细滤网；5—粗滤网；6—保护网；7—井点管；8—铁头

根据含水层中土颗粒粒径和地下水水质而定，一般可用黄铜丝网、钢丝网、尼龙丝网、玻璃丝网等。滤网一般包裹两层，内层滤网网眼为 30～50 个/cm^2；外层滤网网眼为 3～10 个/cm^2。为了使水流畅通，在滤水管与滤网之间用 10 号钢丝绕成螺旋形将其隔开，滤网外面再围一层 6 号钢丝。

过滤管下端用管堵封闭，有时还安装沉砂管，以使地下水夹带的砂粒沉积在沉砂管内。滤水管的构造如图 1-16 所示。

（2）井管：井管为不设孔眼的镀锌钢管，管径与滤水管相同，并与滤水管用管箍连接。其长度视含水层埋深及降水深度而定，一般为 5～7m。

（3）弯联管：为了安装方便，弯联管通常采用加固橡胶管，内有钢丝，以使井管与总管沉陷时有伸缩余地，橡胶管套接长度应大于 10cm，外用夹子箍紧不得漏气。有时也可用透明的聚乙烯塑料管，以便随时观察井管的上水是否正常。用金属管件作为弯联管，其气密性好，但安装不方便。

（4）总管：总管一般采用直径为 150mm 的钢管，每节长为 4～6m。管壁上焊有直径与井点管相同的短管，用于弯联管与总管的连接。短管的间距应等于井点管的布置间距。不同土质和降水要求所计算的井点管间距各不相同。因此，总管上的短管间距通常按井点管间距的模数选定，一般为 0.8～1.5m，总管与总管之间采用法兰连接。

（5）抽水设备：轻型井点抽水设备有自引式、真空式和射流式三种，自引式抽水设备是用离心泵直接连接总管抽水，其地下水位降深仅为 2～4m，适宜于降水深度较小的情况下采用。

真空式抽水设备是用真空泵和离心泵联合工作。真空式抽水设备的地下水位降落深度为 5.5～6.5m。真空式抽水设备组成较复杂，占地面积大，现在一般不用。

射流式抽水设备，如图 1-17 所示。该装置具有体积小、设备组成简单、使用方便、工作安全可靠、地下水位降落深度较大等特点。因此被广泛采用。其工作过程如下：运行前将水箱内加满水，启动离心泵从水箱内抽水，经离心泵加压的高压水在射流器的喷嘴处形成射流，使射流器内产生真空，从而也使总管、井管形成真空，地下水在大气压

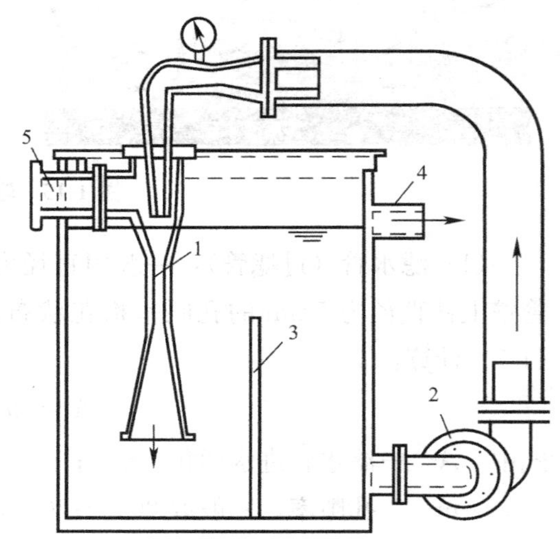

图 1-17 射流式抽水设备

1—射流器；2—加压泵；3—隔板；4—排水口；5—接口

作用下经滤水管、井管及总管进入射流器，被高压水带入水箱。水箱内多余水经排出口排出。

3. 涌水量计算

井点系统的涌水量可以用裘布依公式近似地按单井涌水量计算。

实际上井点系统是各单井之间相互干扰的井群，井点系统的涌水量，显然要较数量相等的互不干扰的单井的各井涌水量总和要小。但是在工程上为了满足应用的要求，按环形闭合圈计算。即当开挖非圆形基坑或线形管沟时，将其换成假想圆形，其假想圆的半径称假想半径。所以，以多个井点管所封闭的环圈作为一口井，即以井圈假想半径代替单井井径进行涌水量计算。

潜水完整井的涌水量，如图1-18所示。计算公式如式（1-8）所示。

$$Q=\frac{1.366K(2H-S)S}{\lg R-\lg X_0} \tag{1-8}$$

式中　Q——井点系统的总涌水量（m^3/d）；

K——渗透系数（m/d），一般在现场实测得到；

S——水位降深（m）；

H——含水层厚度（m）；

R——影响半径（m）；

X——井点系统的假想半径（m）。

潜水非完整井的涌水量，如图1-19所示。计算公式如式（1-9）所示。

$$Q=\frac{1.366K(2H_0-S)S}{\lg R-\lg X_0} \tag{1-9}$$

式中　H_0——含水层有效带的深度（m）。

其他参数意义同式（1-8）。

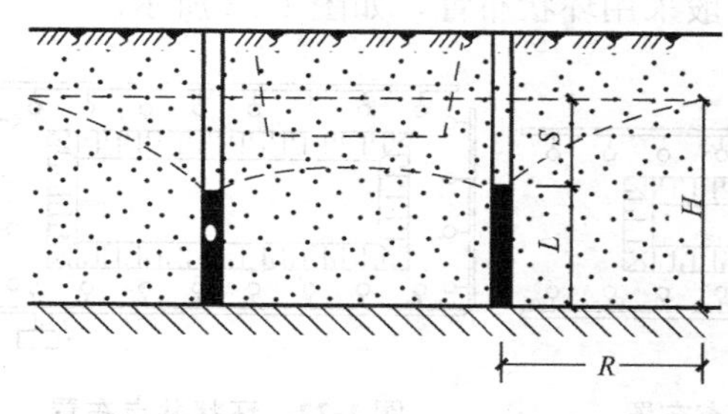

图1-18　潜水完整井

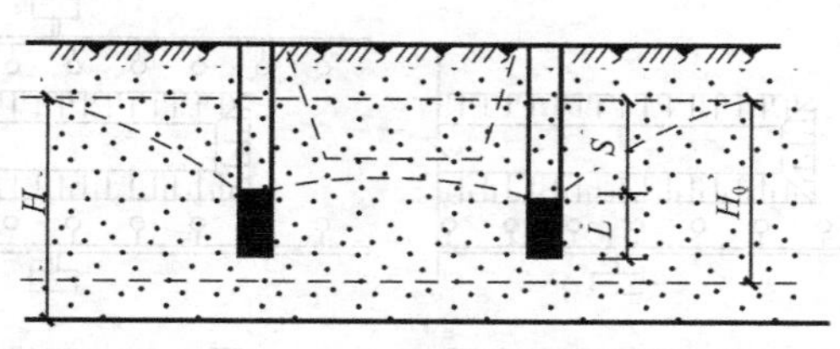

图1-19　潜水非完整井

4. 井点数量和井点间距的计算

井点数量见式（1-10）：

$$n=1.1\frac{Q}{q} \tag{1-10}$$

式中　n——井点根数；

Q——井点系统涌水量（m^3/d）；

q——单个井点的涌水量（m^3/d）。

井点管的间距见式（1-11）：

$$D=\frac{L}{n-1} \tag{1-11}$$

式中 D——井点间距（m）；

L——井点组有效计算长度（m）；

n——井点根数。

按上式求出的井点间距应满足式（1-12）：

$$D \geqslant 5\pi \cdot d \tag{1-12}$$

式中 d——滤水管直径（m）。

若两个井点的间距过小，将会出现互阻现象，影响出水量。通常情况下，井点间距应与总管上的三通口相匹配，以 1.0m 或 1.5m 为宜。

5. 抽水设备的选择

应根据井点系统的涌水量及所需扬程，并考虑水泵流量时应将计算的涌水量增加 10%～20%，因为开始运行时的涌水量较稳定时的涌水量大。一个井点机组带动的井点数，应根据水泵性能、含水层土质。降水深度、水量及水泵进水点高程等，一般可按 50～80 个井点布置。

常用抽水设备有真空泵和离心泵等。

6. 井点系统布置及要求

布置井点系统时，应将所有需降水的范围都包括在设计圈内，即在主要构筑物基坑和沟槽附近。

沟槽降水，应根据沟槽宽度、地下水水量、水位降深，采用单排或双排布置。当槽底宽小于 2.5m，地下水位降深不大于 4.5m 时，可采用单排井点，并布置在地下水来水方向的一侧，如图 1-20 所示。当沟槽宽度大于 2.5m，且水量较大时，采用双排井点，如图 1-21 所示。基坑降水时，根据基坑尺寸，一般采用环状布置，如图 1-22 所示。

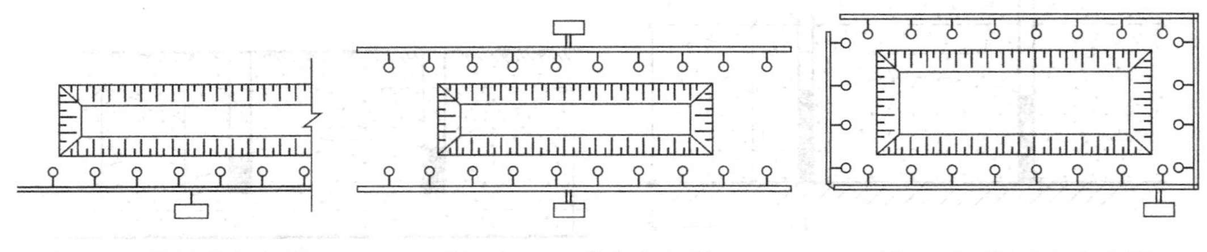

图 1-20 单排井点布置 **图 1-21 双排井点布置** **图 1-22 环状井点布置**

（1）井点管平面定位：井点管距离沟槽或基坑上口边缘外 1.0～1.5m，井点间距一般为 0.8～1.6m，在总管末端及转角处应适当加密布置。井点布置时，应超出沟槽端部 10～15m，以保证降水可靠。

（2）总管的布置：总管一般布置在井点管的外侧。为了保证降水深度，一般情况下，总管的设置高程应尽可能接近原地下水位。为此，总管和井点管通常是设在联合式沟槽内的二级台阶上。总管沿抽水流向应有 1%～2%的落水坡度，坡向抽水设备。当采用多个抽水设备时，应在每个抽水设备所负担总管长度分界处设阀门或断开，将总管分段，以便分组抽吸。

【任务实施】

1. 井点施工

轻型井点系统施工内容包括：冲沉井点管、安装总管和抽水设备等。井点管的冲沉可根据施工条件及土层情况选用下列方法：

(1) 当土质较松软时，宜采用高压水冲孔后，沉设井点管。

(2) 当土质比较坚硬时，采用回转钻或冲击钻冲孔沉设井点管。

以下主要介绍高压水冲孔沉设井点管法施工操作及注意事项。

高压水冲沉井点管如图1-23所示。

套管用直径300～400mm、长6～8m钢管，底端呈锯齿形，水枪放在套管内。水枪直径为50～75mm的钢管，下端呈锥形缩口称为喷嘴，缩口直径为20mm，如图1-24所示。可在喷嘴周围安装切片，以便切土。

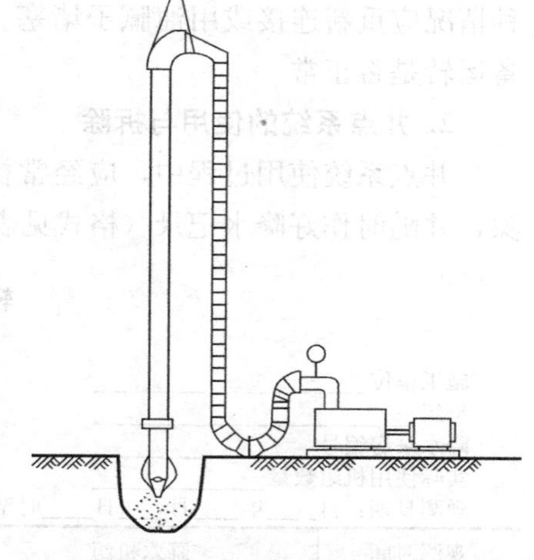

图1-23　冲沉井点管

施工操作如下：

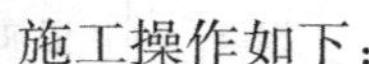

(1) 井点管埋深

根据测量放线确定井点位置，然后在井位先挖一个小土坑，以便于冲击孔时集水。用自行式起重机起吊水枪和套管，对准孔位垂直插入。启动高压水泵将高压水压入冲水管从喷嘴喷出。冲孔时，水枪应保持垂直，在土层中冲出井孔，水枪随之深入土中，冲孔孔径应为井点管外径加2倍的管外滤层厚度，滤层厚度宜为10～15cm。冲孔深度应比滤水管深50cm以上，而且滤水管的顶部高程，宜为井点管处设计动水位以下不小于0.5m。水枪冲至设计深度后应停留在原位，继续稍冲片刻，使底层泥浆随水浮出，减少泥浆沉淀。而后切断水源迅速提出水枪，立即下沉井点管，井点管应垂直居中放入孔中，放至规定深度后，应进行固定以防止沉落，用滤料在井点管与孔壁之间均匀地灌入，灌入时可用竹杆在孔内上下抽动的方法，使滤料均匀下沉。为防止将砂灌入井点管内，应将井点管管口封堵。随滤料的填入将套管慢慢拔出。其灌砂量应根据冲孔孔径和深度计算确定。并应使砂完全包住滤网过滤管，灌填高度应高出地下静水位，井孔应用黏土封填，一般封顶厚度不小于0.8m。井管下沉后应及时进行检查。当砂灌入井孔时，有泥浆从管口冒出，或者将水注入管内很快下渗，则可认为此根井管冲孔、下沉、灌砂合格。即可进行试抽水，以清水为合格。施工时，做好冲孔速度，工作水压力、冲孔孔径、冲孔深度和灌砂量等记录。

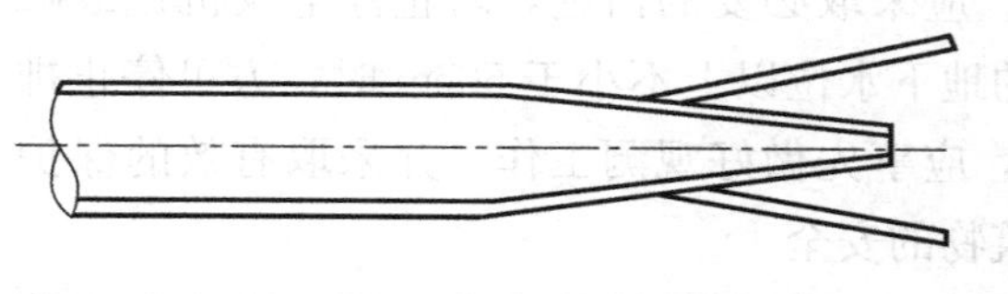

图1-24　带切片冲孔水枪

(2) 冲洗井管

将直径15～30mm的胶管插入井点管底部进行注水清洗，直到流出清水为止。应逐根进行清洗，避免出现“死井”。

（3）管路安装

首先沿井点管线外侧铺设集水总管，并用胶垫螺栓把干管连接起来，主干管连接水箱水泵。用胶管连接井点管与总管，再用10号铅丝绑好，并做好冬期降水防冻保温。

（4）检查管路

检查集水总管与井点管连接的胶管的各个接头在试抽水时是否有漏气现象，发现这种情况应重新连接或用油腻子堵塞。在正式运转抽水之前必须进行试抽，以检查抽水设备运转是否正常。

2. 井点系统的使用与拆除

井点系统使用过程中，应经常检查各井点出水是否澄清，滤网是否堵塞造成死井现象，并随时作好降水记录（格式见表1-4）。

轻型井点降水运行记录 **表1-4**

施工单位________________ 工程名称________________
班组________________ 气候________________
降水泵房编号________________ 机组类别及编号________________
实际使用机组数量________________ 井点数量：开___根，停___根
观测日期：自___年___月___日___时至___年___月___日___时

观测时间		降水机组		地下水流量 (m^3/h)	观测孔水位读数			记事	记录者
时	分	真空值（Pa）	压力值（Pa）		1	2	……		

井点降水符合施工要求后方可开挖沟槽。应采取必要的措施，防止停电及机械故障导致泡槽等事故。待沟槽回填土夯实至原来的地下水位以上不小于50cm时，方可停止排水工作。在降水范围内若有建筑物、构筑物，应事先做好观测工作，并采取有效的保护措施，以免因基础沉降过大影响建筑物或构筑物的安全。

井点系统的拆除，是在排水工作停止后进行的。用起重机拔出井点管。当拔井点管困难时，可用高压水进行冲洗后再拔。

拔出的井点管过滤管应检修保养。井点孔一般用砂石填实；地下静水位以上部分，可用黏土填实。

任务1.4 沟槽的支撑

【任务描述】

沟槽的支撑是防止施工过程中槽壁坍塌的一种临时有效的挡土结构，是一项临时性施工安全技术措施。

支撑一般是由木材或钢材（型钢）制成。支撑的荷载是沟槽土的侧压力。

【学习支持】

1. 支撑设置

一般情况下，如施工现场狭窄而沟槽土质较差、沟槽深度较大、地下水水位较高且沟槽又必须挖成直槽时，均应设支撑。当沟槽土质均匀且地下水位低于管底设计标高时，直槽不加支撑的深度不宜超过表1-5的规定。

不加支撑的直槽最大深度 表1-5

土质类型	直槽最大深度（m）	土质类型	直槽最大深度（m）
密实、中密的砂土和碎石类土	1.0	硬塑、可塑的黏土及碎石土	1.5
硬塑、可塑的粉质黏土及砂质粉土	1.25	坚硬的黏土	2.0

2. 支撑的种类

沟槽支撑的形式与方法，应根据土质、工期、施工季节、地下水情况、槽深及开挖宽度、地面环境等因素确定。在市政管道工程施工中，常用的沟槽支撑有横撑、竖撑和板桩撑等。

（1）横撑

横撑是由撑板、立柱和撑杠组成，如图1-25所示。可分为稀撑和密撑两种，稀撑的撑板之间有间距；密撑的撑板之间连续铺设。

稀撑也称断续式支撑，如图1-25所示，适用于土质较好，地下水含量较小的黏性土且挖土深度小于3m的沟槽。

密撑也称连续式支撑，如图1-26所示。适用于土质较差，有轻度流砂现象及挖掘深度为3～5m的沟槽。

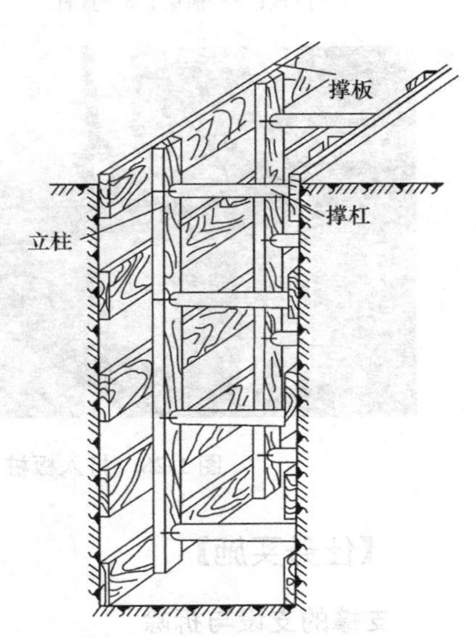

图1-25 横撑（稀撑）

图1-26 密撑

（2）竖撑

竖撑一般由撑板、横梁和撑杠组成，如图1-27所示。用于沟槽土质较差，地下水较

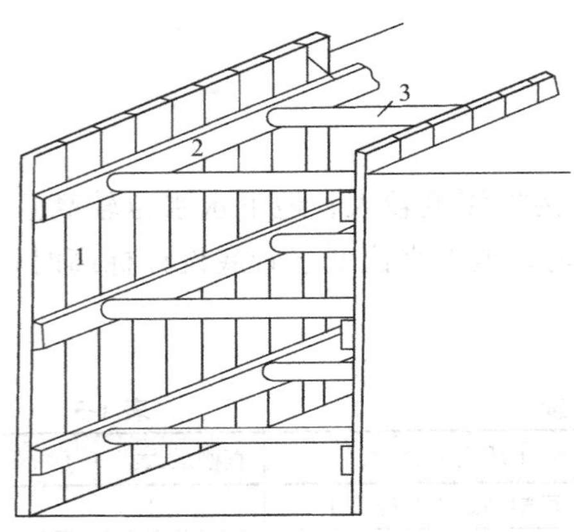

图 1-27 竖撑

1—撑板；2—横梁；3—撑杠

多或有流砂的情况。竖撑的特点是撑板可先于沟槽挖土而插入土中，回填以后再拔出。因此，竖撑便于支设和拆除，挖土深度不受限制。

(3) 板桩支撑

板桩支撑适用于沟槽开挖深度较大、地下水丰富、有流砂现象或砂性饱和土层。

板桩在沟槽开挖之前用打桩机打人土中，如图 1-28 所示。因此，板桩支撑在沟槽开挖及其以后各项工序施工中，始终起安全保护作用。如图 1-29 所示，桩板的啮合和深入槽底一定长度能有效地防止流砂渗入沟槽。

图 1-28 打入板桩

图 1-29 板桩支撑

【任务实施】

支撑的支设与拆除

沟槽需支撑时，当沟槽开挖到一定深度后，铲平槽壁开始支撑，支撑前先校测沟槽开挖断面是否符合要求的宽度。

1. 木撑板构件规格应符合下列规定：

(1) 撑板厚度不宜小于 50mm，长度不宜小于 4m；

(2) 横梁或纵梁宜为方木，其断面不宜小于 150mm×150mm；

(3) 横撑宜为圆木，其梢径不宜小于 100mm。

2. 撑板支撑的横梁、纵梁和横撑布置应符合下列规定：

(1) 每根横梁或纵梁不得少于 2 根横撑；

(2) 横撑的水平间距宜为 1.5～2.0m；

(3) 横撑的垂直间距不宜大于 1.5m；

(4) 横撑影响下管时，应用相应的替撑措施或采用其他有效的支撑结构；

(5) 撑板支撑应随挖土及时安装；

(6) 在软土或其他不稳定土层中采用横排撑板支撑时，开始支撑的沟槽开挖深度不得超过 1.0m；开挖与支撑交替进行，每次交替的深度宜为 0.4～0.8m。

3. 横梁、纵梁和横撑的安装应符合下列规定：

（1）横梁应水平，纵梁应垂直，且与撑板密贴，连接牢固；

（2）横撑应水平，与横梁或纵梁垂直，且支紧、牢固；

（3）采用横排撑板支撑，遇有柔性管道横穿沟槽时，管道下面的撑板上缘应紧贴管道安装；管道上面的撑板下缘距管道顶面不宜小于100mm；

（4）承托翻土板的横撑必须加固，翻土板的铺设应平整，与横撑的连接应牢固。

4. 采用钢板桩支撑，应符合下列规定：

（1）构件的规格尺寸经计算确定；

（2）通过计算确定钢板桩的入土深度和横撑位置和断面；

（3）采用型钢作横梁时，横梁与钢板桩之间的缝应采用木板垫实，横梁、横撑与钢板桩连接牢固。

5. 沟槽支撑应符合以下规定：

（1）支撑应经常检查，发现支撑构件有弯曲、松动、移位或劈裂等迹象时，应及时处理；雨期及春季解冻时期应加强检查；

（2）拆除支撑前，应对沟槽两侧的建筑物、构筑物和槽壁进行安全检查，并应制定拆除支撑的作业要求和安全措施；

（3）施工人员应由安全梯上下沟槽，不得攀登支撑。

6. 拆除撑板应符合下列规定：

（1）支撑的拆除应与回填土的填筑高度配合进行，且在拆除后应及时回填；

（2）对于设置排水沟的沟槽，应从两座相邻排水井的分水线向两端延伸拆除；

（3）对于多层支撑沟槽，应待下层回填完成后再拆除其上层槽的支撑；

（4）拆除单层密排撑板支撑时，应先回填至下层横撑底面，再拆除下层横撑，待回填至半槽以上，再拆除上层横撑；一次拆除有危险时，宜采取替换拆撑法拆除支撑。

7. 拆除钢板桩应符合下列规定：

（1）在回填达到规定要求高度后，方可拔除钢板桩；

（2）钢板桩拔除后应及时回填桩孔；

（3）回填桩孔时应采取措施填实；采用砂罐回填时，废湿陷性黄土地区可冲水助沉；有地面沉降控制要求时，宜采取边拔桩边注浆等措施。

8. 铺设柔性管道的沟槽，支撑的拆除应按设计要求进行。

9. 倒撑。施工过程中，更换纵梁和横撑位置的过程称为倒撑。例如：当原支撑妨碍下一工序进行时；原支撑不稳定时；一次拆撑有危险时或因其他原因必须重新安设支撑时，均应倒撑。

任务1.5　沟槽回填

【任务描述】

压力管道水压试验前，除接口外，管道两侧及管顶以上回填高度不应小于0.5m；水压试验合格后，应及时回填沟槽的其余部分；无压管道在闭水或闭气试验合格后应及时回填。

【学习支持】

土方回填前，应符合下列规定：

1. 预制混凝土或钢筋混凝土圆形管道的现浇混凝土基础强度，接口抹带或预制构件现场装配的接缝水泥砂浆强度不小于M5.0。

2. 现场浇筑混凝土管道的强度达到设计规定。

3. 混合结构的矩形管道或拱形管道，其砖石砌体水泥砂浆强度达到设计规定；当为矩形管道时，并应在安装盖板以后。

4. 现场浇筑或预制构件现场装配的钢筋混凝土拱形管道或其他拱形管道，已采取措施保证回填时不发生位移，不产生裂缝和不失稳。

5. 钢管、铸铁管、球墨铸铁管、预应力混凝土管等压力管道：水压试验前，除接口外，管道两侧及管顶以上回填高度不应小于0.5m；水压试验合格后，及时回填其余部分；管径大于900mm的钢管道，必要时可采取措施控制管顶的竖向变形。其方法是：在回填土之前，在管道内设临时竖向支撑，待管道两侧土方回填完毕，再撤除支撑。

6. 沟槽回填时，应将沟槽内的砖、石、木块等杂物清除干净。

7. 采用集水井明沟排水时应保持排水沟畅通，沟槽内不得有积水，严禁带水作业；采用井点降低地下水位时，其动水位应保持最低填面以下不小于0.5m。

【任务实施】

沟槽回填施工包括还土、摊平、夯实、检查等工序。

1. 还土

沟槽回填的土料大多是开挖出的素土，但当有特殊要求时，可按设计回填砂、石灰土、砂砾等材料。除设计要求外，回填材料应符合下列规定：

（1）槽底至管顶以上500mm范围内，土中不得含有机物、冻土以及大于50mm的砖、石等硬块；在抹带接口处、防腐绝缘层或电缆周围，应采用细粒土回填。

（2）冬期回填时管顶以上500mm范围以外可均匀掺入冻土，其数量不得超过填土总体积的15%，且冻块尺寸不得超过100mm。

（3）回填土的含水量宜按土类和采用的压实工具控制在最佳含水率±2%范围内。最佳含水量应通过轻型击实试验确定。当缺乏试验条件时，可参照表1-6中的数值选用。

不同土类的最大干密度和最佳含水量　　表1-6

土类	塑性指数	最大干密度（g/cm³）	最佳含水量（%）
砂土	<1	1.80～1.88	8～12
亚砂土	1～7	1.85～2.08	9～15

续表

土类	塑性指数	最大干密度（g/cm³）	最佳含水量（%）
粉土	1～7	1.61～1.80	16～22
亚黏土	1～17	1.67～1.95	12～20
黏土	>17	1.58～1.70	19～23

管道两侧和管顶以上50cm范围内的回填材料，应由沟槽两侧同时对称均匀分层回填，两侧高差不得超过30cm，以防止管道位移。填土时不得将土直接扔在管道上，更不得直接砸在管道抹带接口上。回填其他部位时，应均匀运土入槽，不得集中推入。需拌合的回填材料，应在运人槽内前拌合均匀，不得在槽内拌合。

2. 摊平

每还一层土，都要采用人工法将土摊平，使每层土都接近水平。每次还土厚度应尽量均匀。每层回填土的虚铺厚度应根据所采用的压实机具按表1-7的规定选取。

每层回填土的虚铺厚度 **表1-7**

压实机具	虚铺厚度（mm）	压实机具	虚铺厚度（mm）
木夯、铁夯	≤200	压路机	200～300
轻型压实设备	200～250	振动压路机	≤400

3. 夯实

沟槽回填土夯实通常采用人工夯实和机械夯实两种方法。人工夯分木夯和铁夯。常用的夯实机械有：蛙式夯机、内燃打夯机、履带式打夯机、轻型压路机和振动压路机等。

人工夯实劳动强度高，效率低。蛙式夯轻便、结构简单，是目前工程中广泛使用的夯实机具。如功率2.8kW蛙式夯机，在填土最佳含水量情况下，夯夯相连，夯打3～4遍即可达到填土压实度95%左右。

在沟槽较宽，而且填土厚度超过管顶以上200mm时，可使用3～4.5t轻型压路机碾压，效率较高。每次虚铺土厚度为200～300mm。振动压路机每次虚铺土厚度不应大于400mm。碾压的重叠宽度不得小于200mm。压路机及振动压路机压实时，其行驶速度不得超过2km/h。

同一沟槽中有双排或多排管道的基础底面位于同一高程时，管道之间的回填压实应与管道与槽壁之间的回填压实对称进行。当基础底面的高程不同时，应先回填压实较低管道的沟槽，当与较高管道基础底面齐平后，再按上述方法进行。

分段回填压实时，相邻段的接茬应呈阶梯形，且不得漏夯。

回填土每层的压实遍数，应按回填土的要求压实度、采用的压实工具、回填土的虚铺厚度和含水量经现场试验确定。

4. 检查

每层土夯实后，应测定其压实度。测定方法有环刀法和贯入法两种。沟槽土方回填完毕后，使沟槽上土面略呈拱形，其拱高一般为槽上口宽的1/20，常取150mm。

5. 沟槽回填质量验收

沟槽回填土压实度应符合设计要求，设计无要求时，应符合表1-8、表1-9的规定；

回填应达到设计高程，表面应平整；回填时管道及附属构筑物无损伤、沉降、位移。

刚性管道沟槽回填土压实度 表 1-8

<table>
<tr><th rowspan="2">序号</th><th rowspan="2" colspan="4">项目</th><th colspan="2">最低压实度（%）</th><th colspan="2">检查数量</th><th rowspan="2">检查方法</th></tr>
<tr><th>重型击实标准</th><th>轻型击实标准</th><th>范围</th><th>点数</th></tr>
<tr><td>1</td><td colspan="4">石灰土类垫层</td><td>93</td><td>95</td><td>100m</td><td rowspan="6">每层每侧一组（每组3点）</td><td rowspan="6">用环刀法检查或采用现行国家标准《土工试验方法标准》GB/T 50—123中其他方法</td></tr>
<tr><td rowspan="5">2</td><td rowspan="5">沟槽在路基范围外</td><td rowspan="2">胸腔部分</td><td colspan="2">管侧</td><td>87</td><td>90</td><td rowspan="5">两井之间或1000m²</td></tr>
<tr><td colspan="2">管顶以上500mm</td><td colspan="2">87±2（轻型）</td></tr>
<tr><td colspan="3">其余部分</td><td colspan="2">≥90（轻型）或按设计要求</td></tr>
<tr><td colspan="3">农田或绿地范围表层500mm范围内</td><td colspan="2">不宜压实，预留沉降量，表面整平</td></tr>
<tr><td colspan="3"></td><td colspan="2"></td></tr>
<tr><td rowspan="11">3</td><td rowspan="11">沟槽在路基范围内</td><td rowspan="2" colspan="2">胸腔部分</td><td>管侧</td><td>87</td><td>90</td><td rowspan="11">两井之间或2000m²</td><td rowspan="11">每层每侧一组（每组3点）</td><td rowspan="11">用环刀法检查或采用现行国家标准《土工试验方法标准》GB/T 50—123中其他方法</td></tr>
<tr><td>管顶以上250mm</td><td colspan="2">87±2（轻型）</td></tr>
<tr><td rowspan="9">由路槽底算起的深度范围（mm）</td><td rowspan="3">≤800</td><td>快速路及主干路</td><td>95</td><td>98</td></tr>
<tr><td>次干路</td><td>93</td><td>95</td></tr>
<tr><td>支路</td><td>90</td><td>92</td></tr>
<tr><td rowspan="3">>800～1500</td><td>快速路及主干路</td><td>93</td><td>95</td></tr>
<tr><td>次干路</td><td>90</td><td>92</td></tr>
<tr><td>支路</td><td>87</td><td>90</td></tr>
<tr><td rowspan="3">>1500</td><td>快速路及主干路</td><td>87</td><td>90</td></tr>
<tr><td>次干路</td><td>87</td><td>90</td></tr>
<tr><td>支路</td><td>87</td><td>90</td></tr>
</table>

注：表中重型击实标准的压实度和轻型击实标准的压实度，分别以相应的标准击实试验法求得的最大干密度为100%。

柔性管道沟槽回填土压实度 表 1-9

<table>
<tr><th rowspan="2" colspan="2">槽内部位</th><th rowspan="2">压实度（%）</th><th rowspan="2">回填材料</th><th colspan="2">检查数量</th><th rowspan="2">检查方法</th></tr>
<tr><th>范围</th><th>点数</th></tr>
<tr><td rowspan="2">管道基础</td><td>管底基础</td><td>≥90</td><td rowspan="2">中、粗砂</td><td>—</td><td>—</td><td>—</td></tr>
<tr><td>管道有效支撑角范围</td><td>≥95</td><td>每100m</td><td>—</td><td>—</td></tr>
<tr><td colspan="2">管道两侧</td><td>≥95</td><td rowspan="3">中、粗砂、碎石屑，最大粒径小于40mm的砂砾或符合要求的原土</td><td rowspan="4">两井之间或1000m²</td><td rowspan="4">每层每侧一组（每组3点）</td><td rowspan="4">用环刀法检查或采用现行国家标准《土工试验方法标准》GB/T 50—123中其他方法</td></tr>
<tr><td rowspan="2">管顶以上500mm</td><td>管道两侧</td><td>≥90</td></tr>
<tr><td>管道上部</td><td>85±2</td></tr>
<tr><td colspan="2">管顶500～1000mm</td><td>≥90</td><td>原土回填</td></tr>
</table>

【知识链接】

一、土的规范分类

按土的组成、生成年代和生成条件对土进行分类。我国《地基基础设计规范》把地基土分成五类。每类土又分成若干类。

1. 岩石

在自然状态下，颗粒间牢固连接，呈整体的或具有节理裂隙的岩体。

2. 碎石土

粒径大于 2mm 的颗粒含量占全重 50%以上，根据颗粒大小级配和占全重百分率不同，分为漂石、块石、卵石、圆砾和角砾六种。

3. 砂土

粒径大于 2mm 的颗粒含量小于或等于全重 50%，干燥时呈塑性或微有塑性（塑性指数 JP≤3）的土。

砂土根据粒径大小和占全重的百分率不同，又可分为砾砂、粗砂、中砂、细砂和粉砂五种。

4. 黏性土

塑性指数 $IF>3$ 的土。按塑性指数，分为轻亚黏土、亚黏土和黏土。见表 1-10。

5. 人工填土

按其形成有素填土、杂填土和冲填土。

素填土：由碎石、砂土、黏性土组成的填土。经分层夯实的统称素填土。

杂填土：含有建筑垃圾、工业废料、生活垃圾等杂物的填土。

冲填土：水力冲填泥砂形成的沉积土。

黏性土的分类 **表 1-10**

土的名称	塑性指数 Ip
轻亚黏土	$3<Ip\leqslant10$
亚黏土	$10<Ip\leqslant17$
黏土	$Ip>17$

二、土的工程分类

土方工程施工中，常按土的坚硬程度、开挖难易，将土石分为 8 类 16 级。如表 1-10。

三、土的野外鉴别

土的野外鉴别是工程技术人员必须掌握的基本技能。除表 1-10 所列，以开挖难易程度鉴别类别，签发任务单、作工程决算外，还要观察与确定构筑物或管沟等基底土质。在野外粗略地鉴别各类土的方法见表 1-11～表 1-16。

土的工程分类 表 1-11

土的分类	土的级别	土（岩）的名称	压实系数 f	密度（kg/m^3）	开挖方法及工具
一类土（松软土）	Ⅰ	略有黏性的砂土；粉砂土；腐殖土；疏松的种植土及泥炭（淤泥）	0.5～0.6	600～1000	用锹，少许用脚蹬或用板锄挖掘
二类土（普通土）	Ⅱ	潮湿的黏性土和黄土；软的盐土和碱土；含有建筑材料碎屑，碎石、卵石的堆积土和种植土	0.6～0.8	1100～1600	用锹、条锄挖掘、需用脚蹬，少许用镐
三类土（坚土）	Ⅲ	中等密实的黏性土或黄土；含有碎石、卵石或建筑材料碎屑的潮湿的黏性土或黄土	0.8～1.0	1800～1900	主要用镐、条锄、少许锹
四类土（砂砾坚土）	Ⅳ	坚硬密实的黏性土或黄土；含有碎石、砾石（体积在10%～30%重量在25kg以下石块）的中等密实黏性土或黄土；硬化的重盐土；软泥灰岩	1～1.5	1900	全部用镐、条锄挖掘，少许用撬棍挖掘
五类土（软石）	Ⅴ～Ⅵ	硬的石炭纪黏土；胶结不紧的砾岩；软的、节理多的石灰岩及贝壳石灰岩；坚实的白垩；中等坚实的页岩、泥灰岩	1.5～4.0	1200～2700	用镐或撬棍、大锤挖掘，部分使用爆破方法
六类土（次坚石）	Ⅶ～Ⅸ	坚硬的泥质页岩，坚实的泥灰岩；角砾状花岗岩；泥灰质石灰岩；黏土质砂岩；云母页岩及砂质页岩；风化的花岗岩、片麻岩及正长岩；滑石质的蛇纹岩；密度的石灰岩；硅质胶结的砾岩；砂岩；砂质石灰质页岩	4～10	2200～2900	用爆破方法开挖，部分用风镐
七类土（坚石）	Ⅹ～Ⅻ	白云岩；大理石；坚实的石灰岩、石灰质及石英质的砂岩；坚硬的砂质页岩；蛇纹岩；粗粒正长岩；有风化痕迹的安山岩及玄武岩；片麻岩、粗面岩；中粗花岗岩；坚实的片麻岩，粗面岩；辉绿岩；玢岩；中粗正长岩	10～18	2500～2900	用爆破方法开挖
八类土（特坚石）	Ⅻ～ⅩⅤ	坚实的细粒花岗岩；花岗片麻岩；闪长岩；坚实的玢岩、角闪岩、辉长岩、石英岩；安山岩、玄武岩；最坚实的辉绿岩、石灰岩及闪长岩；橄榄石质玄武岩；特别坚实的辉长岩、石英岩及玢岩	18～25以上	2700～3300	用爆破方法开挖

注：1. 土的级别为相当一般16级土石分类级别。
2. 坚实系数 f 为相当于普氏岩石强度系数。

碎石土、砂土野外鉴别方法 表 1-12

类别	土的名称	观察颗粒粗细	干燥时的状态及强度	湿润时用手拍击状态	黏着程度
碎石土	卵（碎）石	一半以上的颗粒超过20mm	颗粒完全分散	表面无变化	无黏着感觉
	圆（角）砾	一半以上的颗粒超过2mm（小高粱粒大小）	颗粒完全分散	表面无变化	无黏着感觉

续表

类别	土的名称	观察颗粒粗细	干燥时的状态及强度	湿润时用手拍击状态	黏着程度
砂土	砾砂	约有 1/4 以上的颗粒超过 2mm（小高粱粒大小）	颗粒完全分散	表面无变化	无黏着感觉
	粗砂	约有一半以上的颗粒超过 0.5mm（细小米粒大小）	颗粒完全分散，但有个别胶结一起	表面无变化	无黏着感觉
	中砂	约有一半以上的颗粒超过 0.25mm（白菜籽粒大小）	颗粒基本分散，局部胶结但一碰即散	表面偶有水印	无黏着感觉
	细砂	大部分颗粒与粗豆米粉（>0.074mm）近似	颗粒大部分分散，少量胶结，部分稍加碰撞即散	表面有水印（翻浆）	偶有轻微黏着感觉
	粉砂	大部分颗粒与小米粒近似	颗粒少部分分散，大部分胶结，稍加压力可分散	表面有显著翻浆现象	有轻微黏着感觉

碎石类土密实度的野外鉴别　　表 1-13

密实度	密实	中密	稍密
骨架和充填物	骨架颗粒含最大于总重的 70%，呈交错紧贴。连续接触。孔隙填满、充填物密实	骨架颗粒含量等于总重的 60%～70%，呈交错排列，大部分接触。孔隙填满、充填物中密	骨架颗粒含量小于总重的 60%，排列混乱，大部分不接触。孔隙中的充填物稍密
天然坡和可挖性	天然陡坡较稳定，坎下堆积物较少，镐挖掘困难，用撬棍方能松动，坑壁稳定，从坑壁取出大颗粒处，能保持凹面形状	天然坡不易陡立或陡坎下堆积物较多，但坡度大于粗颗粒的安息角镐可挖掘，坑壁有掉块现象，从坑壁取出大颗粒处，砂土不易保持凹面形状	不能形成陡坡，天然坡接近于粗颗粒的安息角，锹可以挖掘，坑壁易坍塌，从坑壁取出大颗粒处，砂土即塌落
可钻性	钻进困难，冲击钻探时、钻杆、吊锤跳动剧烈，孔壁较稳定	钻进较难，冲击钻探时，钻杆，吊锤跳动不剧烈，孔壁有坍塌现象	钻进较易，冲击钻探时，钻杆稍有跳动，孔壁易坍塌

注：1. 骨架颗粒系指与碎石类土分类名称相应的粒径的颗粒。
2. 碎石类土密实度的划分，应按表列各项要求综合确定。

土的野外鉴别　　表 1-14

项目		黏土	亚黏土	轻亚黏土	砂土
湿润时用刀切		切面光滑、有黏刀阻力	稍有光滑面，切面平整	无光滑面，切面稍粗糙	无光滑面，切面粗糙
湿土用手捻摸时的感觉		有滑腻感，感觉不到有砂粒，水分较大时很黏手	稍有滑腻感，有黏滞感，感觉到有少量砂粒	有轻微黏滞感或无黏滞感，感觉到砂粒较多、粗糙	无黏滞感，感觉到全是砂粒、粗糙
土的状态	干土	土块坚硬，用锤才能打碎	土块用力可压碎	土块用手捏或抛扔时易碎	松散
	湿土	易黏着物体，干燥后不易剥去	能黏着物体，干燥后较易剥去	不易黏着物体，干燥后，一碰就掉	不能黏着物体

续表

项目	黏土	亚黏土	轻亚黏土	砂土
湿土搓条情况	塑性大，能搓成直径小于0.5mm的长条（长度不短于手掌），手持一端不易断裂	有塑性，能搓成直径为0.5～3mm的短条	无塑性，不能搓成土条	不能搓成土条

人工填土、淤泥、黄土、泥炭的野外鉴别方法　　表1-15

土的名称	观察颜色	夹杂物质	形状（构造）	浸入水中的现象	湿土横条情况
人工填土	无固定颜色	砖瓦碎块、垃圾、炉灰等	夹杂物显露于外，构造无规律	大部分变为稀软淤泥，其余部分为碎瓦、炉渣在水中单独出现	一般搓成3mm土条但易断，遇有杂质甚多时不能搓条
淤泥	灰黑色有臭味	池沼中半腐败的细小的动物植物遗体，如草根、小螺壳等	夹杂物轻，仔细观察可以发觉构造常呈层状，但有时不明显	外观无显著变化，在水面出现气泡	一般淤泥质土接近轻亚黏土，能搓成3mm土条（长至少3cm），容易断裂
黄土	黄褐二色的混合色	有白色粉末出现在纹理之中	夹杂物质常清晰显见，构造上有垂直大孔（肉眼可见）	即行崩散而分成分散的颗粒集团，在水面上出现很多白色液体	搓条情况与正常的亚黏土相似
泥炭	深灰或黑色	有半腐败的动植物遗体，其含量超过60%	夹杂物有时可见，构造无规律	极易崩碎，变为稀软淤泥，其余部分为植物跟动物残体渣滓悬浮于水中	一般能搓成1～3mm土条，但残渣甚多时，仅能搓成3mm以上的土条

土的可松性参数值　　表1-16

土的类别		体积增加百分比		可松性系数	
		最初	最终	K_p	K_p'
一	种植土除外	8～17	1～2.5	1.08～1.17	1.01～1.03
一	植物性土、泥炭	20～30	3～4	1.20～1.30	1.03～1.04
二		14～28	1.5～5	1.14～1.28	1.02～1.05
三		24～30	4～7	1.24～1.30	1.04～1.07
四	泥灰岩、蛋白石除外	26～32	6～9	1.26～1.32	1.06～1.09
四	泥灰岩、蛋白石	33～37	11～15	1.33～1.37	1.11～1.15
五～七		30～45	10～20	1.30～1.45	1.10～1.20
八		45～50	20～30	1.45～1.50	1.20～1.30

注：1. 最初体积增加百分比$=\dfrac{V_2-V_1}{V_1}\times100\%$；最后体积增加百分比$=\dfrac{V_3-V_1}{V_1}\times100\%$；

K_p——为最初可松性系数，$K_p=\dfrac{V_2}{V_1}$；

K_p'——为最终可松性系数，$K_p'=\dfrac{V_3}{V_1}$；

V_1——开挖前土的自然体积；

V_2——开挖后土的松散体积；

V_3——运至填方处压实后之体积。

2. 在土方工程中，K_p是用于计算挖方装运车辆及挖土机械的重要参数，K_p'是计算填方时所需挖土工程的重要参数。

土的压缩率参考值　　表 1-17

土的类别	土的名称	土的压缩率	每立方米松散土压实后的体积（m^3）
一～二类土	种植土	20％	0.80
	一般土	10％	0.90
	砂土	5％	0.95
三类土	天然湿度黄土	12％～17％	0.85
	一般土	5％	0.95
	干燥坚实黄土	5％～7％	0.94

项目 2 市政给水管道施工

【项目描述】

给水管道工程是市政管道工程主要的组成部分，本项目主要介绍市政给水铸铁管的施工。给水管道施工主要包括给水管道连接和给水管道质量验收等内容。土方工程在项目 1 中已经介绍，在此不再赘述。

任务 2.1 给水管道工程施工

【任务描述】

给水管道常用铸铁管材，铸铁管的接口多为承插式，承插式接口又分为刚性和柔性两大类，本任务就是铸铁管的施工。

【学习支持】

一、用水对象及用水要求

给水工程的目的和任务，就是以即经济合理又安全可靠的手段，供给人们生活、生产以及消防用水，同时应满足其对水量、水质和水压的要求。

城市用水大致可分为生活用水、生产用水、消防用水及市政用水等。

1. 综合生活用水

综合生活用水即人们日常生活所需用的水，包括城市居民日常生活用水、公共建筑生活用水。

(1) 居民生活用水定额是指每个居民每天生活用水量的一般范围，按 L/(人·d) 计；我国《室外给水设计规范》GB 50013—2006 中规定了城市居民生活用水定额和综合生活用水定额，见表 2-1 及表 2-2。工业企业内工作人员的生活用水量，应根据车间性质确定，一般可采用 25～35L/(人·班)，工业企业内工作人员的淋浴用水量，应根据车间卫生特征确定，一般可采用 40～60L/(人·班)，其延续时间为 1h（下班后淋浴），公共建筑生活用水定额见表 2-3。

居民生活用水定额［L/(人·d)］　　表 2-1

城市规模	特大城市		大城市		中、小城市	
用水情况 / 分区	最高日	平均日	最高日	平均日	最高日	平均日
一	180～270	140～210	160～250	120～190	140～230	100～170
二	140～200	110～160	120～180	90～140	100～160	70～120
三	140～180	110～150	120～160	90～130	100～140	70～110

综合生活用水定额［L/(人·d)］　　表 2-2

城市规模	特大城市		大城市		中、小城市	
用水情况 / 分区	最高日	平均日	最高日	平均日	最高日	平均日
一	260～410	210～340	240～390	190～310	220～370	170～280
二	190～280	150～240	170～260	130～210	150～240	110～180
三	170～270	140～230	150～250	120～200	130～230	100～170

注：1. 特大城市指：市区和近郊区非农业人口 100 万及以上的城市；
大城市指：市区和近郊区非农业人口 50 万及以上，不满 100 万的城市；
中、小城市指：市区和近郊区非农业人口不满 50 万的城市。
2. 一区包括：湖北、湖南、江西、浙江、福建、广东、广西、海南、上海、江苏、安徽、重庆；
二区包括：四川、贵州、云南、黑龙江、吉林、辽宁、北京、天津、河北、山西、河南、山东、宁夏、陕西、内蒙古河套以东和甘肃黄河以东的地区；
三区包括：新疆、青海、西藏、内蒙古河套以西和甘肃黄河以西的地区。
3. 经济开发区和特区城市，根据用水实际情况，用水定额可酌情增加。
4. 当采用海水或污水再生水等作为冲厕用水时，用水定额相应减少。

集体宿舍、旅馆和公共建筑生活用水定额及小时变化系数　　表 2-3

序号	建筑物名称	单位	最高日生活用水定额（L）	使用时数（h）	小时变化系数 K_h
1	单身职工宿舍、学生宿舍、招待所、培训中心、普通旅馆				
	设公用盥洗室	每人每日	50～100	24	3.0～2.5
	设公用盥洗室、淋浴室	每人每日	80～130		
	设公用盥洗室、淋浴室、洗衣室	每人每日	100～150		
	设单独卫生间、公用洗衣室	每人每日	120～200		
2	宾馆客房				
	旅客	每床位每日	250～400	24	2.5～2.0
	员工	每人每日	80～100		
3	医院住院部				
	设公用盥洗室	每床位每日	100～200	24	2.5～2.0
	设公用盥洗室、淋浴室	每床位每日	150～250	24	2.5～2.0
	设单独卫生间	每床位每日	250～400	24	2.5～2.0
	医务人员	每人每班	150～250	8	2.0～1.5
	门诊部、诊疗所	每病人每次	10～15	8～12	1.5～1.2
	疗养院、休养所住房部	每床位每日	200～300	24	2.0～1.5

续表

序号	建筑物名称	单位	最高日生活用水定额（L）	使用时数（h）	小时变化系数 K_h
4	养老院、托老所 全托 日托	 每人每日 每人每日	 100～150 50～80	 24 10	 2.5～2.0 2.0
5	公共浴室 淋浴 浴盆、淋浴 桑拿浴（淋浴、按摩池）	 每顾客每次 每顾客每次 每顾客每次	 100 120～150 150～200	 12 12 12	2.0～1.5
6	理发室、美容院	每顾客每次	40～100	12	2.0～1.5
7	洗衣房	每公斤干衣	40～80	8	1.5～1.2
8	餐饮业 中餐酒楼 快餐店、职工及学生食堂 酒吧、咖啡馆、茶座、卡拉OK房	 每顾客每次 每顾客每次 每顾客每次	 40～60 20～25 5～15	 10～12 12～16 8～18	1.5～1.2
9	商场 员工及顾客	每平方米营业厅 厅 面积每日	5～8	12	1.5～1.2
10	办公楼	每人每班	30～50	8～10	1.5～1.2
11	教学、实验楼 中小学校 高等院校	 每学生每日 每学生每日	 20～40 40～50	8～9	1.5～1.2
12	电影院、剧院	每观众每场	3～5	3	1.5～1.2
13	健身中心	每人每次	30～50	8～12	1.5～1.2
14	体育场（馆） 运动员淋浴 观众	 每人每次 每人每场	 30～40 3	 — 4	 3.0～2.0 1.2
15	会议厅	每座位每次	6～8	4	1.5～1.2
16	客运站旅客、展览中心观众	每人次	3～6	8～10	1.5～1.2
17	菜市场地面冲洗及保鲜用水	每平方米每日	10～20	8～10	2.5～2.0
18	停车库地面冲洗水	每平方米每次	2～3	6～8	1.0

注：1. 除养老院、托儿所、幼儿园的用水定额中含食堂用水外，其他均不含食堂用水。
2. 除注明外，均不含员工生活用水，员工用水定额为每人每班 40～60L。
3. 医疗建筑用水中已含医疗用水。
4. 空调用水应另计。

工业、企业中的管理人员生活用水定额可取 30～50L/(人·班)；车间工人的生活用水定额应根据车间性质确定，一般宜采用 30～50L/(人·班)；用水时间为 8h，小时变化系数为 1.5～2.5。

工业、企业建筑淋浴用水定额，应根据车间的卫生特征，并与建设单位充分协商后确定，对于一般轻污染的工业、企业，可采用 40～60L/(人·次)，延续供水时间为 1h。

(2) 生活用水水质

生活用水水质必须符合现行的《生活饮用水卫生标准》GB 5749—2006。

（3）生活用水的水压要求

城市给水管网应具有一定的水压，即最小服务水头，其值的大小是根据用水区内建筑物（不包括高层建筑）层数确定的，即一层为10m，二层为12m，从三层起每增加一层其水头增加4m。

2. 生产用水

（1）生产用水量定额

工业企业生产用水量定额应根据具体的产品及生产工艺过程的要求确定。可参照《工业用水量定额》执行。

（2）生产用水水质及水压

工业生产用水水质要求与生产工艺过程和产品的种类有密切关系。各类工业生产用水水质差异较大。

工业生产用水对水压的要求，视生产工艺要求而定。

3. 市政用水

对城镇道路进行保养、清洗、降温和消尘等所需的水称浇洒道路用水，对市政绿地等所需用的水称绿化用水，以上用水统称为市政用水。

浇洒道路和绿地用水量应根据路面、绿化、气候和土壤等条件确定。

浇洒道路用水可按浇洒面积以2.0L/(m^2·次）计算；浇洒绿地用水可按浇洒面积以4.0L/(m^2·次）计算。

汽车冲洗用水定额按表2-4确定。

汽车冲洗用水量定额L/(辆·次)　　**表2-4**

冲洗方式	软管冲洗	高压水枪冲洗	循环用水冲洗	抹车
轿车	200～300	40～60	20～30	10～15
公共汽车 载重汽车	400～500	80～120	40～60	15～30

4. 消防用水

消防用水即扑灭火灾所需用的水。城镇、居住区室外消防用水量，应按同一时间内的火灾次数和一次灭火用水量确定，见表2-5。

我国城镇消防系统一般采用低压消防系统，消防时失火点处管网的自由水压不得小于10m。

城镇、居住区室外消防用水量　　**表2-5**

人数（万人）	同一时间内的火灾次数（次）	一次灭火用水量（L/s）	人数（万人）	同一时间内的火灾次数（次）	一次灭火用水量（L/s）
≤1.0	1	10	≤40.0	2	65
≤2.5	1	15	≤50.0	3	75
≤5.0	2	25	≤60.0	3	85
≤10.0	2	35	≤70.0	3	90
≤20.0	2	45	≤80.0	3	95
≤30.0	2	55	≤100.0	3	100

二、给水管道系统的组成

城市给水系统可分为三大部分：

1. 取水工程

包括取水构筑物和取水泵房，其任务是取得足够水量和优质的原水。

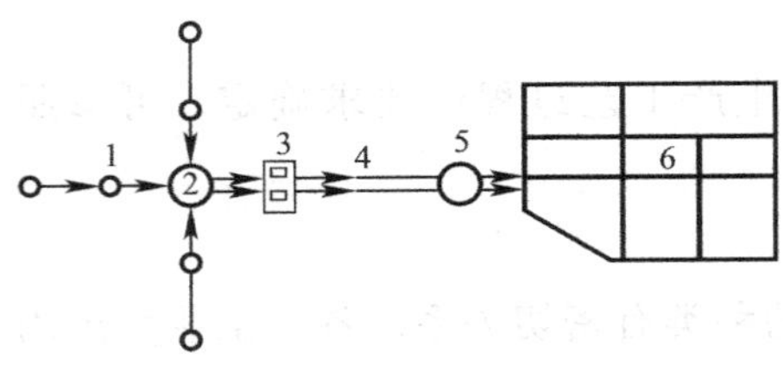

图 2-1 城市地下水源给水系统

1—管井；2—水池；3—泵站；
4—输水管；5—水塔；6—管网

2. 水处理工程

包括各种水处理构筑物，其任务是对原水进行处理，满足用户对水质的要求。

3. 输配水工程

包括输水管道、配水管网、加压泵站以及水池等调节构筑物，其中输水管道和配水管网构成给水管道工程。基本任务是向用户供给足够的水量，并满足用户对水压的要求。如图 2-1、图 2-2 分别为以地下水为水源的给水系统和以地表水为水源的给水系统。

三、给水系统的布置形式

城市给水系统的布置，应根据城市总体规划布局、水源特点、当地自然条件及用户对水质的不同要求等因素确定。常见的城市给水系统布置形式有以下几种：

1. 统一给水系统

城市的生活用水、工业生产用水、消防用水及市政用水均按生活饮用水水质标准，用统一的给水管网供给用户的给水系统，称为统一给水系统。统一给水系统调度管理灵活，动力消耗较少，管网压力均匀，供水安全性较好。该系统较适用于中小城镇、工业区、大型厂矿企业，用户集中不需要长距离转输水量，各用户对水质、水压要求相差不大，地形起伏变化较小，建筑物层数差异不大的城市。

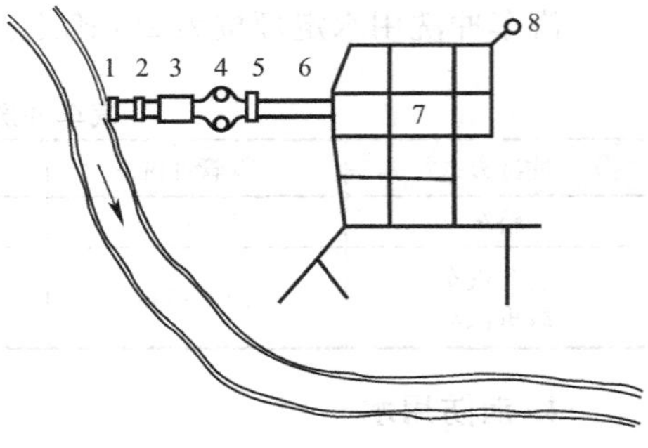

图 2-2 城市地表水源给水系统

1—取水构筑物；2——级泵站；3—水处理构筑物；
4—清水池；5—二级泵站；6—输水管；
7—管网；8—水塔

2. 分区给水系统

根据城市或工业区的特点将给水系统分成几个系统，每个系统都可独立运行，又能保持系统间的相互联系，以便保证供水的安全性和调度的灵活性。这种给水系统称为分区供水系统。如图 2-3 所示。

这种给水系统比较适用于用水量大或城市面积辽阔或延伸很长及城市被自然地形分割成若干部分或功能分区较明确的大中城市采用。它的主要优点是根据各给水管道工程的主要任务将符合用户要求的水（成品水）输送和分配到各用户，一般通过泵站、输水管道、配水管网和调节构筑物等设施共同工作来完成。

3. 分质给水系统

原水经过不同的净化过程，通过不同的管道系统将不同质量的水供给用户，这种给

水系统称为分质给水系统，如图 2-4 所示。

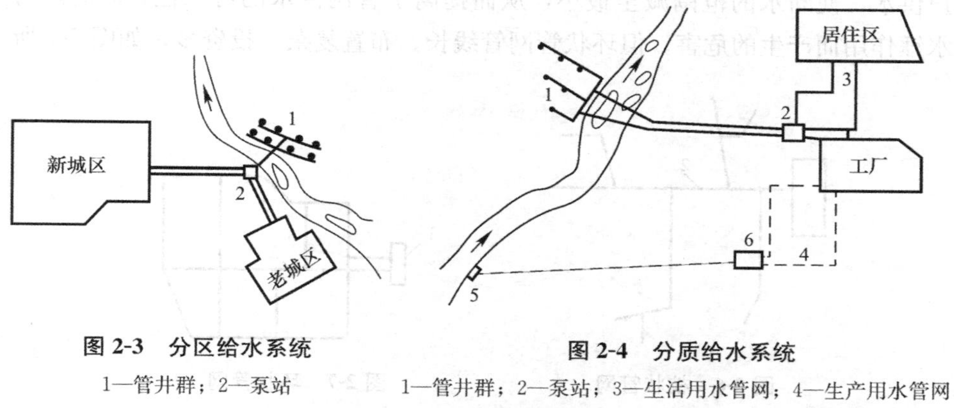

图 2-3　分区给水系统

1—管井群；2—泵站

图 2-4　分质给水系统

1—管井群；2—泵站；3—生活用水管网；4—生产用水管网；5—取水构筑物；6—生产用水处理构筑物

该系统适用于优良水质的水源较贫乏及城市或地区中低质水的用水量所占的比重较大时采用。其主要优点是水处理构筑物的容积较小，投资省，合理利用不同的水资源，且可节约药剂费用和动力费用，缺点是给水系统多管线长，运行管理复杂。

4. 分压给水系统

因用户对水压要求不同而采用扬程不同的水泵分别提供不同压力的水至高压管网和低压管网，这种给水系统称为分压给水系统。分压给水系统适用于城市地形高差较大及各用户对水压要求相差较大的城市或工业区。如图 2-5 所示。它的优点是减小高压管道和设备用量，动力费用低。缺点是管线长、设备多，管理复杂。

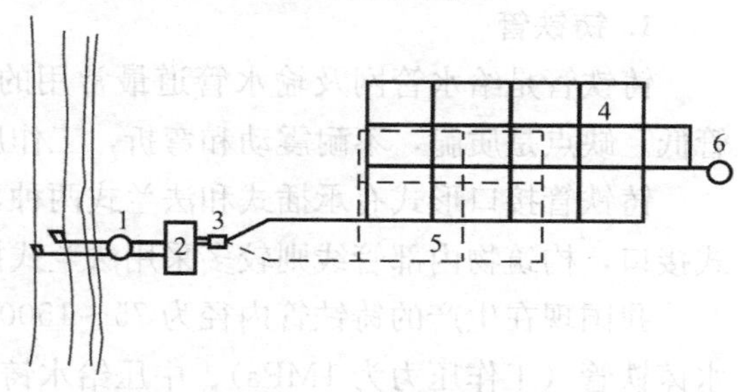

图 2-5　分压给水系统

1—取水构筑物；2—水处理构筑物；3—泵站；4—低压管网；5—高压管网；6—水塔

四、配水管网的布置形式

配水管网一般敷设在城市道路下，就近为两侧的用户配水。因此，配水管网的形状应随城市路网的形状而定。随着城市路网规划的不同，配水管网可以有多种布置形式，但一般可归结为枝状管网和环状管网两种布置形式。

1. 枝状管网

枝状管网是因从二级泵站或水塔到用户的管线布置类似树枝状而得名，其干管和支管分明，管径由泵站或水塔到用户逐渐减小，如图 2-6 所示。由此可见，树状管网管线短、管网布置简单、投资少；但供水可靠性差，当管网中任一管段损坏时，其后的所有管线均会断水。在管网末端，因用水量小，水流速度缓慢，甚至停滞不动，容易使水质变坏。

2. 环状管网

管网中的管道纵横相互接通，形成环状。当管网中某一管段损坏时，可以关闭附近的阀门使其与其他的管段隔开，然后进行检修，水可以从另外的管线绕过该管段继续向下游用户供水，使断水的范围减至最小，从而提高了管网供水的可靠性；同时还可大大减轻因水锤作用而产生的危害。但环状管网管线长、布置复杂、投资多，如图 2-7 所示。

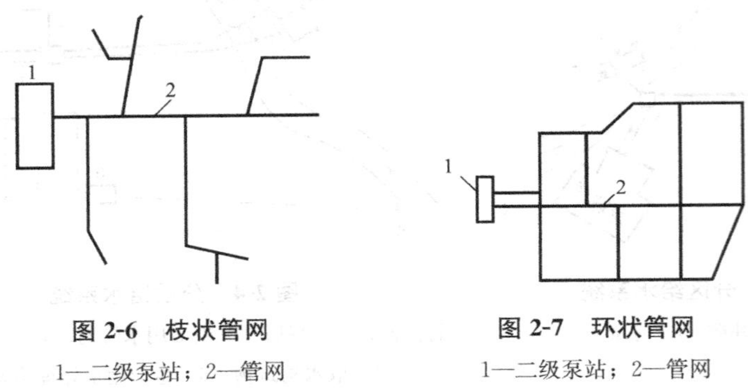

图 2-6　枝状管网

1—二级泵站；2—管网

图 2-7　环状管网

1—二级泵站；2—管网

五、给水管材

给水工程常用的管材可分为金属管和非金属管两大类。

1. 铸铁管

铸铁管是给水管网及输水管道最常用的管材。它抗腐蚀性好，经久耐用，价格较钢管低。缺点是质脆，不耐震动和弯折，工作压力较钢管低，管壁较钢管厚，且自重较大。

铸铁管接口形式有承插式和法兰式两种，如图 2-8 所示。室外直埋管线通常采用承插式接口，构筑物内部管线则较多采用法兰式接口。

我国现在生产的铸铁管内径为 75～1500mm，长度为 4～6m，按压力可分为：高压给水铸铁管（工作压力为 1MPa）、中压给水铸铁管（工作压力为 0.75MPa）、低压给铸铁水管（工作压力为 0.45MPa）。

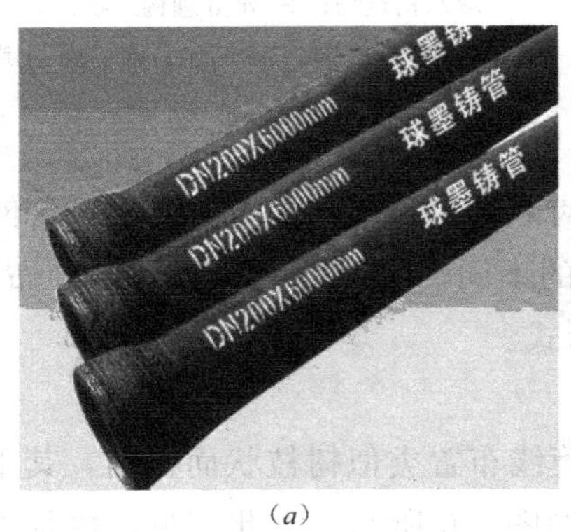

(*a*)

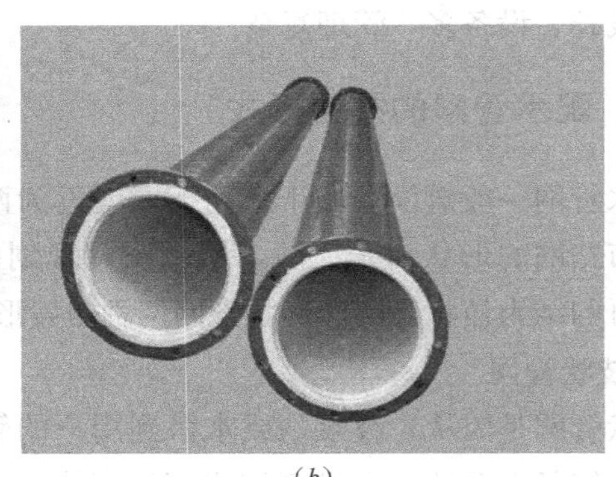

(*b*)

图 2-8　铸铁管

(*a*) 承插式；(*b*) 法兰式

目前推广使用延性球墨铸铁管，这种管材具有铸铁管的耐腐蚀性和钢管的韧性。采用球墨铸铁管是管道抗震的主要措施之一，因为它的抗拉强度是普通铸铁管的 3 倍左右。接口均采用柔性接口，抗弯性能好，接口施工方便，劳动强度低。

在给水管道转弯、分支、直径变化及连接其他附属设备处，须采用管道配件来连接。常用的管道配件见图 2-9。

图 2-9　铸铁管件

2. 钢管

钢管分为焊接钢管和无缝钢管。焊接钢管又分为直缝钢管和螺旋焊缝钢管。

钢管具有耐高压、韧性好、耐振动、管壁薄、重量轻、管节长、接口少、加工接头方便。但是钢管比铸铁管价格高，耐腐蚀性差，使用寿命较短。钢管主要用于压力较高的输水管线，穿越铁路、河谷，对抗震有特殊要求的地区及泵房内部的管线。钢管接口可采用焊接、法兰连接，小管径（$D<$ 100mm）可采用螺纹连接。钢管在施工过程中应认真做好防腐处理。

3. 预应力钢筒混凝土管（PCCP）

预应力钢筒混凝土管（如图 2-10）是国家二十一世纪重点推广项目之一，它作为一种新型复合材料，具有内壁光滑，阻力小，承压高接头密封好、耐腐蚀、施工快、寿命长等优点。

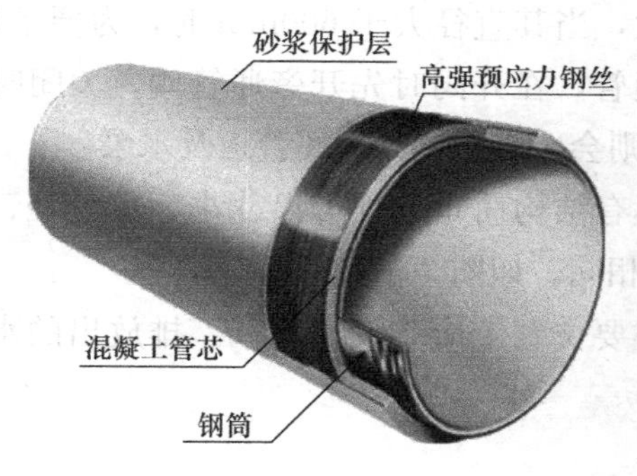

图 2-10　PCCP 管

根据钢筒在管芯中位置的不同，可分为两种：一种是内衬式预应力钢筒混凝土管（PCCP-L），它是在钢筒内部衬以混凝土后，在钢筒外面缠绕预应力钢丝，再喷砂浆保护层；另一种是埋置式预应力钢筒混凝土管（PCCP-E），它是将钢筒埋置在混凝土中，然后在混凝土管芯上缠绕预应力钢丝，再喷砂浆保护层。PCCP 接头采用钢制承插口，尺寸精度高（承口与插口工作直径配合间隙最小 0.5mm，最大 2mm），承口呈钟形环状，插口是带有凹槽的特制异型钢，胶圈按等断面设计放置在凹槽内。

六、给水管网附件

为了保证给水系统的正常运行，便于维修和使用，在管道上需设置必要的阀门、消火栓、排气阀和泄水阀、给水栓等附件。

1. 阀门

阀门是控制水流调节管道内的水量、水压的重要设备，并具有在紧急抢修中迅速隔离故障管段的作用。

输水管道和配水管网应根据具体情况设置分段和分区检修的阀门。配水管网上的阀门，不应超过5个消火栓的布置长度。阀门的口径一般和相应的管道的直径相同。但因阀门价格较高，为降低造价，当管直径大于500mm时，允许安装0.8倍管径的阀门。

阀门的种类按闸板分有楔式和平行式两种；若按阀杆的上下移动又分为明杆和暗杆两种。泵站内一般采用明杆；输配水管道上，一般采用手动暗杆楔式阀门。如图2-11所示。

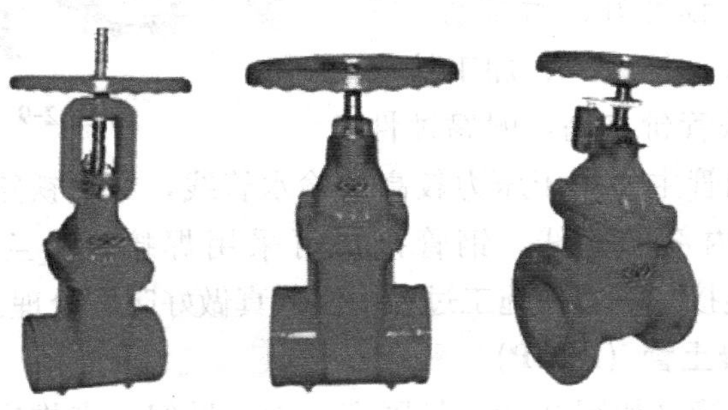

RRGX明杆阀(Z81X)　RVGX暗杆阀(Z85X)　ZSXF-Z消防信号闸阀

图2-11　闸阀

由于阀门关闭时单侧受到水压作用力较大，当其直径大于600mm时，为便于启闭，应有伞齿轮传动装置，并在闸板两侧安装连通管，在开阀时先开旁通管阀，关闭时后关旁通管阀。管径较大时阀门开启不宜过快，否则会造成水锤而损坏管道及水泵。

除上述阀门外，工程上还常用蝶阀。它具有结构简单、外形尺寸小、重量轻、操作轻便灵活、价格低等特点，其功能与上述阀门相同。如图2-12所示。

在输水管道和配水管网低处和平直段的必要位置上应装设泄水阀。排放出的水可排入水体、沟管、泄水井。

2. 消火栓

消火栓按安装形式可分为地上式和地下式两种。如图2-13、图2-14所示。

消防规范规定，接室外消火栓的管径不得小于100mm，相邻两消火栓的间距不应大于120m。距离建筑物外墙不得小于5m，距离车行道边不大于2m。

图2-12　蝶阀

图2-13　地上式消火栓

图2-14　地下式消火栓

七、给水管网的附属构筑物

1. 井室

管网中的各种附件一般装在井室内，以便于操作和检修。井室的深度由管道的埋深确定。平面尺寸由管道的直径和附件的种类及数量确定，为便于操作和维修安装要求如下：

（1）承口或法兰下边缘至井底的距离不小于 0.1m。

（2）法兰盘和井壁的距离应大于 0.15m；承口外缘到井壁的距离应大于 0.3m。

井室的形式可根据附件的类型、尺寸确定，可参照给水排水标准图选用，如图 2-15、图 2-16 所示。

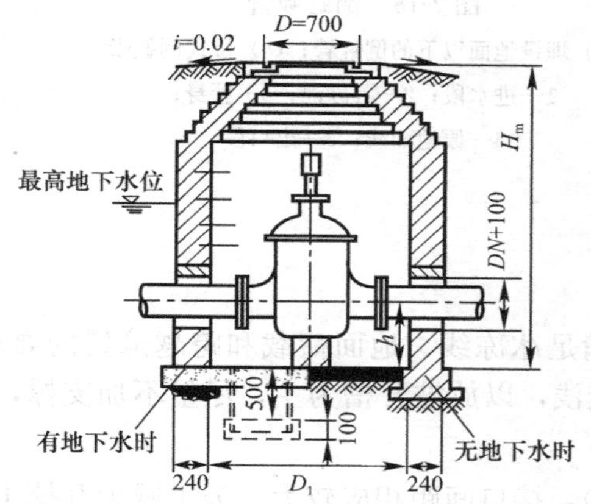

图 2-15　地面操作立式阀门井

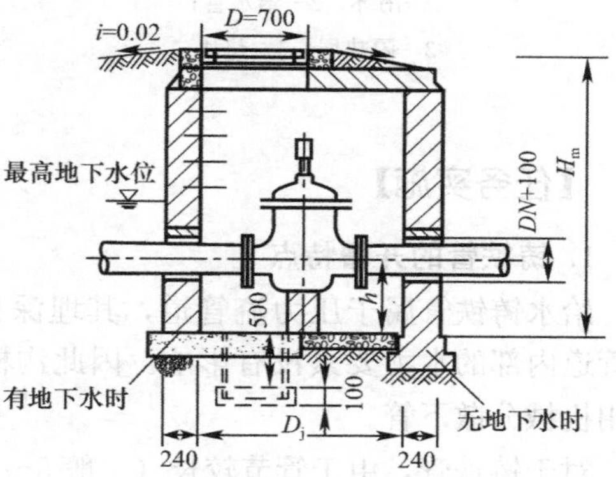

图 2-16　井下操作立式阀门井

2. 给水管线穿越障碍物的措施

给水管线穿越铁路、重要公路、河流、山谷等障碍物时，需采取相应的措施。

（1）管道穿越铁路和重要公路的措施

给水管道穿越铁路和重要公路时，一般是在铁路和重要公路的路基下垂直穿越，采用以下措施：

设套管，开槽法施工时套管直径应比管道直径大 300mm。管材采用钢制套管或钢筋混凝土管。掘进顶管施工时，套管直径一般比管道直径大 500～800mm。其管顶距铁路轨底或公路路面不宜小于 1.2m。

（2）管道穿越河谷措施

当河道上设有桥梁时，管道可在人行道下悬吊过桥，在寒冷地区应采取保温措施。如图 2-17。

管道穿越河谷时，也可敷设倒虹管，如图 2-18 所示。倒虹管一般宜设两条，按一条停止工作时，另一条仍能通过设计流量设计。并均应有检修和防止冲刷的设施。

当给水管道直径较大，架设在桥下有困难或当地无桥梁可利用时，可修建管桥，管桥应有适当高度，以免影响通航。

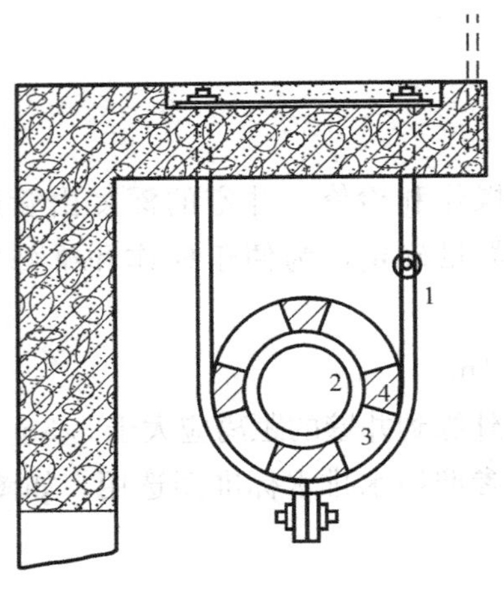

图 2-17 桥梁人行道下吊管法

1—吊环；2—给水管；

3—隔热层；4—垫块

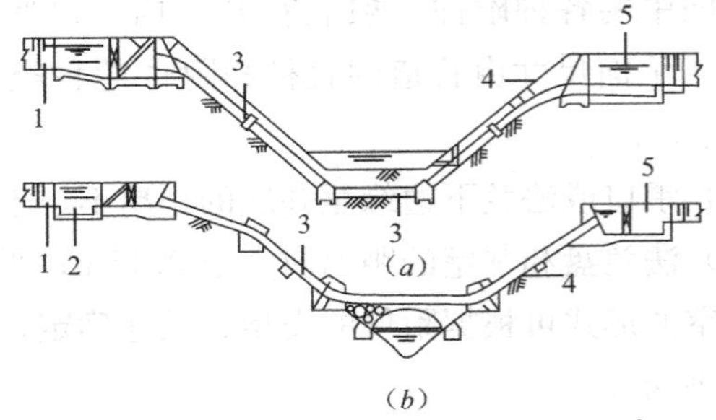

图 2-18 倒虹吸管

(a) 埋设地面以下的倒虹管；(b) 桥式倒虹吸

1—进水段；2—沉砂池；3—管身；

4—原地面线；5—出口段

【任务实施】

1. 铸铁管的开槽特点

给水铸铁管属于压力流管道，其埋深只满足冰冻线、地面荷载和跨越障碍的要求，对管道内部的水力要素没有影响。因此沟槽较浅，以放坡开槽为主，尽量不加支撑，便于用机械分散下管。

对于铸铁管，由于管节较长（一般 5～6m），接口间距相应较大。为了减少开挖土方量，不同地区的地方标准规定的开挖宽度较小，但在接口的局部必须满足接口施工工艺要求。例如承插口铸铁管在做石棉水泥刚性接口时，为了安全操作，保证接口质量，应在插口一侧留出甩榔头的空间，在承口一侧应留出操作人员蹲下的空间，在接口底部也应留出打口的操作空间。总之，在接口处应加宽和加深。我们将沟槽在管口处的局部加深、加宽叫做接口工作坑。接口工作坑的尺寸应满足表 2-6 的要求。

接口工作坑开挖尺寸（mm） 表 2-6

管材种类	公称直径	宽度		长度		深度
				承口前	承口后	
刚性接口铸铁管	75～300	D_1+600		800	200	300
	400～700	D_1+1200		1000	400	400
	800～1200	D_1+1200		1000	450	500
滑入式柔性接口铸铁管和球墨铸铁管	<500	承口外径加	800	200	承口长度加 200	200
	600～1000		1000			400
	1100～1500		1600			450
	>1600		1800			500

注：D_1 为管外径。承口前 200 可适当放大。

2. 下管和铺管

(1) 下管

由于铸铁管管节长、自重大，又是承插口，不便于槽下运管等特点，有条件时，尽量采用吊车分散下管。

在吊车吊管时，除满足机械下管的要求外，为防止管道外防腐层的损伤，应采用尼龙编织的或外套橡胶管的钢丝绳吊带兜身起吊。

(2) 铸铁管基础要求及施工

铸铁管一般直接安装在天然地基上，但地基原状土不得扰动。在清底时，如果超挖则应回填碎石或砂子，切勿用软泥补高。当沟槽为岩石或坚硬地基时，则应按设计规定施工，设计无规定时，为保证管身受力的合理性，防止管身防腐层的破坏，管身下方应铺设砂垫层，其厚度应符合表 2-7 的规定。

砂垫层厚度（mm）　　**表 2-7**

厚度 \ 公称直径（mm） \ 管材	＜500	500～1000	＞1000
铸铁管及钢管	＞100	＞150	＞200

如果槽底地基土质有局部松软、流砂、孔洞、墓穴等应与设计人员商定处理措施。

管道不能安放在冻融的地基上，当室外平均气温连续 5 天低于 5℃时，安装过程中应防止地基冻胀。

(3) 管道铺设

铺设管道宜由低向高进行，承口朝向施工方向。这样施工一是有利于管道稳定，二是一旦管道内进水可将水通过管道向下排放，三是采用热灌材料接口时不致外流。这种施工顺序对山区、丘陵地带的给水管道尤为必要。

管道安装时，应将管中心、高程逐节调整正确。一般管中心定位用边线法，高程控制用水准仪直接测量。当精度合格后，方可进行下一步工序施工。

管道安装时，应随时清扫管道中的污物，当管道因故停止安装时，两端应临时封堵。

3. 管道接口

承插式铸铁管的接口分刚性和柔性两种形式，由设计要求、地基情况和管材特性所决定。

(一) 承插铸铁管刚性接口

刚性接口是承插铸铁管的主要接口形式之一，主要用于砂型离心和连续浇筑的铸铁管。

其接口由嵌缝材料和密封材料所组成，如图 2-19 所示。

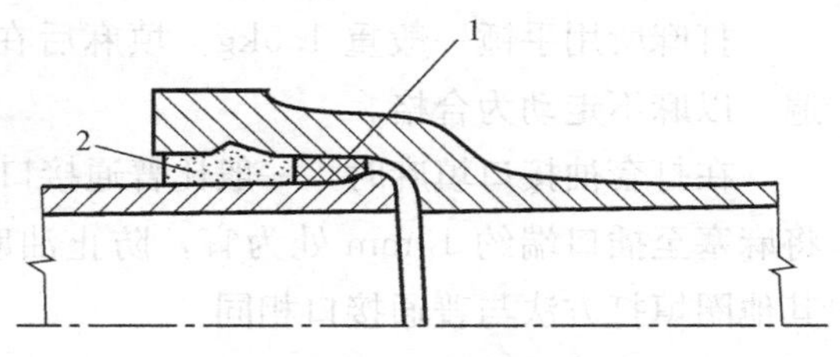

图 2-19　接口形式

1—嵌缝材料；2—密封材料

嵌缝材料的主要作用是使承插口缝隙均匀，增加接口黏着力，保证密封材料击打密实，并能防止填料进入管内。

嵌缝材料有油麻、橡胶圈、粗麻绳和石棉绳等，给水管道常用前两种材料。

(1) 油麻填塞

油麻的填塞深度和密封材料的性质有关，其中石棉水泥为密封材料时，填麻深度约为承口总深的 1/3；以铅为密封材料时，其填麻深度约距承口水线里缘 5mm 为宜，如图 2-20所示。

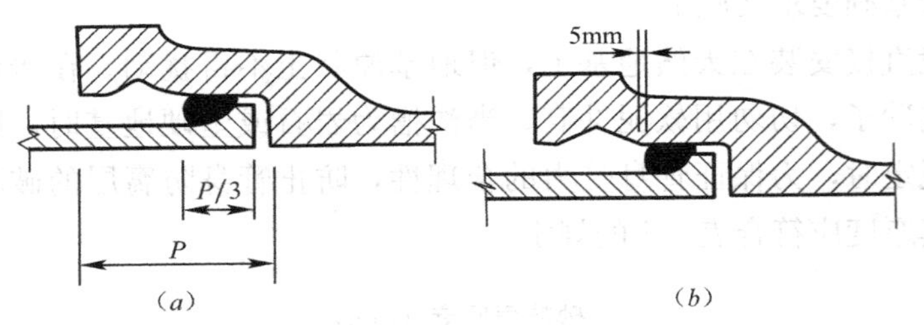

图 2-20　填麻深度

(a) 石棉水泥接口；(b) 青铅接口

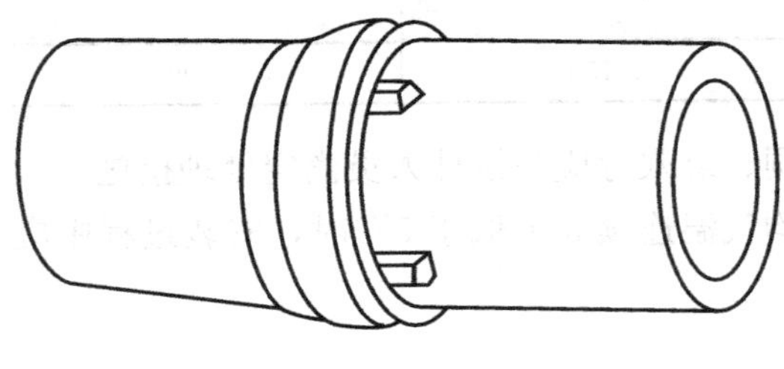

图 2-21　铁牙背口示意图

填麻操作前，先将承口、插口用毛刷沾清水刷洗干净。用铁牙将环形间隙背匀，如图 2-21 所示。将长度大于管外径 50～100mm 的若干根油麻按一定方向拧紧，粗细应是承插口间隙的 1.5 倍左右。然后穿过管底部，用力拉紧附在承口处，用麻錾将油麻往接口间隙中填塞、击实。填塞中不断移动铁牙，用以保证间隙均匀，直到第一圈油麻打实后再卸铁牙。打麻时麻錾应一錾挨一錾，防止漏打。

通常操作程序及打法参见表 2-8。

油麻填打程序及打法　　　　**表 2-8**

圈数 / 打法	第一圈		第二圈			第三圈		
遍次	第一遍	第二遍	第一遍	第二遍	第三遍	第一遍	第二遍	第三遍
击数	2	1	2	2	1	2	2	1
打法	挑打	挑打	挑打	平打	平打	贴外口	贴里口	平打

打麻所用手锤一般重 1.5kg。填麻后在进行下层密封填料施工时，应将麻口重打一遍，以麻不走动为合格。

在打套袖接口填麻时，一般比普通接口多填 1～2 圈。而且第一圈稍粗，可不用锤打，将麻塞至插口端约 10mm 处为宜，防止油麻掉入管口内。第二圈麻填打用力不宜过大。其他圈填打方法与普通接口相同。

(2) 橡胶圈填塞

采用圆形截面橡胶圈作为接口嵌缝材料，比用油麻水密性能更好，即使填料部分开

裂或微小走动，接口也不致漏水，这种接口形式又称半柔性接口，但成本稍贵，常用在重要管线铺设或土质较差地区。

选用的橡胶圈应颜色均匀，材质致密，在拉伸状态下，无肉眼可见的游离物、渣粒、气孔、裂缝等缺陷。使用和贮存橡胶圈时，应防止日照并远离热源，不得与溶解橡胶的溶剂（油、苯）以及酸碱盐、二氧化碳等物质接触，以尽量延长老化时间。橡胶圈规格可参考表2-9选用。

选配圆型胶圈直径参考表　　　　**表2-9**

环形间隙（mm）	胶圈直径 d'（mm）					
	ρ=35%	ρ=37%	ρ=40%	ρ=43%	ρ=46%	ρ=49%
9	14	14	15	16	17	18
10	15	16	17	18	19	20
11	17	17	18	19	20	22
12	18	19	20	21	22	24
13	20	21	22	23	24	25
14	22	22	26	25	26	27
15	23	25	25	26	28	29
16	25	27	27	28	30	31

注：1. 环形间隙为实测值。
2. ρ—胶圈压缩率（%）。
3. d'为套在插口上的胶圈直径，原始胶圈直径 $d=\frac{d'}{\sqrt{K}}$，K为胶圈环径系数，一般为0.85～0.95。

填打胶圈前，应先将承插口工作面用毛刷清洗干净，将胶圈套在插口上，对好管口，用铁牙备好环形间隙，然后自下而上移动铁牙，用錾子将胶圈填入承口。第一遍先打入承口水线位置，錾子贴插口壁使胶圈沿着一个方向依次均匀滚入承口水线。再分2～3遍将胶圈打至插口小台，每遍不宜使胶圈打人过多，以免出现"闷鼻"或"凹兜"。当出现上述弊病，可用铁牙将接口适当撑大，进行调整处理。对于插口无小台管材，胶圈以打至距插口边缘10～20mm为止，防止胶圈掉入管缝。

密封填料及施工

（1）石棉水泥填料及施工：石棉水泥是一种最常用的密封填料，具有操作简单、质量可靠、价格较低等优点。

1）材料配比与拌制：石棉在填料中主要起骨架作用，改善刚性接口的脆性，有利接口的操作。所用的石棉为4F级温石棉，具有较好的柔性和一定的纤维长度。石棉在拌合前应晒干，以利拌合均匀。

水泥是胶凝材料，是填料的主要部分，它决定填料的强度、密封性，以及和管壁之间的黏着力。水泥宜选强度等级42.5级以上，不允许使用过期或结块水泥。

石棉水泥的重量配合比为石棉30%、水泥70%，水灰比宜小于或等于0.2。

石棉水泥可集中拌制成干料，每次干拌料不应超过一天的用量。使用时随用随加水拌成填料，加水拌合成的石棉水泥填料应在初凝前用完，否则影响施工质量。

2）操作方法及要求：嵌缝材料填打合格后，在承口内将拌合好的石棉水泥，用捻灰錾自下而上往承口内填塞，其填塞深度，捻打便数及使用錾子的规格，各地区有所不同，可参考表2-10。

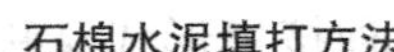

石棉水泥填打方法 **表 2-10**

管径(mm) / 打法 / 填灰遍数	75～450			500～700		
	四填八打			四填十打		
	填灰深度	使用錾号	击打遍数	填灰深度	使用錾号	击打遍数
1	1/2	1号	2	1/2	1号	3
2	剩余的 2/3	2号	2	剩余的 2/3	2号	3
3	填平	2号	2	填平	2号	2
4	找平	3号	2	找平	3号	2

填打嵌缝材料和密封材料可采用流水作业施工，但二者至少相隔 2～3 个管口，以免在填打嵌料时产生振动，对密封材料产生不利影响。

管径小于 300mm 一般每个管口安排一人操作；管径大于 300mm 时，可两人操作。

管道试压或通水时，发现接口局部渗漏可用剔口錾子将局部填料剔除，剔除深度以见到嵌缝油麻、胶圈为止。然后淋湿，补打石棉水泥填料。

打口完毕后，用湿麻袋或湿草袋覆盖，定期设专人浇水养护。养护期间管道不准承受振动荷载，管内不得承受水压力。

（2）膨胀水泥砂浆接口：膨胀水泥作为密封填料也是给水铸铁管常用的一种刚性接口形式。膨胀水泥在水化过程中体积膨胀增大，提高了水密性和与管壁的粘结力，并产生密封性微气泡，提高接口的抗渗性。

1）材料配比与拌制：膨胀水泥砂浆接口所用的水泥为石膏矾土膨胀水泥或硅酸盐膨胀水泥，其强度等级宜为 42.5 级以上。出厂超过 3 个月，经试验证明其性能良好方可使用。

接口所用的砂子应是洁净的中砂，粒径为 0.5～1.5mm，含泥量不大于 2%。

膨胀水泥砂浆的配合比为膨胀水泥：砂：水＝1：1：0.3，当气温较高或风力较大时，用水量可酌量增加，但最大水灰比不宜超过 0.35。

膨胀水泥砂浆拌合应均匀，外观颜色一致。一般干拌三遍，加水后再拌三遍，应随拌随用，一次拌灰量应在初凝期内用完。

2）填塞方法及要求：填塞膨胀水泥之前，用探尺检查嵌料层深度是否正确。然后用清水湿润接口缝隙。膨胀水泥应分层填入，分层捣实，捣实时应一錾压一錾进行，具体操作方法见表 2-11。

填膨胀水泥砂浆方法 **表 2-11**

填料遍数	填料深度	捣实方法
第一遍	至接口深度的 1/2	用錾子用力捣实
第二遍	填至承口边缘	用錾子均匀捣实
第三遍	找平成活	捣至表面反浆，比承口凹进 1～2mm，刮去多余灰浆，找平表面

填塞完毕后，应及时用湿草帘覆盖，派专人浇水养护，或用湿泥将管口糊严，并用湿土覆盖。

（3）青铅接口：青铅接口是铸铁管接口中最早使用的方法之一。这种材料填打以后，不需养护，即可通水。通水后发现有渗漏，不必剔除，只要在渗漏处用手锤重新锤击，即可堵漏。但铅是有毒物质，能通过呼吸道、口腔和皮肤侵入人体，如果人体吸入过多，

就会引起中毒，而且在熔铅时，如果操作不当还会引起爆炸。所以目前使用铅接口已较少，只有在重要部位，如穿越河流、铁路、地基不均匀沉降地段采用。具体操作可参考本项目的知识链接。

（二）承插铸铁管柔性接口

目前，国内外使用的柔性密封材料多为橡胶圈。橡胶圈随铸铁管材的种类不同而形式各异。有滚动式圆形橡胶圈、柔性机械接口的楔形橡胶圈、梯唇形橡胶圈、T 型橡胶圈等。

（1）柔性机械接口

柔性机械接口主要用于灰口铸铁管和离心球墨铸铁管，接口构造如图 2-22 所示。该接口以橡胶圈为密封材料，采用螺栓、压兰、支撑环为零件，挤压胶圈使之紧密充填在承插口的间隙内，达到密封的目的。这种接口密封性能良好，试验时内水压力达到 2MPa 时，无渗漏现象，轴向位移及折角等指标均达到很高水平。常用的胶圈形式有 N 型（包括 N_1 型）、X 型和 S 型三种，其中 N 型和 X 型只适用于灰口铸铁管，而球墨铸铁管这三种胶圈都能使用。

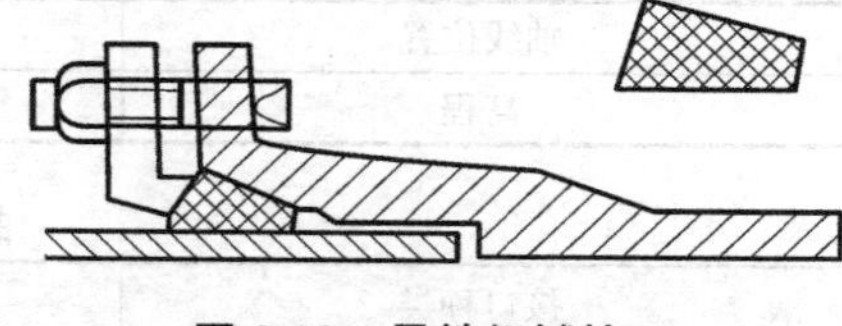

图 2-22　柔性机械接口

柔性机械接口安装时，应检查好压兰、胶圈、支撑环后依次套入到插口上，然后在承口工作面上涂上对橡胶质量无影响的润滑剂。将插口对准承口，使其呈一条直线，且四周缝隙均匀，然后将插口插入承口内，并要插到底。接着将支撑环、胶圈和压兰推入承口，用螺栓把压兰与管体上的法兰连接，紧固螺栓使压兰压紧胶圈。紧固螺栓时要先下后上其次左右，按对角线交替进行。用力要均匀，压缩量要一致。管径较大时采用测力扳手为宜。最后法兰盘之间的间隙控制在 10～15mm 为宜。

（2）滑入式柔性接口

滑入式橡胶圈柔性接口是近年发展起来的柔性接口，其中梯唇形橡胶圈接口主要用于连续灰口铸铁管，T 形橡胶圈用于球墨铸铁管，如图 2-23 所示。

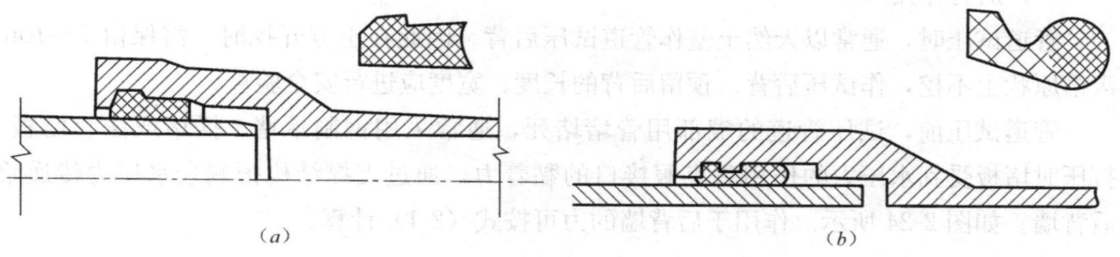

图 2-23　滑入式柔性接口

（a）梯唇形橡胶圈接口；（b）T 形橡胶圈接口

任务 2.2　给水管道质量验收

【任务描述】

市政给水管道的土方施工见项目 1，市政管道接口施工完毕后，应进行管道的安装质量检查。

管道试压是检验压力管道铺设质量的主要项目，规范规定试验以水为介质，即采用水压试验法试验。但对埋地钢管、铸铁管在冬季缺水的情况下，有些地区也采用空气进行压力试验。但这只是在特定条件下新技术、新工艺的应用。压力试验分强度试验和严密性试验。

【学习支持】

1. 铸铁管安装的质量标准

安装的铸铁管道应满足质量要求。铸铁管、球墨铸铁管的安装允许偏差见表 2-12。

管道曲线安装时，接口的允许转角应符合表 2-13 的规定。

铸铁、球墨铸铁管安装允许偏差（mm）　　表 2-12

项目	允许偏差	
	无压力管道	压力管道
轴线位置	15	30
高程	±10	±20

曲线安装接口的允许转角　　表 2-13

接口种类	管径（mm）	允许转角（°）
刚性接口	75～450	2
	500～1200	1
滑入式 T 型、梯唇型橡胶圈接口及柔性机械式接口	75～600	3
	700～800	2
	>900	1

管道接口的密闭性应满足水压试验要求。

2. 作用于后背的力

（1）后背作用力

管道试压时，通常以天然土壁作管道试压后背。因此在土方开挖时，需保留 7～10m 沟槽原状土不挖，作试压后背。预留后背的长度、宽度应进行安全验算。

管道试压前，试压管道的端部用管堵堵死，通常采用钢制承堵、插堵或法兰堵板。打压时堵板受到水压力的作用后克服接口的黏着力，通过支撑结构把剩余水压力传递给后背墙。如图 2-24 所示。作用于后背墙的力可按式（2-1）计算。

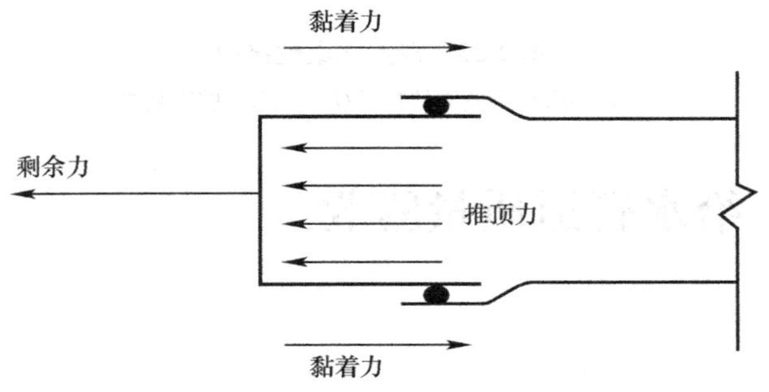

图 2-24　接口受力图

$$R = P - P_s \tag{2-1}$$

式中　R——管堵传递给后背的作用力（N）；

P——试压管段管子横截面的外推力（N）；

P_s——承插口填料黏着力（N）。

根据水压试验实施经验，当管径小于600mm时，后背结构认真处理后，发生事故的概率较小；而管径大于600mm时，有时会因为后背位移产生接口被拉裂等事故。因此当管径大于或等于600mm时，试验管段端部的第一个接口应采用柔性接口或特别的柔性接口堵板，一旦后背产生微小纵向位移时，柔性接口或特制的柔性接口堵板可将微小的位移量吸收，避免发生事故。

试验管道端部采用柔性接口或柔性接口堵板后，接口的黏着力按零考虑。

（2）后背墙的土抗力：为了保证试压工作的顺利进行，必须保证后背结构的稳定性，也就是说达到最大试验压力时，土体不发生破坏。因此应使管堵传给后背的作用力小于后背土抗力。

【任务实施】

一、试压前的准备工作

1. 划分试验段：管道试压应分段进行，这样有利于充水和排气，减少对地面交通的影响，便于流水作业施工及加压设备的周转使用。试压分段长度不得大于1000m，穿越河流、铁路等处应单独试压。对湿陷性黄土地区，分段长度不宜超过200m。

2. 试压后背设置：从管堵至后背墙传力段，可用方木、顶铁或千斤顶等支顶。为了防止后背变形后管道接口拔出，通常使用千斤顶支顶，其结构如图2-25所示。

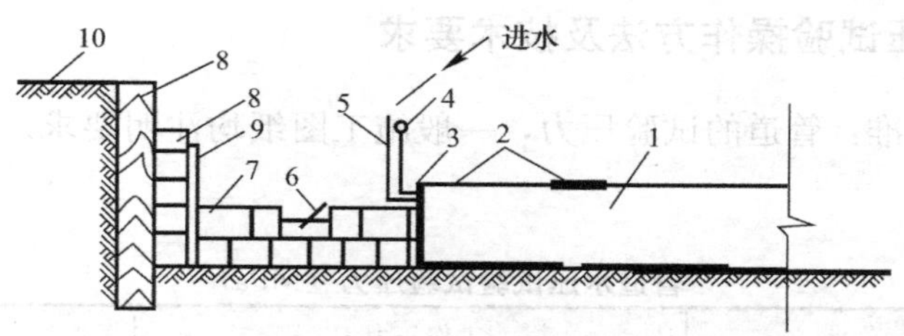

图2-25　千斤顶支顶示意图

1—试验管段；2—短管；3—法兰盖堵；4—压力表；5—进水管；6—千斤顶；7—顶铁；8—方木；9—立铁；10—后座墙

3. 试验装置及仪器设备：管道试压装置如图2-26所示，由加压泵、压力表、量水箱、注水管、排气阀、后背等组成。

压力试验选用的压力表其最大量程为测定压力的1.3～1.5倍，其精度等级不低于1.5级。压力表壳直径不小于150mm。试压管道两端各设试压表1块，分别装在试验管段端部与管道轴线相垂直的支管上，并设闸阀控制，以便拆卸。

试压泵应安装在管道低端。试压系统的阀门都应启闭灵活，严密性好。

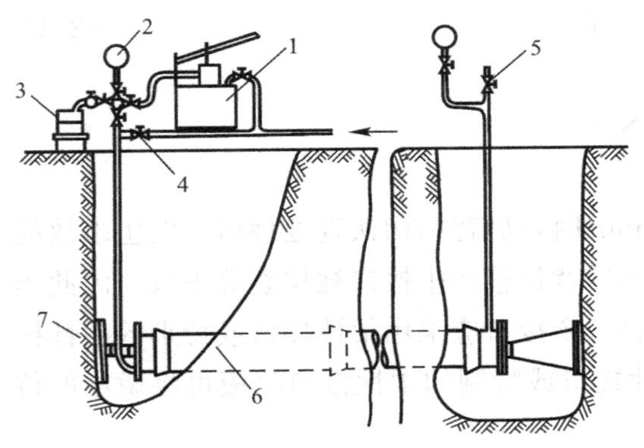

图 2-26　水压试验装置图

1—手摇泵；2—压力表；3—量水箱；4—注水管；5—排气阀；6—试验管段；7—后背

4. 其他准备工作：

(1) 检查管基合格后，按要求回填管身两侧和管顶 0.5m 以内土方，管口处暂不回填，以便检查和修理。

(2) 在各三通、弯头、管件处做好支墩并达到设计强度。未设支墩及锚固设施的管件，应采取加固措施。

(3) 管道中的消火栓、水锤消除器、安全阀等附件不参与水压试验，可用专用管件临时组装法兰铁盖板，待试压合格后再进行组装。

(4) 应考虑管道试压后的排水出路和排水设备，能及时迅速地排除试压水。

管道试压最好使用自来水。管道灌满水后，应在不大于工作压力下充水浸泡。铸铁管、球墨铸铁管和钢管在无水泥砂浆衬里时，浸泡时间不少于 24h；有水泥砂浆衬里时，浸泡时间不少于 48h；预应力、自应力混凝土管及现浇或预制钢筋混凝土管渠，管径小于或等于 1000mm 时，不少于 48h，管径大于 1000mm 时，不少于 72h。

管道经浸泡后，在试压之前需进行多次初步升压试验方可将管道内气体排净。检查排气的方法是：在充满水的管道内进行加压，如果出现管内升压很慢、表针摆动幅度较大且读数不稳定，放水时会有“突突”的声响并喷出许多气泡时，都说明管内尚有气体未被排除，应继续排气，直到上述现象消失，方能确认气体已经排除。此刻进行正式水压试验所测得的结果才是真实的。

二、管道水压试验操作方法及技术要求

1. 管道试压标准：管道的试验压力，一般施工图纸均注明要求。如果没有注明，可按表 2-14 采用。

管道水压试验试验压力（MPa）　　　**表 2-14**

管材种类	工作压力 P	试验压力
钢管	P	P+0.5 且不小于 0.9
铸铁及球墨铸铁管	≤0.5	$2P$
	>0.5	P+0.5
预应力、自应力混凝土管	≤0.6	$1.5P$
	>0.6	P+0.3
预制或现浇钢筋混凝土管渠	≥0.1	$1.5P$

2. 管道强度试验：管道试验时，将水压升至试验压力后，保持恒压 10min，经对接口、管身检查无破损及漏水现象，认为管道强度试验合格。

3. 管道严密性试验：管道严密性试验时，应首先进行严密性的外观检查。在水压达到试验压力，管道无漏水现象时，认为严密性外观检查合格。接着可进一步做渗水量测定。

渗水量的测定方法有放水法和注水法两种，下面分别介绍。

(1) 放水法测定渗水量：放水法操作时，应首先将水压升至试验压力，关闭水泵进水阀门，记录压降为0.1MPa所需的时间 T_1，与此时间相对应的渗水率为 q_1，则渗水量为 $q_1 \cdot T_1$。然后打开水泵进水阀门，再将管道压力升高至试验压力后，关闭水泵进水阀门。

将连通管道的放水阀门打开，往量水箱中放水，记录压降为0.1MPa的时间 T_2，并通过量水箱测量出在 T_2 时间内从管道放出的水量 W，若此时的渗水率为 q_2，则管道的出水量为 $T_2 q_2 + W$。

根据压降相同、出水量相等的原则有如式(2-2)：

$$T_1 q_1 = T_2 q_2 + W \tag{2-2}$$

而 $q_1 \approx q_2$，因此

$$q = \frac{W}{T_1 - T_2} \tag{2-3}$$

在工程中，往往习惯于用km管道的渗水量来表示，则

$$q = \frac{W}{(T_1 - T_2) \cdot L} \tag{2-4}$$

式中 q——实测渗水量 [L/(min·km)]；

W——T_2 时间内放出的水量(L)；

T_1——从试验压力降至0.1MPa所经过的时间(min)；

T_2——放水时从试验压力降至0.1MPa所经过的时间(min)；

L——试验管段的长度(km)。

(2) 注水测量法：注水操作时，在水压升至试验压力后开始计时。每当压力下降，应及时向试验管道内补水，但压降值不能大于0.03MPa，使管道试验压力始终保持恒定，延续时间不少于2h，并计量恒压时间内补入试验管段内的水量。试验渗水量按式(2-5)计算：

$$q = \frac{W}{T \cdot L} \tag{2-5}$$

式中 q——实测渗水量 [L/(min·m)]；

W——补水量(L)；

T——实测渗水量观测时间(min)；

L——试验管段长度(m)。

用上述方法测出的渗水量和管道的允许渗水量进行比较，若实测渗水量小于允许渗水量，则为合格。管道的允许渗水量可参看表2-15。

管径小于或等于400mm，且长度小于或等于1km的管道，在试验压力下，10min压降不大于0.05MPa时，可认为严密性合格而不做渗水量的测定。

压力管道严密性试验允许渗水量 [L/(min·km)] **表2-15**

管径(mm)	钢管	铸铁管球墨铸铁管	预应力、自应力混凝土管
100	0.28	0.7	1.40
125	0.35	0.90	1.56

续表

管径（mm）	钢管	铸铁管球墨铸铁管	预应力、自应力混凝土管
150	0.42	1.05	1.72
200	0.56	1.40	1.98
250	0.70	1.55	2.22
300	0.85	1.70	2.42
350	0.90	1.80	2.62
400	1.00	1.95	2.80
450	1.05	2.10	2.96
500	1.10	2.20	3.14
600	1.20	2.40	3.44
700	1.30	2.55	3.70
800	1.35	2.70	3.96
900	1.45	2.90	4.20
1000	1.50	3.00	4.42
1100	1.55	3.10	4.60
1200	1.65	3.30	4.70
1300	1.70	—	4.90
1400	1.75	—	5.00

三、水压试验的注意事项

1. 应有统一指挥，分工明确，对后背、支墩、接口设专人检查。

2. 开始升压时，对两端管堵及后背应加强检查，发现问题及时停泵处理。

3. 应分级升压，每次升压以 0.2MPa 为宜。每升 1 级应检查后背、支墩、管身及接口，当无异常现象时，再继续升压。

4. 水压试验时，严禁对管身、接口进行敲打或修补缺陷，遇有缺陷时，应作出标记，卸压后修补。

5. 在试压时，后背、支撑附近不得站人，检查时应在停止升压时进行。

四、管道冲洗消毒

给水管道试压合格后，应分段连通，进行冲洗、消毒，用以排除管内污物和消灭有害细菌，使管内出水符合《生活饮用水卫生标准》GB 5749—2006。经检验合格后，方可交付使用。

五、工程验收

当工程全部竣工后，施工单位应会同建设单位、质量监督单位、设计单位、管理单位等部门进行工程全面验收。工程验收合格后方可投入使用。

管道工程大都埋于地下，因此施工中应进行隐蔽工程的中间验收，并且填写中间验收记录。隐蔽工程一般包括管道及附属构筑物的地基和基础，管道的高程和位置，管道的结构和断面尺寸，管道的接口、变形缝及防腐层，管道及附属构筑物防水层，地下管

道的交叉处理等若干项。

竣工验收前，应首先向验收部门提供如下资料：

(1) 竣工图及设计变更文件；

(2) 主要材料和制品的合格证或试验记录；

(3) 管道及高程的测量记录；

(4) 混凝土、砂浆、防腐、防水及焊接检验记录；

(5) 管道的水压及闭水试验记录；

(6) 中间验收记录及有关资料；

(7) 回填土压实度的检验记录；

(8) 工程质量检验评定记录；

(9) 工程质量事故处理记录；

(10) 给水管道的冲洗及消毒资料。

竣工验收时，应核实竣工验收资料，并进行必要的复验和外观检查。对重要项目应作出鉴定，并填写竣工验收鉴定书。

【知识链接】

一、油麻

是采用纤维较长、无皮质、清洁、松软、富有韧性的麻，加工成麻辫，浸放在5%石油沥青和95%的汽油配制成的溶液中，浸透、拧干，经风干后形成油麻，具有较好的柔性和韧性，一般不会因敲打而断碎。油麻在接口初期，与管壁间的摩擦系数较大，能加强接口黏着力，当麻腐蚀后这种作用消失。对不同管径的承插口铸铁管接口的填麻深度及用量见表 2-16。

承插式铸铁管接口填麻用量（mm）　　表 2-16

管径	承口总深	石棉水泥接口				接口环形间隙	每缕长度		麻辫截面直径	油麻、水泥接口	
		麻		灰			无搭接长度	搭接长度		缕数	填麻圈数
		深度	用量（kg）	深度	用量（kg）						
75	90	33	0.09	57		10	584		15	1	2
100	95	33	0.111	62		10	741	50～100	15	1	2
150	100	33	0.154	67		10	1062	50～100	15	1	2
200	100	33	0.198	67		10	1382	50～100	15	1	2
250	105	35	0.274	70		11	1706	50～100	16.5	1	2
300	105	35	0.324	70		11	2028	50～100	16.5	1	2

注：1. 麻辫截面直径是指填麻时将每缕油麻拧成麻辫状的截面直径，以实测环形间隙的 1.5 倍计。
2. 麻的用量系指每个接口的用量值。

二、打法

在填打石棉水泥时，每遍均应按规定深度填塞均匀。用 1、2 号錾子打两遍时，应先贴承口打一遍，称为掖打，再靠插口打一遍，称为挑打；打三遍时，再在中间打一遍，称为平打；每打一錾至少打击三下，錾子移位应重叠 1/2～1/3。最后一遍找平时，用力稍轻，填料表面呈灰黑色，并有较强的回弹力。

三、管道连接

管道连接是指按照设计图的要求，将已经加工预制好的管段连接成一个完整的系统。施工中，根据所用管子的材质选择不同的连接方式。常用的连接方式有螺纹连接、法兰连接、承插连接和焊接。

1. 螺纹连接

焊接钢管采用螺纹连接时，我国广泛使用的是牙型角为 55°的英制管螺纹。

管螺纹连接时，为了密封紧密，要在外螺纹与内螺纹之间加密封填料。操作时，一般是将密封材料从管螺纹第二、三扣开始沿螺纹按顺时针缠绕。缠绕后再在密封材料表面均匀地涂抹一层铅油。然后用手拧上管件，再用管钳将其拧紧。不管哪种填料在连接中只能使用一次，若螺纹拆卸，应重新更换。

管螺纹连接时，要选择合适的管钳，用小管钳拧大管径达不到拧紧的目的，用大管钳拧小管径，会因用力控制不准使管件破裂；不准用套管加长钳把进行操作；上管件时，要注意管件阀门的方向，不允许因拧过头而倒拧，否则也会出现渗漏问题。

2. 法兰连接

法兰连接就是将固定在两个管口上的一对法兰盘，中间加入垫圈，然后用螺栓拧紧密封，使管子连接起来。

(1) 钢法兰平焊连接

平焊钢法兰用的法兰盘通常是用 Q235 的 20 号钢加工的，与管子的装配是用焊条电弧焊进行焊接。焊接时，先将管子垫起来，用水平尺找平，将法兰盘按规定套在管子上，用 90°角尺或线锤找平，对正后进行点焊。然后检查法兰平面与管子轴线是否垂直，再进行焊接，焊接时，为防止法兰变形，应按对称方向分段焊接，如图 2-27 所示。注意：平焊法兰的内外两面必须与管子焊接。

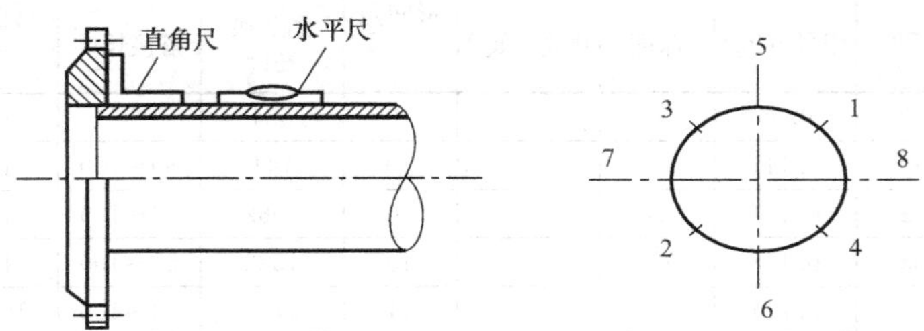

图 2-27 焊接法兰

(2) 铸铁螺纹法兰连接

这种连接多用于低压管道，它是用带有螺纹的法兰盘与套有同样公称直径螺纹的钢管连接，连接时，在套螺纹的管端缠上麻丝，涂抹上铅油填料。把两个螺栓穿在法兰的螺孔内，作为拧紧法兰的力点，然后将法兰盘拧紧在管端上。注意：连接时法兰一定要

拧紧，成对法兰盘的螺栓孔要对应。

(3) 翻边松套法兰连接

翻边松套法兰主要适用于输送腐蚀性介质的管道上，一般塑料、铜管、铅管、不锈钢管等连接时常采用。翻边要求平直，不得有裂口或起皱等损伤。如图 2-28 所示。

(4) 法兰紧固件

法兰紧固件是指法兰连接时的螺栓、螺母和垫圈。

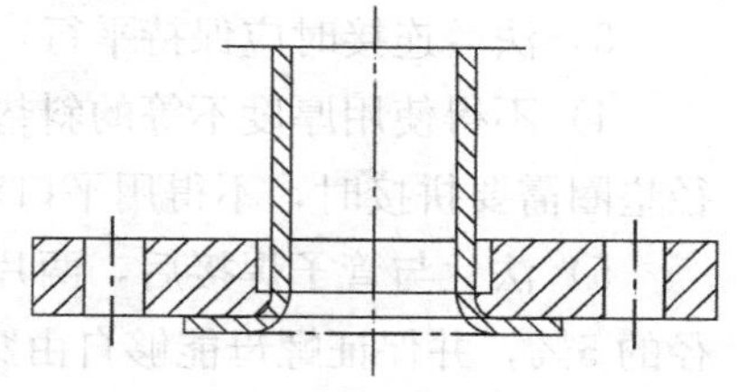
图 2-28　翻边松套法兰

低压管道通常使用单头螺栓（即螺杆一头加工上螺纹），对于中高压管道则应使用双头螺栓（螺杆两头都加工上螺纹）。与螺栓配套的螺母分为 A 型和 B 型。A 型螺母与被连接接触表面是平的，另一面的六角上是倒圆。B 型螺母的两面均为倒圆。

螺母的硬度应小于螺栓和螺柱的硬度，以便减轻天长日久后的黏结牢度，便于拆卸。螺栓或螺柱的长度，应在法兰加垫紧固后露出螺母 5mm 以内，并不大于 2 倍螺距为宜。

法兰连接时，无论使用那种方法，都必须在法兰盘与法兰盘之间垫上适应输送介质的垫圈，而达到密封的目的。

法兰垫圈应符合要求，垫圈的内径不得小于管子的直径，外径不得遮挡法兰盘上的螺孔。平盘法兰所用垫圈要加工成带把的形状，以便安装或拆卸。

法兰垫圈分为硬垫和软垫两大类，一般水暖管道、热力管道、煤气管、中低压工业管道采用软垫圈。而高温、高压和化工管道上多采用硬垫圈即金属垫圈。

(5) 常用垫圈介绍

1) 橡胶垫圈。用橡胶板制成，起作用是借助安装时的预加压力和工作时工作介质的压力，使其产生变形来达到的。

2) 橡胶石棉板垫圈。橡胶石棉板垫圈是橡胶和石棉混合制品。此垫圈用作水管和压缩空气管道法兰时，应涂鱼油和石墨粉的拌合物；用作蒸汽管道法兰时，应涂全损耗系统用油与石墨粉的拌和物。

3) 金属垫圈。非金属垫圈在高压下会失去弹性，故不能用在高压介质的管道法兰上。当工作压力大于或等于 6.4MPa 时，应考虑使用金属垫圈。

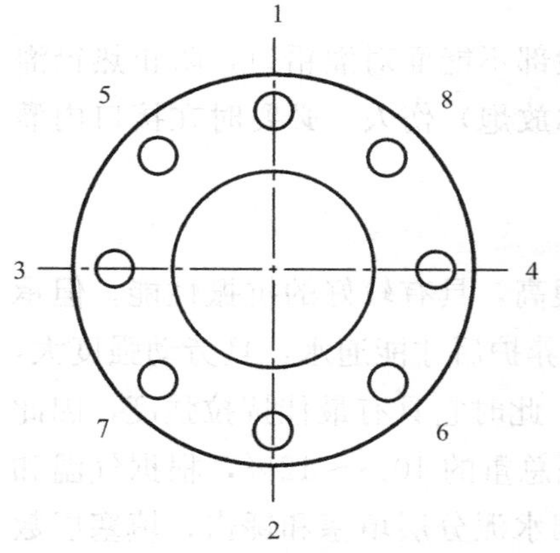

图 2-29　紧固法兰螺栓次序

常用的金属垫圈截面有齿形、椭圆形和八角形等数种。选用时注意垫圈材质应与管材一致。

法兰连接时，两片法兰的螺栓孔要对准，连接法兰的螺栓应用同一规格，全部螺母应位于法兰的某一侧。如与阀件连接，螺母应放在阀件一侧。紧固螺栓时，要使用合适的扳手，分 2～3 次拧紧。紧固螺栓应按照图 2-29 所示的次序对称均匀的进行，大口径法兰最好两人在对称位置同时进行。连接法兰的螺栓端部伸出螺母的长度，一般为 2～3 扣。螺栓紧固还应根据需要加一个垫片，紧固后，螺母应紧贴法兰。

（6）法兰连接的注意事项

1）装配法兰前，必须把法兰表面尤其是密封面清理干净。

2）装配平焊法兰时，管端应插入法兰内径厚度的2/3，法兰的内外面都必须与管子焊接。

3）法兰连接时应保持平行，其偏差不大于法兰外径的1.5‰，且不大于2mm。

4）不得使用厚度不等的斜垫圈来弥补法兰的不平行度。不得使用双层垫圈。当大口径垫圈需要拼接时，不得用平口对接，应采用斜口搭接或迷宫形式。

5）法兰与管子焊接后，两片法兰盘应保持同轴线，其螺母孔中心偏差一般不超过孔径的5%，并保证螺母能够自由穿入。

3. 承插连接

（1）铅接口

铅接口通常是指熔铅接口，就是以熔化的铅灌入承插口的间隙中，待凝固后用捻凿将铅打紧而成。

青铅接口的方法是将浸过泥浆的麻绳将口密封，麻绳在靠承口的上方留出灌铅口，如图2-30所示。将经过熔化呈紫红色的铅，用经过加热的铅勺除去熔化铅面上的杂质，然后再用铅勺盛铅灌入承插口内，熔铅要一次灌成不要中途停顿。待铅灌入后，取下密封用的麻绳，用扁錾将浇口多余铅去掉，用捻凿由下至上锤打，直至表面平滑，且凹进承口2～3mm为止。最后在铅口外涂沥青防腐层。

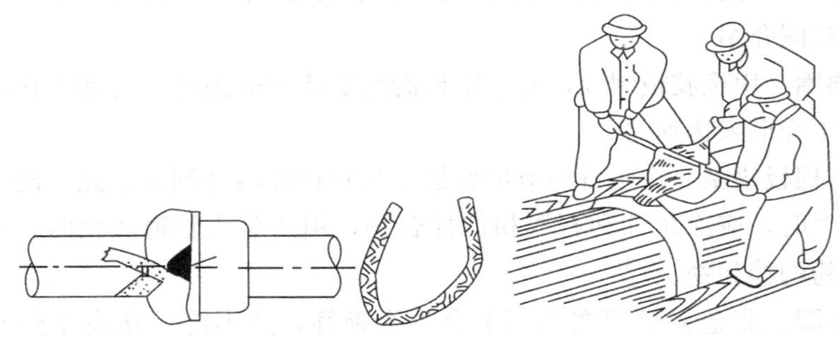

图2-30　管子接口灌铅操作

灌铅时，操作人员一定要戴好帆布手套及脚盖，脸部不能面对灌铅口，防止热铅灌入时，因空气溢出或遇水而产生蒸汽将铅崩出来（俗称放炮）伤人。必要时在接口内灌入少量全损耗系统用油，可防止放炮现象。

（2）石棉水泥接口

石棉水泥接口是传统的承插接口方式，抗压强度很高，具有较好的抗振性能。但承受弯曲应力或冲击应力性能很差，打完后需经一定时间养护后才能通水，且劳动强度大，工效低。石棉水泥质量配合比为：石棉∶水泥＝3∶7，此时它具有最佳抗拉强度，因此施工操作时常用3∶7或2∶8配比；加水量为石棉水泥总重的10%～12%，根据气温和大气湿度而定。为了保证接口的密实，接口时应把石棉水泥分层填塞和锤击，填塞层数与每层锤击数决定于管径的大小及操作技术水平。接口打完，应进行湿养护，以提供其

水化条件。

石棉水泥接口可承受压力为1MPa的水压试验而不渗不漏。如果经试压发现漏水，可将漏水部位用剔凿剔除（深度达到麻丝），剔除后用水清洗，待水流净用同样的方法分层打实为止。石棉水泥接口是目前给水、排水铸铁管道连接中采用最多的一种方法。

（3）橡胶圈接口

胶圈接口完全靠胶圈达到承插接口的密封，不使用其他的填料。橡胶圈常采用T形橡胶圈和梯唇形橡胶圈。

施工时，可先在插口端涂上肥皂水，然后套上橡胶圈，插入时可使用链式手拉葫芦进行牵引，使之进入插口，达到密封接口的目的。

胶圈接口操作方便，维护时间短，可带水作业。可在施工抢修时采用。

4. 焊接

（1）焊接方法

焊接的焊缝有两种，应根据管壁厚度选用。第一种焊缝是对焊，把两管口靠在一起，中间稍留1～2mm缝，再施以气焊或电焊。对焊适用于管壁厚度等于或小于5mm的管子，而大多数施用气焊。第二种焊缝为切边焊（又称坡口焊），其焊缝强度比对焊高，用于管壁厚度大于5mm的管子，多施用电焊。为了提高焊缝强度，应将焊口两侧各不少于10mm范围内的铁锈、污垢、油脂等，用钢刷刷除，或用气焊在焊接前烧除。直径较大的钢管，焊接前应对所焊管口的圆度进行检查。圆度误差不应大于规范规定的允许值，否则应用气焊、锤子等在焊接前整圆。焊接时两管端对口应尽量对平。

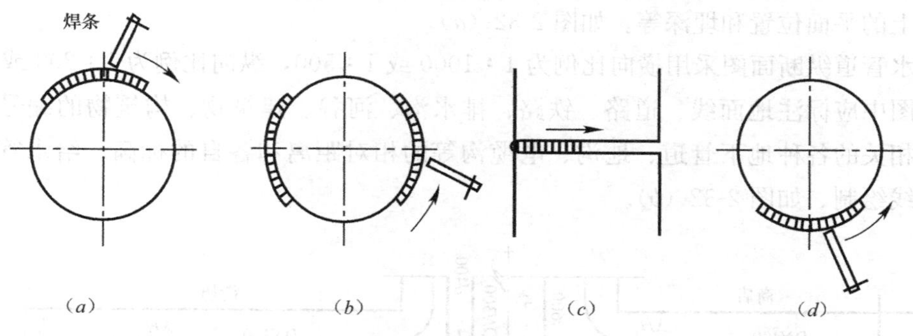

图2-31　焊接方法

（a）平焊；（b）立焊；（c）横焊；（d）仰焊

管道焊接时应尽量采用平焊，因平焊易于施焊，焊接质量能得到保证，且施焊方便。为此，多采用转动管子装置使管子转动的方法，变换管口的位置，达到满足平焊的要求。转动管子的位置，如图2-31所示。

焊接口在熔融金属冷却过程中会产生收缩应力，为了减少收缩应力，焊前可将每个管口预热150～200mm的宽度，或采用分段焊接法。分段焊接法是将管周分成四段，按间隔段顺序焊接。分段焊是一种较好的减少收缩应力的管口焊接方法，应予以掌握。

（2）管道焊接缺陷及其检查方法

管道焊接完毕后，应进行焊缝质量检查，包括外观检查和内部检查。

外观缺陷主要有焊缝形状不好、咬边、焊瘤、弧坑、裂缝等，应加以修补、剔除。内部缺陷有未焊透、夹渣、气孔等，可采用 x 射线、γ 射线或超声波检查。

四、给水管道施工图

给水管网设计应绘制总平面图、节点详图、管道纵断面图及其他详图等。

1. 总平面图

给水总平面图按 1∶2000～1∶10000 绘制。图中应标明新建、扩建管道位置、范围与原有管道关系，还应表示出有关街道（坊）、河流、风向玫瑰图、其他管道相互关系，以及必要的说明等。

2. 管网节点详图

在给水管网中，管线相交点称为节点。在节点处通常设有弯头、三通、四通、阀门、消火栓等管件和附件。当给水管网、管材及管径确定后，则应进行节点详图设计，力求使各节点的配件、附件布置合理紧凑，并尽可能减小阀门尺寸，降低造价。用规范图例符号绘出节点详图。

3. 给水管道平、纵断面图

给水管道平面图采用 1∶1000 或 1∶500 的比例绘制。图中道路、街坊、给水管道分别用细实线、中实线、粗实线绘制，其他各种管线用中实线绘制。图中标明：道路名称、街坊和建筑物名称、管道名称及管段编号、路口中心坐标、管道节点及其他管线交叉点处坐标、阀门井坐标、道路各部分宽度、给水管道及其他管线的材料和规格、各种管线在道路上的平面位置和埋深等。如图 2-32（*a*）。

给水管道纵断面图采用横向比例为 1∶1000 或 1∶500，纵向比例为 1∶200 或 1∶100 绘制。图中应标注地面线、道路、铁路、排水沟、河谷、建筑物、构筑物的编号及与给水管道相关的各种地下管道、地沟、电缆沟等的相对距离和各自的标高。给水管道采用单粗实线绘制。如图 2-32（*b*）。

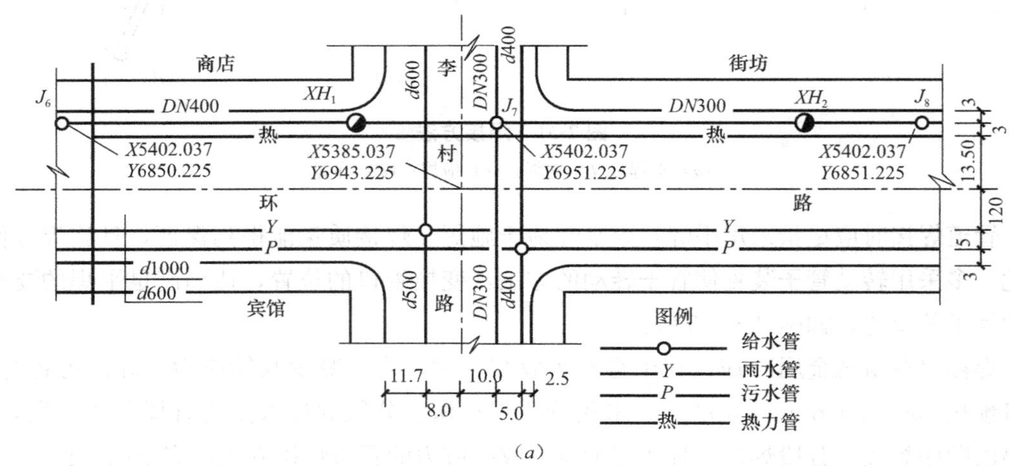

图 2-32　给水管道施工图（一）

（*a*）给水管道平面图

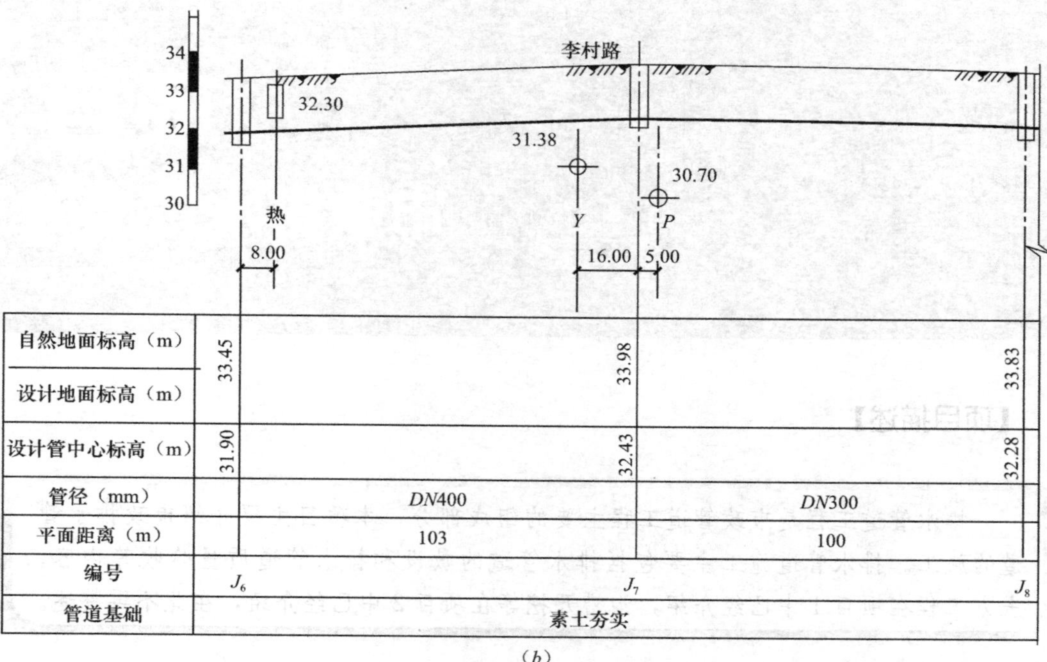

	J_6		J_7		J_8
自然地面标高（m） 设计地面标高（m）	33.45		33.98		33.83
设计管中心标高（m）	31.90		32.43		32.28
管径（mm）		*DN*400		*DN*300	
平面距离（m）		103		100	
编号	J_6		J_7		J_8
管道基础	素土夯实				

（*b*）

图 2-32　给水管道施工图（二）

（*b*）给水管道剖面图

项目 3 市政排水管道施工

【项目描述】

排水管道工程是市政管道工程主要的组成部分，本项目主要介绍市政排水管道的施工。排水管道施工主要包括排水管道的敷设和排水管道质量验收等内容。土方工程在项目 1 中已经介绍，沟槽开挖等在项目 2 中已经介绍，在此不再赘述。

任务 3.1 排水管道工程施工

【任务描述】

市政排水管道常用混凝土或钢筋混凝土管材，本任务主要按规范和标准要求进行钢筋混凝土管的敷设。

【学习支持】

一、污水的分类

在人类的日常生活和生产活动中，需要使用大量的淡水，这些水在使用过程中，除极少部分被消耗掉外，其中的绝大部分受到不同程度的污染，改变了其原有的物理性质及化学性质，成为污水或废水。

现代化的城镇需建立一整套工程设施，以收集、输送、处理和利用污（废）水，此工程设施就称为排水工程。

为此，排水工程的任务就是保护环境免受污染，促进工农业生产的发展和保障人民的健康与正常的生活。其主要内容包括：①收集各种污水并及时地将其输送到适当地点；②妥善处理后排放或再利用。

污水按其来源可分成生活污水、工业废水和降水三类。

二、排水系统的组成

排水系统的作用是收集、输送污（废）水，由管渠、检查井、泵站等设施组成。污

水管道系统是收集、输送综合生活污水和工业废水的管道及其附属构筑物；雨水管道系统是收集、输送、排放雨水的管道及其附属构筑物；污水处理系统的作用是对污水进行处理和利用，包括各种处理构筑物。

1. 城市污水排水系统的组成

（1）室内管道系统及卫生设备

其作用是收集生活污水并将其送至室外庭院或街坊的污水管中。室内卫生设备如大便器、污水池、浴盆等，它们是整个排水系统的首端部分。生活污水经水封管、支管、立管和出户管等室内管道系统排入室外管道系统中去。如图3-1所示。

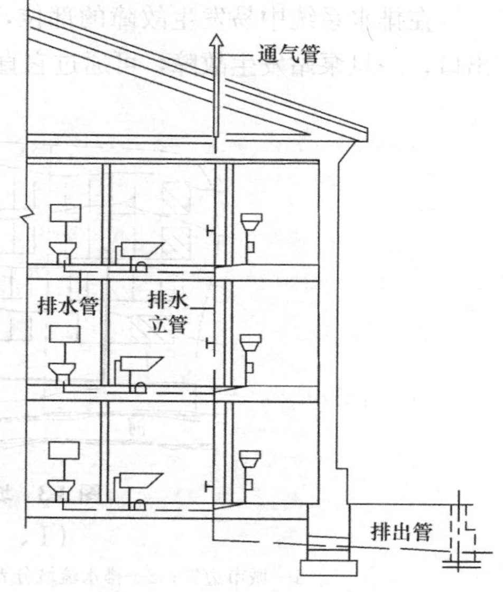

图3-1 建筑内部排水系统

（2）室外污水管道系统

指埋设在庭院或街道下，汇集各建筑物或庭院排入的生活污水，并依靠重力流、输送污水至泵站、污水处理厂或水体，如图3-2所示。管道系统上设有检查井等附属构筑物，便于管道的维护与管理。

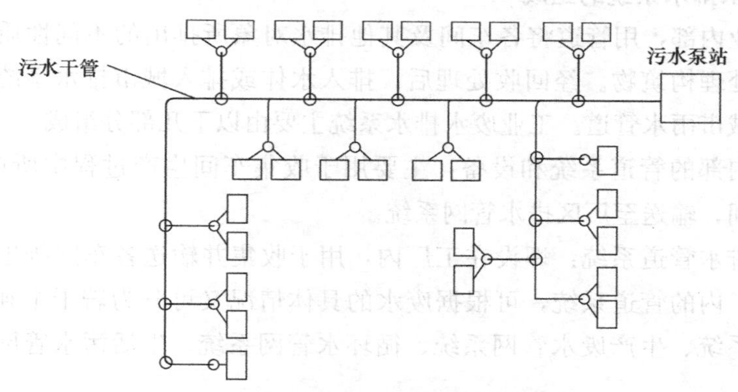

图3-2 庭院或街坊排水管道平面布置示意

（3）污水泵站及压力管道

污水在管道内流动一般是靠重力流动，为此，管道就必须按一定坡度敷设。当由于地形的关系而受到限制时，需将低处污水向高处提升，就必须设污水提升泵站。设在管道中途的泵站称中途泵站，设在管道终点的泵站称终点泵站。从泵站到高地的压力流管道或污水厂的承压管道，称为压力流管道。

（4）污水厂

供处理、利用污水、污泥所建造的一系列处理构筑物及附属构筑物的综合体称为污水厂。污水厂设在城镇河流的下游地段，以利于最终污水的排放，并要求与建筑群有一定的卫生防护距离。

(5) 排出口及事故排出口

排出口是排水系统的终端设施，它是污水向水体或明渠排放的总出水口。

在排水系统中易发生故障的部位，设置事故排出口。如在排水总泵站前设置事故排出口，一旦泵站发生故障，可通过它直接将污水排入水体。

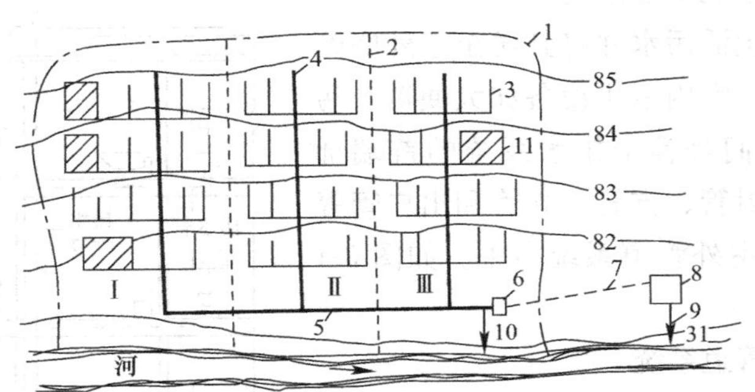

图 3-3　城市污水排水系统示意图

(Ⅰ、Ⅱ、Ⅲ、为排水流域)

1—城市边界；2—排水流域分界线；3—支管；4—干管；5—主干管；6—泵站；7—压力管道；8—城市污水厂；9—出水口；10—事故排出口；11—工厂

2. 工业废水排水系统的组成

在工业企业内部，用管道将各车间及其他排水对象所排出的不同性质的废水收集起来，送到污水处理构筑物。经回收处理后，排入水体或排入城市排水系统。生产废水也可以直接排入城市雨水管道。工业废水排水系统主要由以下几部分组成。

(1) 车间内部的管道系统和设备：主要用于收集车间生产过程中所产生的污废水，并将其排出车间，输送至厂区排水管网系统。

(2) 厂区排水管道系统：埋设在工厂内，用于收集并输送各车间排出的工业废水的管道系统。工厂内的管道系统，可根据废水的具体情况又可分为若干个独立的系统，如生产污水管网系统、生产废水管网系统、循环水管网系统、生活污水管网系统、雨水管网系统等。

(3) 厂区污水泵站及压力管道。一般在工业废水的处理与回收设施前设提升泵站。

(4) 废水处理站：是指回收和处理废水与污泥的场所。根据需要某一企业可单独设污水处理厂(站)，也可以几个企业联合修建工业污(废)水处理厂(站)。

(5) 出水口。

3. 雨水排水系统的组成

该系统承担排除城镇的雨水、雪水，包括冲洗街道和消防用水。其主要组成部分包括：

(1) 房屋雨水排除设备：作用是收集建筑物屋面的雨雪水，并将其排除至地面的集水设施。主要包括建筑物屋面上的天沟、雨水斗和落水管及建筑物周围的管沟等。如图 3-4所示。

(2) 室外雨水管道系统：包括街坊(或厂区)和街道雨水管渠系统。由庭院雨水管

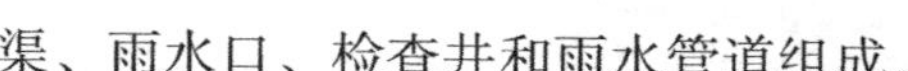

渠、雨水口、检查井和雨水管道组成。

（3）雨水泵站：在排水区域内，由于地势平坦或区域较大的城市及河流洪水位较高，雨水自留排放有困难的情况下，设置雨水泵站排水。

（4）雨水出水口：通常情况下，雨水不再进行处理，就近分散排入水体。

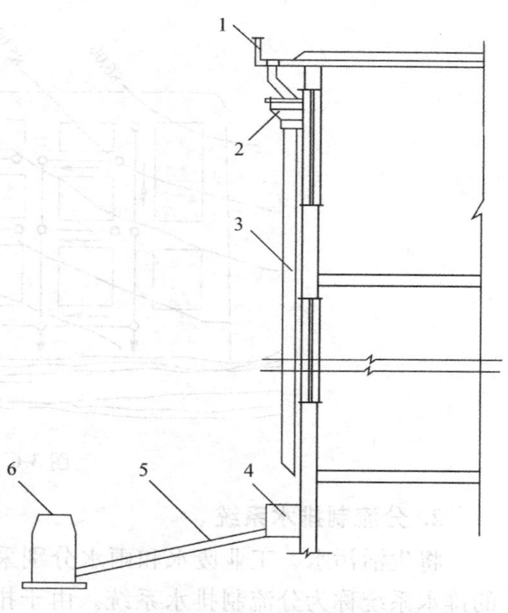

图 3-4　房屋雨水排除设施示意图

1—檐沟；2—雨水斗；3—落水管；4—雨水口；5—连接管；6—检查井

三、排水体制

城市污水是采用一个管渠系统来排除，或是采用两个或两个以上各自独立的管渠系统来排除，污水的这种不同排除方式所形成的排水系统，称排水系统的体制（简称排水体制）。排水系统的体制，一般分为合流制与分流制两种类型。

1. 合流制排水系统

将生活污水、工业废水和雨水汇集到同一管渠内来输送和排除的系统称合流制排水系统，根据对污水的收集和处理方式的不同，分以下三种形式。

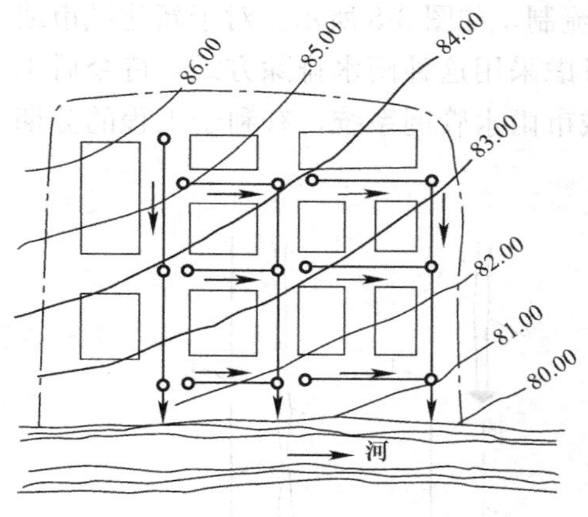

图 3-5　直泄式合流制

（1）直泄式合流制

如图 3-5 所示，管渠系统的布置就近坡向水体，分若干排水口，混合的生活污水、工业废水和降水未经处理直接泄入水体。

随着现代工业与城市的发展，污水量不断增加，水质日趋复杂，所造成的污染危害很大。因此，这种直泄式合流制排水系统目前一般不宜采用。

（2）截流式合流制

这种排水体制就是在临河岸边修建一条截流干管，同时在截流干管处设置溢流井，并设污水处理厂，如图 3-6 所示。这种体制的特点是：降雨初期的雨水得到处理，对水体的卫生防护具有有利的一面。但是，也会使水体产生周期性的污染。目前这种排水体制主要应用于旧城的改造及部分新城区的建设。

（3）全处理式合流制

指城市污水采用同一种管渠混合汇集后，全部送到污水处理厂处理后再排放的排水系统。这种排水体制有利于环境保护，便于管理，但初期投资及运行费用较大，目前应用较少。

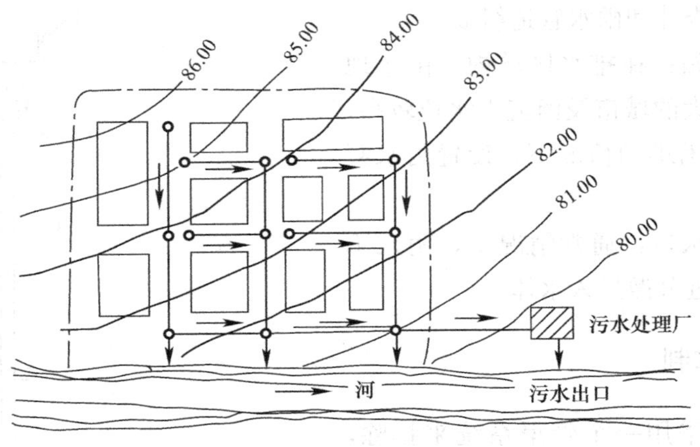

图 3-6　截流式合流制

2. 分流制排水系统

将生活污水、工业废水和雨水分别采用两个或两个以上各自独立的管渠来收集排除的排水系统称为分流制排水系统。由于排出方式的不同，分流制排水系统又分以下两种形式。

（1）完全分流制

指具有设置完善的污水排水系统和雨水排水系统的一种形式，如图 3-7 所示。

（2）不完全分流制

指具有完善的污水排水系统，雨水沿天然地面、街道边沟、明沟来排泄，在城市进一步发展后再修建雨水排水系统使其转变成完全分流制，如图 3-8 所示。对于新建城市或地区，在建设初期由于受经济的制约，往往可以考虑采用这种雨水排除方式，待今后工程的不断完善，按照城市排水工程规划，再增设城市雨水管网系统，有利于工程的分期建设和资金的合理利用。

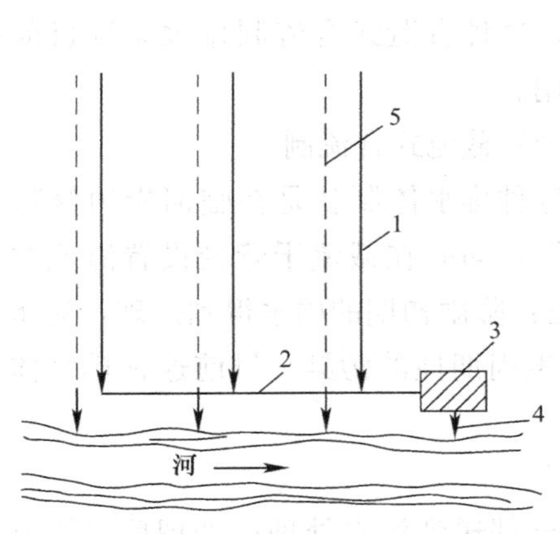

图 3-7　完全分流制

1—污水干管；2—污水主干管；3—污水厂；4—出水口；5—雨水干管

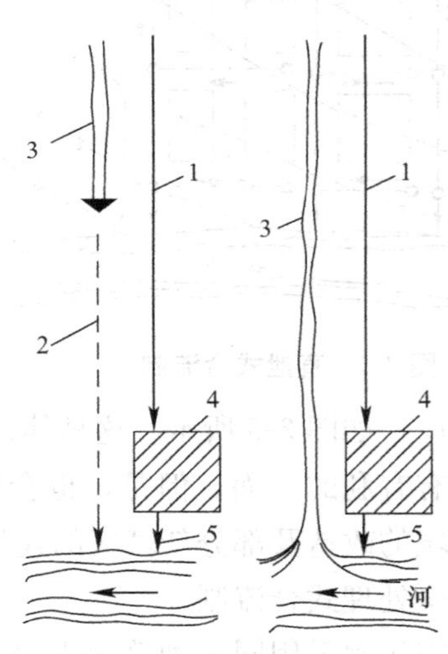

图 3-8　不完全分流制

1—污水管道；2—雨水管道；3—雨水原有渠道；4—污水厂；5—出水口

（3）混合制排水系统

在同一城镇中，即有分流制的排水系统又有合流制的排水系统，这种体制称混合制排水系统。一般是在具有合流制的城市排水系统改建或扩建后出现的。在城市情况较复杂时，也可采用两种体制混合的排水系统。

3. 排水体制的选择

合理地选择排水体制，是城镇排水系统规划设计中一个十分重要的问题，涉及城镇的规划、环保、地形、气候、水体的分布等条件。

分流制系统有利于环境保护，便于管理，但这种排水体制初期投资较大。

合流制系统工程造价较低。但部分混合污水未经处理排入水体，会造成污染。晴、雨天流入污水处理厂的污水量变化较大，对污水厂的运行管理带来一定的困难。

新建排水系统，多采用分流制排水系统。旧城镇排水系统的改造，多采用截流式合流制排水系统。对旧城区街道较窄，地下设施较多的地区，有时采用合流制也是合理的。同一城镇的不同区域也可采用不同的排水系统。

排水体制的选择是一项复杂而重要的工作。应从全局出发，从环境保护、基建投资、维护管理、施工等方面通过技术经济比较，综合考虑确定。

四、排水管网的布置形式

城市排水管网系统的平面布置影响因素较多，如城市的总体规划（包括竖向规划）及道路规划；城市排水体制、地形、河流、工程地质；城市污水水质、污水处理厂及出水口的位置；地下管线和其他地下及地面障碍物的分布情况等。所以在确定排水系统的布置形式时，应根据当地的具体情况，综合考虑各方面影响因素，以技术可行、经济合理、维护管理方便为原则，进行排水管网的平面布置。

以下介绍几种以地形为主要因素的布置形式。

1. 正交式布置形式

如图3-9（*a*）所示，在地势向水体适当倾斜的地区，各排水流域的干管以最短的距离沿与水体垂直相交的方向布置，称正交式布置。其特点是干管长度短、管径小，埋深也较小，因而造价低，排水迅速。这种布置形式，一般适于排除雨水。

2. 截流式布置形式

如图3-9（*b*）所示，在正交式布置的基础上，沿河岸再设置一条主干管，将各干管的污水拦截并送至污水处理厂，经处理后再排放水体，称截流式布置。这种布置形式可减少对水体的污染，较正交式布置优越。它适用于分流制污水排水系统，也适合于区域排水系统。

3. 平行式布置

如图3-9（*c*）所示，在地势向水体方向倾斜且坡度较大的地区，可使排水干管与等高线基本平行，而主干管与地形等高线成一定斜角敷设，排水管网的这种布置称平行式布置。避免因干管坡度太大而造成流速过大，冲刷管道影响管道使用寿命。

4. 分区式布置

如图3-9（*d*）所示，地势高差相差很大时，分别在高区和低区布置管道，高区污水可依靠重力流入污水厂，低区可用泵提升后，送入污水厂或送入高区管道。它适用于个别梯形地区或地形起伏很大的地区，优点是可充分利用地形排水，节省电力。

5. 分散式布置

如图 3-9（*e*）所示，当城市周围有河流，或城市中央地势高、排水范围较大时，可采用此方式。各排水流域具有独立的排水系统。其优点是干管长度短，管径小，管道埋设浅，便于农田灌溉等，但污水厂和泵站数量增多。在地形平坦的区域，用此种布置方式是比较有利的。如上海市等地区。

6. 环绕式布置

如图 3-9（*f*）所示，在分散式基础上，沿四周布置成一条主干管，将各干管的污水截至污水厂处理后排放的形式，称环绕式布置。此种布置方式可减少污水厂及泵站的数目，降低工程造价和管理费用。

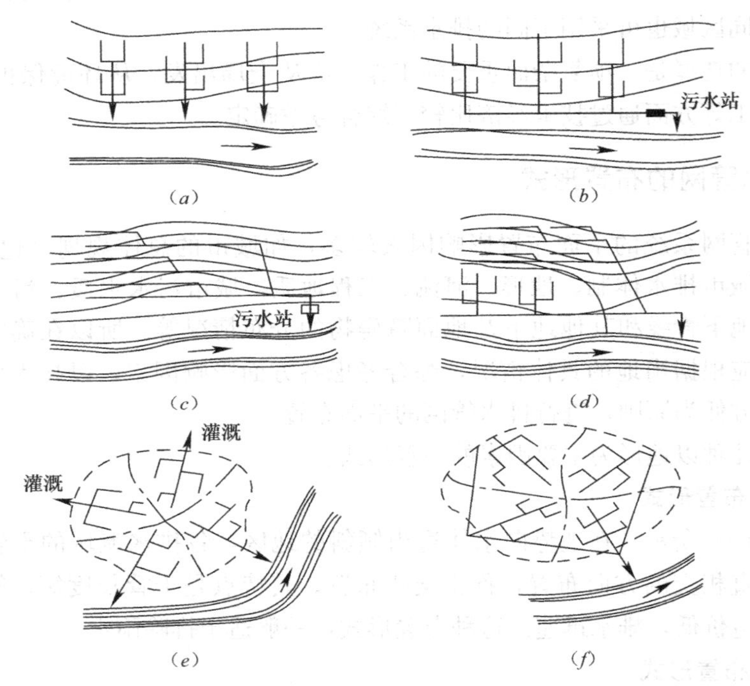

图 3-9 排水系统的布置形式

（*a*）正交式；（*b*）截流式；（*c*）平行式；（*d*）分区式；（*e*）分散式；（*f*）环绕式

由于城市地形及各种情况都比较复杂，所以在一个城市的排水系统往往可采用几种布置形式综合而成。

五、常用概念

通常，污水管网占污水工程总投资的 50%～70%，管道埋深越大，造价就越高，工期就越长。

管道的埋设深度有两个意义，如图 3-10 所示。

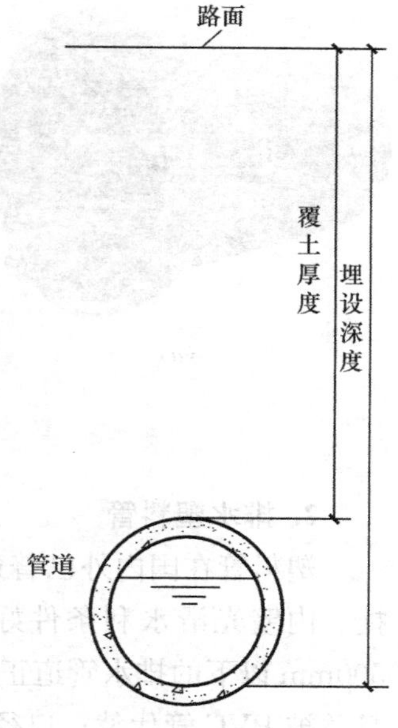

图3-10 管道埋设深度

（1）覆土厚度：指管外壁顶部到地面高差。

（2）埋设深度：指管内底到地面高差。

从造价角度讲，管道埋设深度越小越好。但覆土厚度应有一个最小值，否则就不能满足技术上的要求。这个最小值称为最小覆土厚度。

最小覆土厚度，应满足下述因素的要求：

（1）覆土厚度必须能防止管壁因地面荷载作用而受到破坏。

我国《室外排水设计规范》GB 50014—2006 规定，在车行道下，管顶覆土厚一般不小于0.7m。在管道保证不受外部荷载损坏时，最小覆土厚可适当减少。

（2）必须防止管道内污水冰冻和因土壤冰冻膨胀而损坏管道。

我国《室外排水设计规范》GB 50014—2006 规定：在无保温措施的生活污水管道或水温和它接近的工业废水管道，管底可埋设在冰冻线以上0.15m，并保证管顶最小覆土厚度；有保温措施或水温较高的管道，管底在冰冻线以上距离可以加大，其数值应根据该地区或条件相似地区经验确定，并应保证管顶最小覆土厚度。

（3）必须满足管道在衔接上的要求。

对某一具体的管道任一断面，应从上述三个因素出发，可得三个不同管底埋深或覆土厚度。这三个值中最大者，就是这一管道的允许最小覆土厚度或埋设深度。

另外，除考虑污水管道的最小埋深外，还应考虑最大埋深问题。由于污水依靠重力流由高到低流动，往往管道越埋越深。施工越加困难，工程造价也就越高，地势平坦地区尤为突出。因此，还应确定管道最大允许埋深，该值大小根据经济技术指标来确定。在干燥土壤中，最大埋深不超过7～8m。流砂、灰岩地层中，不超过5m，否则污水应考虑设置污水提升泵站。

六、常用排水管材

常见排水管渠材料有：混凝土管、钢筋混凝土管及塑料管等，应根据污水的性质、管道承受的内外压力、埋设地点的土质条件等因素确定。

1. 混凝土管及钢筋混凝土管

该管材的主要特点是制作方便、造价低、耗费钢材少，缺点是易被含酸碱废水侵蚀，重量较大，搬运不便，管节长度短，接口较多等。适用于室外雨水和污水的排除。混凝土管的构造形式有企口式、承插式及平口式三种，如图3-11所示。接口的作法见《混凝土排水管道基础及接口》04S516。管道技术条件及标准规格见《混凝土和钢筋混凝土排水管》GB/T 11836—2009。

混凝土管直径一般小于500mm，若超过直径500mm时，一般应采用钢筋混凝土管。钢筋混凝土管可承受较大的内压，在对管材抗弯、抗渗有要求，管径较大的工程中使用。钢筋混凝土管按荷载的要求，又分为轻型钢筋混凝土管和重型钢筋混凝土管。

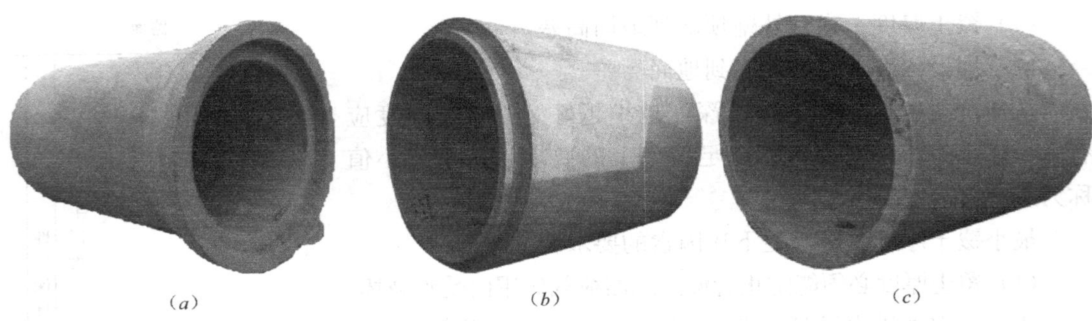

(a) (b) (c)

图 3-11 钢筋混凝土管构造形式

(a) 承插式；(b) 企口式；(c) 平口式

2. 排水塑料管

塑料管在国内外已普遍采用，塑料管具有抗压能力强、良好的抗冲击性能、施工便捷、内壁光滑水利条件好、化学性能稳定、耐磨损、寿命长等特点。在国内，口径在500mm以下的排水管道正逐步被UPVC加筋管代替；口径在1000mm以下的排水管道正日益被PVC管代替；口径在900～2600mm的排水管道正在推广使用塑料螺旋管（HDPE管）。高密度聚乙烯管（HDPE）双壁波纹管是一种用料省、刚性高、弯曲性优良，具有波纹状外壁、光滑内壁的管材，如图3-12所示。双壁管较同规格同强度的普通管可省料40%，具有高抗冲、高抗压的特性。广泛用作排水管、污水管、地下电缆管等。

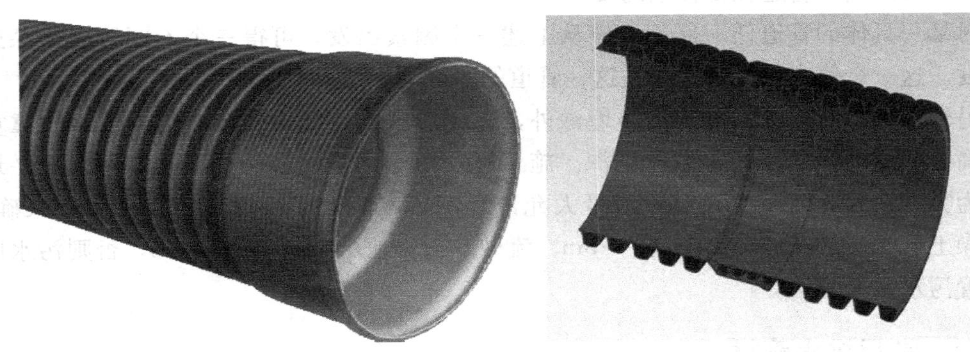

图 3-12 HDPE 管

3. 大型排水渠道

在排水工程中，常见的管道的管径一般小于2m，当需要更大的口径时，可建造大型的排水渠道。一般多采用矩形、拱形、马蹄形等断面。采用的材料有砖、石、陶土块、混凝土块、钢筋混凝土块和钢筋混凝土等。采用钢筋混凝土时，在施工现场支模浇制；采用其他几种材料时，在施工现场主要是铺砌或安装。施工材料的选择，应根据当地的供应情况，就地取材。

图 3-13 排水渠道

大型排水渠道通常由渠顶、渠底、基础以及渠身构成。如图3-13所示。

管材的选择影响工程造价和使用寿命，选择时，就地取材，结合水质、地质、管道承受的内外压力以及施工方法等因素确定。

【任务实施】

一、排水管道的接口

排水管道的不透水性和耐久性，在很大程度上取决于管道接口质量。管道的接口应具有足够的强度，不透水，抵抗污水或地下水的侵蚀，并应具有一定的弹性防止地基不均匀沉降，造成接口开裂而渗漏。在实际工程中，根据水流情况（有压流或无压流、净水或污水）、管材的种类、地质条件及采用的施工方法等来选定管道接口形式。排水管道接口形式一般可分柔性接口、刚性接口和半柔半刚性接口三种。

1. 柔性接口

柔性接口在保证管道不渗漏的前提下允许管道纵向轴线交错3～5mm或交错一个较小的角度。常用的接口有石棉沥青卷材及橡胶圈接口。

（1）石棉水泥沥青卷材接口

如图3-14所示，它适用于无地下水，地基软硬不均，容易沿管道纵向产生不均匀沉陷地区。

操作时，先把管口清洗干净，涂上冷底子油，再涂一层沥青砂浆，将按设计尺寸裁成的石棉水泥沥青卷材粘结于管口处，而后再涂一层沥青砂浆。

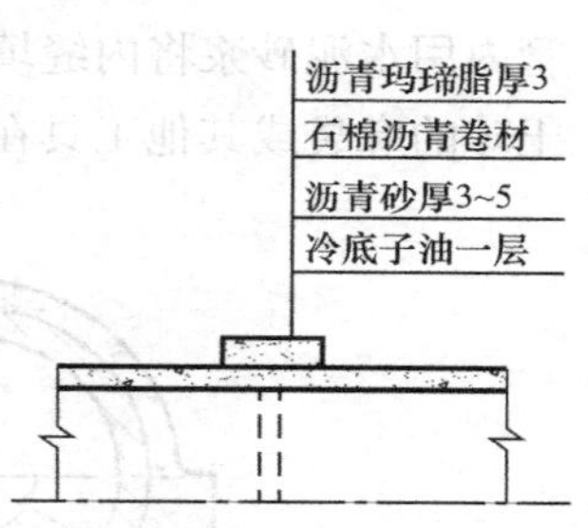

图3-14　石棉水泥沥青卷材接口（单位：mm）

（2）橡胶圈接口

如图3-15所示，接口简单，施工方便，对地震区采用对管道抗振有独特优越性，减少渗漏。

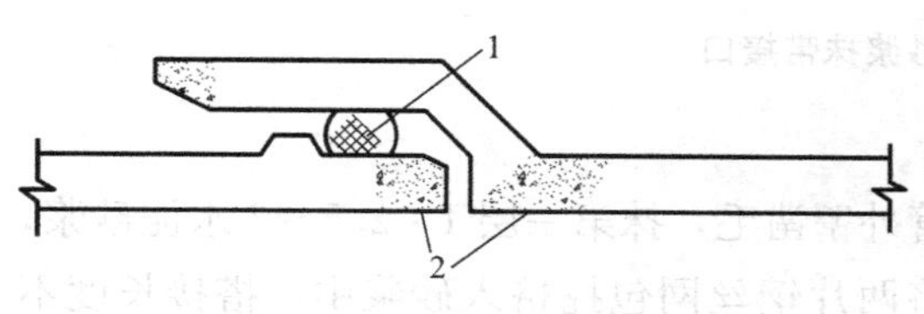

图3-15　橡胶圈接口

1—橡胶圈止水；2—管壁

一般混凝土承插管接口采用遇水膨胀胶圈；钢筋混凝土承插管接口采用“O”形橡胶圈；钢筋混凝土企口管接口采用“q”形橡胶圈；钢筋混凝土“F”形钢套环接口采用齿形止水橡胶圈。

施工时，先将承口内侧和插口外侧清洗干净，把胶圈套在插口的凹槽内，外抹中性润滑剂，起吊管子就位即可。如为企口管，应在承口断面预先用氯丁橡胶胶水粘接4块多层胶合板组成的衬垫，其厚度约为12mm，按间隔90°均匀分布。“F”形钢套环接口适用于曲线顶管或管径为2700、3000mm的大管道的开槽施工。

2. 刚性接口

刚性接口不允许管节之间有轴向的交错（即两个检查井之间的管道必须是一条直线），相比柔性接口具有施工简单、造价低、使用广泛的特点。对于非金属排水管道，常用有水泥砂浆抹带接口和钢丝网水泥砂浆抹带接口。因这两种刚性接口抗振性差，所以适用于地基条件较好、有带形基础的无压排水管道。

（1）水泥砂浆抹带接口

如图 3-16 所示，这种接口形式对平口管、企口管及承插管均适用且造价低。常用于地基土质较好的雨水管或地下水位以上的污水支管上。

水泥砂浆抹带接口的工具有浆桶、刷子、铁抹子、弧形抹子等。材料的重量配合比为水泥：砂＝1：2.5～3，水灰比一般不大于 0.5。水泥采用强度等级为 4.25 的普通硅酸盐水泥，砂子应用 2mm 孔径的筛子过筛，含泥量不得大于 2%。抹带前将接口处的管外皮洗刷干净，并将抹带范围的管外壁凿毛，然后刷水泥浆一遍；抹带时，管径小于 400mm 的管道可一次完成；管径大于 400mm 的管道应分两次完成，抹第一层水泥砂浆时，应注意调整管口缝隙使其均匀，厚度约为带厚$\frac{1}{3}$，压实表面后划成线槽，以利于与第二层结合；待第一层水泥砂浆初凝后再用弧形抹子抹第二层，由下往上推抹形成一个弧形接口，初凝后赶光压实，并将管带与基础相接的三角区用混凝土填捣密实。抹带完成后，用湿纸覆盖管带，3～4h 后洒水养护。

管径大于或等于 700mm 时，应在管带水泥砂浆终凝后进入管内勾缝。勾缝时，人在管内用水泥砂浆将内缝填实抹平，灰浆不得高出管内壁；管径小于 700mm 时，用装有黏土球的麻袋或其他工具在管内来回拖动，将流入管内的砂浆拉平。

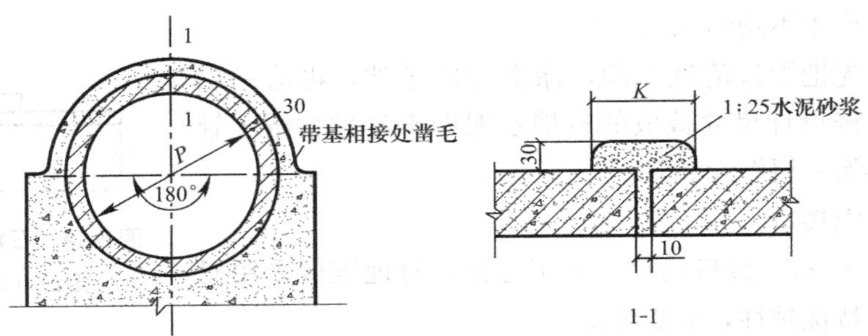

图 3-16 水泥砂浆抹带接口

（2）钢丝网水泥砂浆抹带接口

如图 3-17 所示，施工时，将抹带范围的管外壁凿毛，抹第一层 1：2.5～3 水泥砂浆，厚 15mm 左右，待其与管壁粘牢并压实后，将两片钢丝网包拢挤入砂浆中，搭接长度不小于 100mm，并用绑丝扎牢，两端插入管座混凝土中。第一层砂浆初凝后再抹第二层砂浆，并按抹带宽度和厚度的要求抹光压实。抹带完成后，立即用湿纸养护，炎热季节用湿草袋覆盖洒水养护。

钢丝网水泥砂浆抹带的外形为梯形或矩形，适用于地基土质较好的有带形基础的雨水、污水管道上。

（3）半柔半刚性接口

半柔半刚性接口介于刚性接口及柔性接口之间，常用预制套环石棉水泥（或沥青砂浆）接口，如图 3-18 所示。在预制套环与管子间的间隙中，用石棉水泥（质量比：水：石棉：水泥＝1：3：7）或沥青砂浆（质量比：沥青：石棉：砂＝1：0.67：0.67）填打平。操作时，少填多打，也可用自应力水泥砂浆填充，这种接口适用于地基较弱地段，在一定程度上可防止管道沿纵向不均匀沉陷而产生的纵向弯曲或错口，一般常用于污水管。

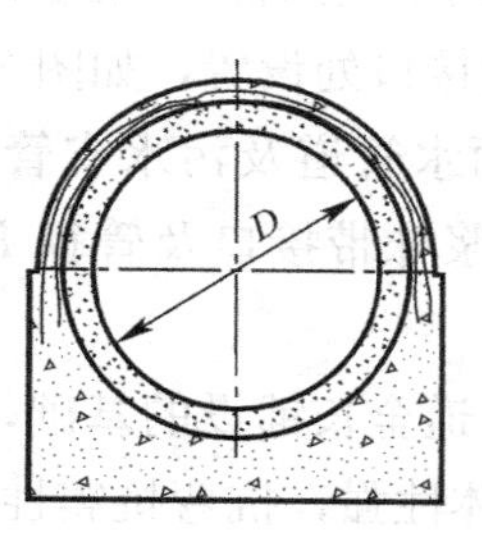

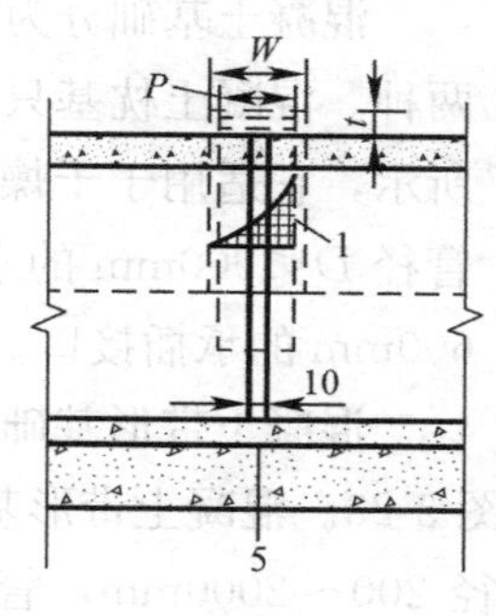

图 3-17 钢丝网水泥砂浆抹带接口

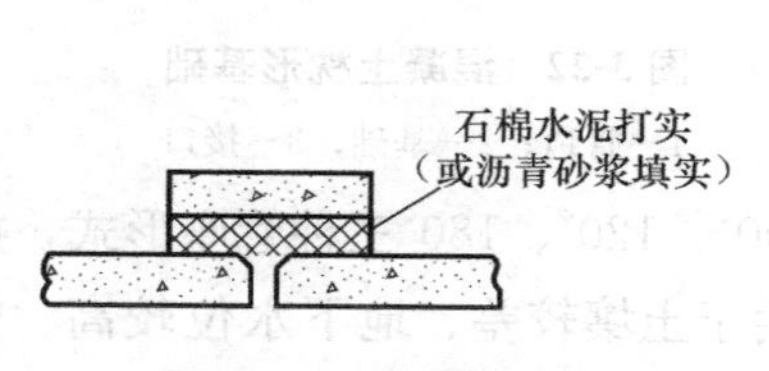

图 3-18 预制套环接口

二、排水管道基础

合理地选择排水管道的基础，可以避免管道产生不均匀沉陷，造成管道漏水、淤积、错口断裂等现象。

排水管道基础一般由地基、基础和管座三部分组成，如图 3-19 所示。

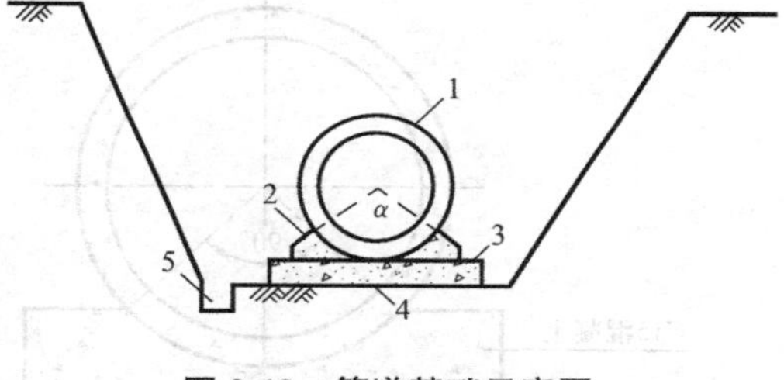

图 3-19 管道基础示意图

1—管道；2—管座；3—管基；4—地基；5—排水沟

地基指沟槽底的土壤部分。承受的荷载有管子和基础的重量以及管内水的重量，管上部土的荷载及地面荷载等。

基础指管道与地基间的设施，起到将上部压力均匀传递给地基的作用。

管座是管道与基础间的设施，它使管道与基础成为一体，增加了管道的刚度。

以下介绍几种常见的排水管道基础。

1. 弧形素土基础

如图 3-20 所示，在原土上挖成弧形管槽，弧度中心角采用 60°～90°，管道安装在弧形槽内。它适用于无地下水且原土干燥能挖成弧形槽，管径为 150～1200mm，埋深为 0.8～3.0m 的污水管线。当埋深小于 1.5m，且管线敷设在车行道下，则不宜采用。

2. 砂垫层基础

如图 3-21 所示，在挖好的管槽内，填 100～200mm 厚的砂土作为垫层。这种基础适用于无地下水的岩石或多石土层。

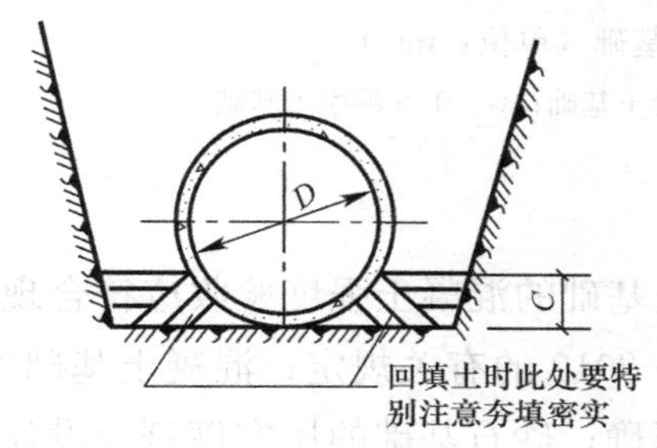

图 3-20 弧形素土基础

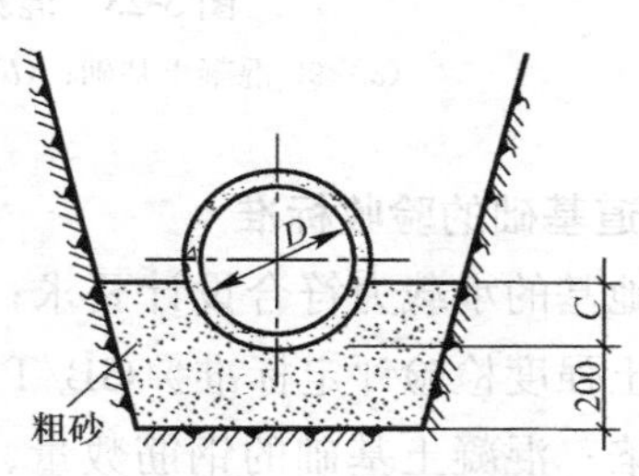

图 3-21 砂垫层基础

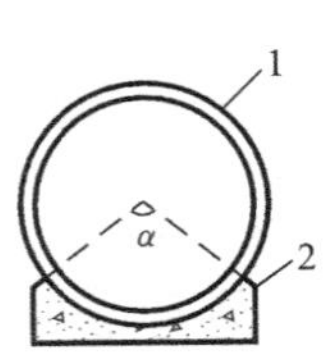

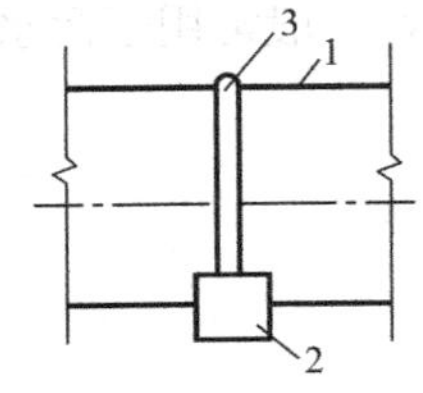

图 3-22 混凝土枕形基础

1—管道；2—基础；3—接口

3. 混凝土基础

混凝土基础分为混凝土带形基础和混凝土枕基两种。混凝土枕基只在管道接口处设置，如图 3-22 所示，它适用于干燥土壤雨水管道及污水支管上；管径 $D<900$mm 的水泥砂浆抹带接口及管径 $D<600$mm 的承插接口。

混凝土带形基础是沿管道全长铺设的基础，分为 90°、120°、180°三种管座形式，如图 3-23。混凝土带形基础整体性强，抗弯抗震性好，适用于土壤较差、地下水位较高、管径 200～2000mm，管道埋设深度 0.8～6m 的管线上。根据地基承载力的实际情况，可采用强度等级不低于 C10 的混凝土。

在地震区或土质特别松软和不均匀沉陷严重的地段，最好采用钢筋混凝土带形基础。

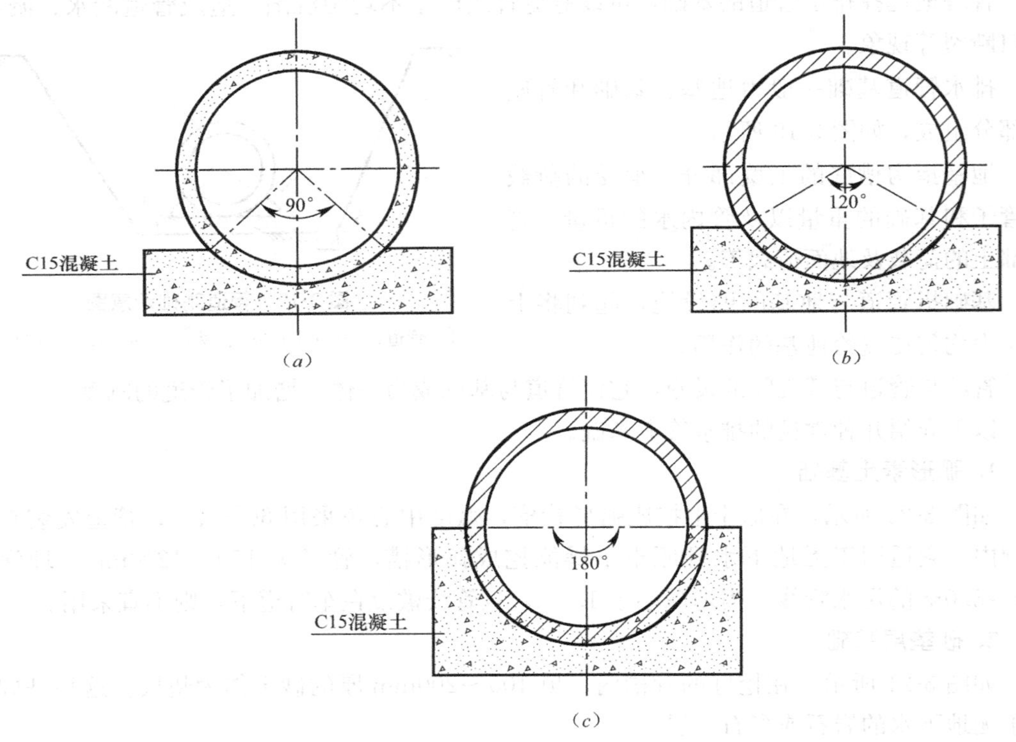

图 3-23 混凝土带形基础（单位：mm）

(a) 90°混凝土基础；(b) 120°混凝土基础；(c) 180°混凝土基础

4. 管道基础的验收标准

原状地基的承载力符合设计要求；混凝土基础的混凝土强度验收应符合现行国家标准《混凝土强度检验评定标准》GB/T 50107—2010 的有关规定；混凝土基础外光内实，无严重缺陷；混凝土基础的钢筋数量、位置正确；砂石基础的压实度符合设计要求或规范的规定；管道基础的允许偏差应符合表 3-1 的规定。

管道基础的允许偏差　　表 3-1

<table>
<tr><th rowspan="2">序号</th><th rowspan="2" colspan="3">检查项目</th><th rowspan="2">允许偏差（mm）</th><th colspan="2">检查数量</th><th rowspan="2">检查方法</th></tr>
<tr><th>范围</th><th>点数</th></tr>
<tr><td rowspan="4">1</td><td rowspan="4">垫层</td><td colspan="2">中线每侧宽度</td><td>不小于设计要求</td><td rowspan="13">每个验收批</td><td rowspan="13">每 10m 测 1 点，且不少于 3 点</td><td>挂中心线钢尺检查，每侧 1 点</td></tr>
<tr><td rowspan="2">高程</td><td>压力管道</td><td>±30</td><td rowspan="2">水准仪测量</td></tr>
<tr><td>无压管道</td><td>0，−15</td></tr>
<tr><td colspan="2">厚度</td><td>不小于设计要求</td><td>钢尺量测</td></tr>
<tr><td rowspan="5">2</td><td rowspan="5">混凝土基础、管座</td><td rowspan="3">平基</td><td>中线每侧宽度</td><td>+10，0</td><td>挂中心线钢尺量测，每侧 1 点</td></tr>
<tr><td>高程</td><td>0，−15</td><td>水准仪测量</td></tr>
<tr><td>厚度</td><td>不小于设计要求</td><td>钢尺量测</td></tr>
<tr><td rowspan="2">管座</td><td>肩宽</td><td>+10，−5</td><td>钢尺量测，挂高程线</td></tr>
<tr><td>肩高</td><td>+20</td><td>钢尺量测，每侧 1 点</td></tr>
<tr><td rowspan="4">3</td><td rowspan="4">土（砂及砂砾）基础</td><td rowspan="2">高程</td><td>压力管道</td><td>±30</td><td rowspan="2">水准仪测量</td></tr>
<tr><td>无压管道</td><td>0，−15</td></tr>
<tr><td colspan="2">平基厚度</td><td>不小于设计要求</td><td>钢尺量测</td></tr>
<tr><td colspan="2">土弧基础腋角高度</td><td>不小于设计要求</td><td>钢尺量测</td></tr>
</table>

三、下管

下管前，除对沟槽进行质量检查外，还必须对管材、管件进行质量检验，保证下入到沟槽内的管道和管件质量符合设计要求，确保不合格或已经损坏的管道和管件不下入沟槽。

1. 管材质量检查

在市政管道工程施工中，管道和管件的质量直接影响到工程的质量。因此必须做好管道和管件的质量检查工作。

2. 管材修补

对管材本身存在的不影响管道工程质量的微小缺陷，应在保证工程质量的前提下进行修补使用，以降低工程成本。铸铁管道应对承口内壁、插口外壁的沥青用气焊或喷灯烤掉；对飞刺和铸砂可用砂轮磨掉，或用錾子剔除。内衬水泥砂浆防腐层如有缺陷或损坏，应按产品说明书的要求修补、养护。

钢管防腐层质量不符合要求时，应用相同的防腐材料进行修补。

钢筋混凝土管的缺陷部位，可用环氧腻子或环氧树脂砂浆进行修补。修补时，先将修补部位凿毛，清洗晾干后刷一薄层底胶，而后抹环氧腻子（或环氧树脂砂浆），并用抹子压实抹光。

3. 排管

排管应在沟槽和管材质量检查合格后进行。根据施工现场条件，将管道在沟槽堆土的另一侧沿铺设方向排成一长串称为排管。排管时，要求管道与沟槽边缘的净距不得小于 0.5m。

压力流管道排管时，对承插接口的管道，宜使承口迎着水流方向排列，这样可减小水流对接口填料的冲刷，避免接口漏水；在斜坡地区排管，以承口朝上坡为宜；同时还应满足接口环向间隙和对口间隙的要求。一般情况下，金属管道可采用90°、45°、22.5°、11.25°弯头进行平面转弯，如果管道弯曲角度小于11°，应使管道自弯水平借转。当遇到地形起伏变化较大或翻越其他地下设施等情况时，应采用管道反弯借高找正作业。

重力流管道排管时，对承插接口的管道，同样宜使承口迎着水流方向排列，并满足接口环向间隙和对口间隙的要求。不管何种管口的排水管道，排管时均应扣除沿线检查井等构筑物所占的长度，以确定管道的实际用量。

当施工现场条件不允许排管时，亦可以集中堆放。但管道铺设安装时需在槽内运管，施工不便。

4. 下管

按设计要求经过排管，核对管节、管件位置无误方可下管。

下管方法分为人工下管和机械下管两类。应根据管材种类、单节重量和长度以及施工现场情况选用。不管采用哪种下管方法，一般宜沿沟槽分散下管，以减少在沟槽内的运输工作量。

(1) 人工下管法

人工下管适用于管径小、重量轻、沟槽浅、施工现场狭窄、不便于机械操作的地段。目前常用的人工下管方法有压绳下管法、吊链下管法、溜管法等方法。

撬棍压绳下管法是在距沟槽上口边缘一定距离处，将两根撬棍分别打入地下一定深度，然后用两根大绳分别套在管道两端，下管时将大绳的一端缠绕在撬棍上并用脚踩牢，另一端用手拉住，控制下管速度，两大绳用力一致，听从一人号令，徐徐放松绳子，直至将管道放至沟槽底部就位为止，如图3-24所示。

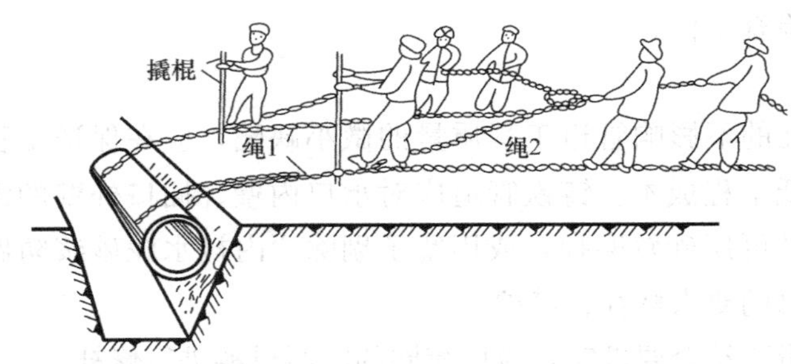

图3-24　撬棍压绳下管法

立管压绳下管法是在距沟槽上口边缘一定距离处，直立埋设一节或二节混凝土管道，埋入深度为$\frac{1}{2}$管长，管内用土填实，将两根大绳缠绕（一般绕一圈）在立管上，绳子一端固定，另一端由人工操作，利用绳子与立管管壁之间的摩擦力控制下管速度，操作时两边要均匀松绳，防止管道倾斜。如图3-25所示。该法适用于较大直径的管道集中下管。

吊链下管法是在沟槽上搭设三脚架或四脚架等塔架，在塔架上安设吊链，在沟槽上铺方木（或细钢管），将管道滚运至方木（或细钢管）上，如图3-26所示。用吊链将管道

吊起，然后撤走所铺方木（或细钢管），操作吊链使管道徐徐放入槽底就位。该法适用于较大直径的管道集中下管。

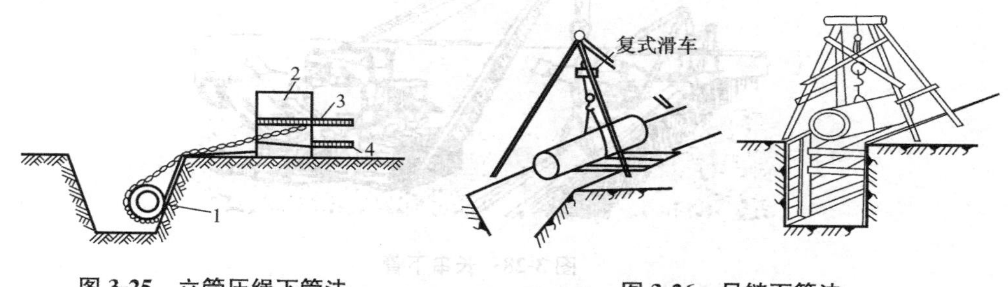

图 3-25　立管压绳下管法

1—管道；2—立管；3—放松绳；4—固定绳

图 3-26　吊链下管法

（2）机械下管法

机械下管法适用于管径大、沟槽深、工程量大且便于机械操作的地段。机械下管法速度快、施工安全，并且可以减轻工人的劳动强度，提高生产效率。因此，只要施工现场条件允许，就应尽量采用机械下管法。

机械下管时，应根据管道重量选择起重机械。常采用轮胎式起重机、履带式起重机和汽车式起重机。下管时，起重机一般沿沟槽开行，距槽边至少应有 1m 以上的安全距离，以免槽壁坍塌。行走道路应平坦、畅通。当沟槽必须两侧堆土时，应将某一侧堆土与槽边的距离加大，以便起重机行走。

机械下管一般为单节下管，起吊或搬运管材、配件时，对于法兰盘面、非金属管材承插口工作面、金属管防腐层等，均应采取保护措施。应找好重心采用两点起吊，如图 3-27 所示。吊绳与管道的夹角不宜小于 45°。起吊过程中，应平吊平放，勿使管道倾斜以免发生危险。如使用轮胎式起重机，作业前应将支腿撑好，支腿距槽边要有 2m 以上的距离，必要时应在支腿下垫木板。

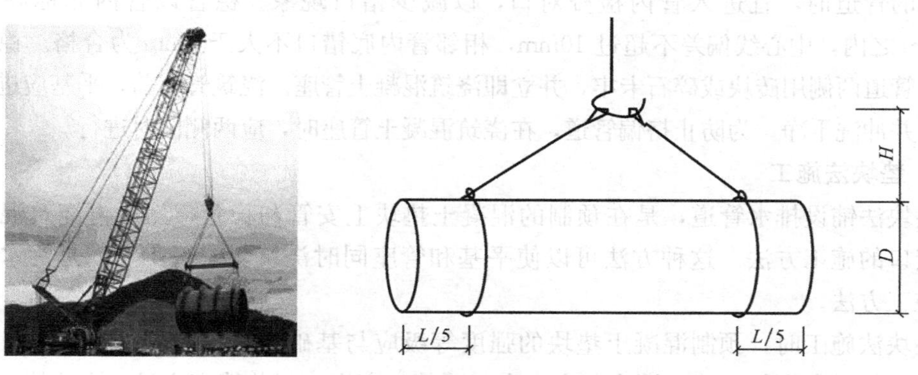

图 3-27　机械下管

当采用钢管时，为了减少槽内接口的工作量，可在地面上将钢管焊接成长串，然后由数台起重机联合下管。这种方法称为长串下管法，如图 3-28。由于多台起重机不易协调，长串下管一般不要多于 3 台起重机。在起吊时，管道应缓慢移动，避免摆动。应有专人统一指挥，并按有关机械安全操作规程进行。

图 3-28　长串下管

5. 稳管

稳管是将管道按设计的高程和平面位置稳定在地基或基础上。压力流管道对高程和平面位置的要求精度可低些，一般由上游向下游进行稳管；重力流管道的高程和平面位置应严格符合设计要求，一般由下游向上游进行稳管。

四、排水管道的铺设

市政排水管道属重力流管道，铺设的方法通常有平基法、垫块法、“四合一”法，应根据管道种类、管径大小、管座形式、管道基础、接口方式等进行选择。

1. 平基法施工

平基法铺设排水管道，就是先进行地基处理，浇筑混凝土带形基础，待基础混凝土达到一定强度后，再进行下管、稳管、浇筑管座及抹带接口的施工方法。这种方法适合地质条件不良的地段或雨季施工的场合。

平基法施工时，基础混凝土强度必须达到5MPa以上时，才能下管。基础顶面标高要满足设计要求，误差不超过±10mm。管道设计中心线可在基础顶面上弹线进行控制。管道对口间隙，当管径不小于700mm时，按10mm控制；当管径小于700mm时，可不留间隙。铺设较大的管道时，宜进入管内检查对口，以减少错口现象。稳管以管内底标高偏差在±10mm之内，中心线偏差不超过10mm，相邻管内底错口不大于3mm为合格。稳管合格后，在管道两侧用砖块或碎石卡牢，并立即浇筑混凝土管座。浇筑管座前，平基应进行凿毛处理，并冲洗干净。为防止挤偏管道，在浇筑混凝土管座时，应两侧同时进行。

2. 垫块法施工

垫块法铺设排水管道，是在预制的混凝土垫块上安管和稳管，然后再浇筑混凝土基础和接口的施工方法。这种方法可以使平基和管座同时浇筑，缩短工期，是污水管道常用的施工方法。

垫块法施工时，预制混凝土垫块的强度等级应与基础混凝土相同；垫块的长度为管径的0.7倍，高度等于平基厚度，宽度大于或等于高度；每节管道应设2个垫块，一般放在管道两端。为了防止管道从垫块上滚下伤人，铺管时管道两侧应立保险杠；垫块应放置平稳，高程符合设计要求。稳管合格后一定要用砖块或碎石在管道两侧卡牢，并及时灌筑混凝土基础和管座。

3. “四合一”施工法

“四合一”施工法是将混凝土平基、稳管、管座、抹带4道工序合在一起施工的方法。

这种方法施工速度快，管道安装后整体性好，但要求操作技术熟练，适用于管径为500mm以下的管道安装。

其施工程序为：验槽—支模—下管—排管—四合一—施工—养护。

“四合一”法施工时，首先要支模，模板材料一般采用150mm×150mm的方木，支设时模板内侧用支杆临时支撑，外侧用支架支牢，为方便施工可在模板外侧钉铁钎。根据操作需要，模板应略高于平基或90°管座基础高度。下管后，利用模板做导木，在槽内将管道滚运到安管处，然后顺排在一侧方木上，使管道重心落在模板上，倚靠在槽壁上，并能容易地滚入模板内。若采用135°或180°管座基础，模板宜分两次支设，上部模板待管道铺设合格后再支设。

浇筑平基混凝土时，一般应使基础混凝土面比设计标高高20～40mm（视管径大小而定），以便稳管时轻轻揉动管道，使管道落到略高于设计标高处。当管径在400mm以下时，可将管座混凝土与平基一次浇筑。

稳管时，将管身润湿，从模板上滚至基础混凝土面，边轻轻揉动边找中心和高程，将管道揉至高于设计高程1～2mm处，同时保证中心线位置准确。完成稳管后，立即支设管座模板，浇筑两侧管座混凝土，捣固管座两侧三角区，补填对口砂浆，抹平管座两肩。管座混凝土浇筑完毕后，立即进行抹带，使管座混凝土与抹带砂浆结合成一体，但抹带与稳管至少要相隔2～3个管口，以免稳管时不小心碰撞管子，影响抹带接口的质量。

任务3.2　排水管道质量验收

【任务描述】

市政管道接口施工完毕后，应进行管道的安装质量检查。检查的内容包括外观检查、断面检查和严密性检查。外观检查即对基础、管道、接口、阀门、配件、伸缩器及附属构筑物的外观质量进行检查，看其完好性和正确性，并检查混凝土的浇筑质量和附属构筑物的砌筑质量；断面检查即对管道的高程、中心线和坡度进行检查，看其是否符合设计要求；严密性检查即对管道进行强度试验和严密性试验，看管材强度和严密性是否符合要求。

【学习支持】

试验规定

1. 污水管道、雨污合流管道、倒虹吸管及设计要求闭水的其他排水管道，回填前应采用闭水法进行严密性试验；试验管段应按井距分隔，长度不大于500m，带井试验；雨水和与其性质相似的管道，除大孔性土壤及水源地区外，可不做渗水量试验。

2. 闭水试验管段应符合下列规定：管道及检查井外观质量已验收合格；管道未回填，且沟槽内无积水；全部预留孔（除预留进出水管外）应封堵坚固，不得渗水；管道两端堵板承载力经核算应大于水压力的合力。

3. 闭水试验应符合下列规定：试验段上游设计水头不超过管顶内壁时，试验水头应以试验段上游管顶内壁加2m计；当上游设计水头超过管顶内壁时，试验水头应以上游设计水头加 2m 计；当计算出的试验水头小于 10m，但已超过上游检查井井口时，试验水头应以上游检查井井口高度为准。

【任务实施】

在试验管段内充满水，并在试验水头作用下进行泡管，泡管时间不小于 24h，然后再加水达到试验水头，观察 30min 的漏水量，观察期间应不断向试验管段补水，以保持试验水头恒定，该补水量即为漏水量。并将该漏水量转化为每千米管道每昼夜的渗水量，如果该渗水量小于表 3-2 中规定的允许渗水量，则表明该管道严密性符合要求。其渗水量的转化见式（3-1）：

$$Q = 49q \times \frac{1000}{L} \tag{3-1}$$

式中 Q——每公里管道每昼夜的渗水量［m^3/(km·d)］；

q——试验管段 30min 的渗水量（m^3）；

L——试验管段长度（m）。

无压管道闭水试验允许渗水量　　表 3-2

管材	管道内径 D（mm）	允许渗水量［m^3/(km·d)］
钢筋混凝土管	200	17.60
	300	21.62
	400	25.00
	500	27.95
	600	30.60
	700	33.00
	800	35.35
	900	37.50
	1000	39.52
	1100	41.45
	1200	43.30
	1300	45.00
	1400	46.70
	1500	48.40
	1600	50.00
	1700	51.50
	1800	53.00
	1900	54.48
	2000	55.90

【知识链接】

一、设计参数

1. 污水管道的衔接

污水管道在管径、坡度、高程、方向发生变化和支管接入的地方都需设置检查井。

管道在衔接时遵循以下原则：

（1）尽可能提高下游管段的高程，以减少管道埋深，降低造价。

（2）避免上游管道中形成回水造成淤积。

衔接的方法通常有管顶平接、水面平接，如图3-29所示。

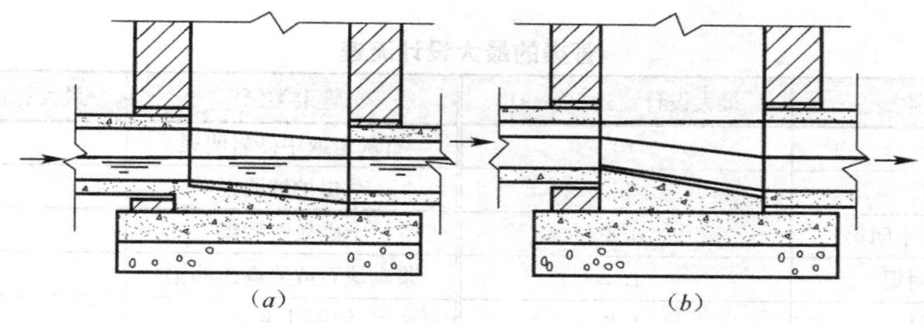

图3-29　污水管道在检查井内的衔接

(*a*) 水面平接；(*b*) 管顶平接

水面平接指水力计算中，使上游管道终端和下游管道起端在指定设计充满度下的水面相平，即：上游管道终端与下游管道起端的水面标高相同。由于上游管道中水面变化较大，水面平接时在上游管段内实际水平标高有可能低于下游管道的实际水面标高，容易在上游管道中形成回水。当上游管道和下游管道管径相同时，此种方法较多采用。

管顶平接是指在水力计算中，使上游管段的终端管顶标高与下游管段的起端管顶标高相同。当上游管道和下游管道管径不同时，采用此种接法。

2. 污水在管道内流动的特点

污水在管道内的流动，通常属于无压流，也称重力流。大多数是靠管渠坡度而产生的重力作用进行的。当流量一定，坡度越大，污水的流动速度就越大。在少数情况下，污水在管道中的流动是压力流，如提升泵站后的污水是靠污水泵提供的压力流动的。

3. 污水设计流量

污水设计流量是指污水管渠系统及其附属构筑物在单位时间内保证通过的最大污水流量。单位（L/s或m^3/h）。

4. 最大设计充满度

在设计流量一定的情况下，污水管道中水深h与管道直径D的比值，称为设计充满度。当$\frac{h}{D}=1$时称为满流；$\frac{h}{D}<1$称非满流或不满流。

《室外排水设计规范》GB 50014—2006（2014年版）规定，污水管道按不满流进行设计，雨水管道及合流制管道按满流设计，其允许最大设计充满度的规定，见表3-3。

最大设计充满度　　**表3-3**

管径或渠高（mm）	最大设计充满度
200～300	0.55
350～450	0.65
500～900	0.70
≥1000	0.75

注：在计算污水管道充满度时，不包括沐浴或短时间内突然增加的污水量，但当管径小于或等于300mm时，应按满流复核。

5. 设计流速

与管道设计流量，设计充满度相应的水流平均流速称为设计流速。如果管道的流速过大，则会冲刷甚至损坏管道，反之产生淤积。因此，《室外排水设计规范》规定污水管道的最大设计流速和最小设计流速，见表3-4、表3-5。

管渠的最大设计流速 表3-4

管渠类别	最大设计流速（m/s）	管渠类别	最大设计流速（m/s）
金属管	10	石灰岩或中砂岩明渠	4.0
非金属管	5	草皮护坡明渠	1.6
粗砂或贫亚黏土明渠	0.8	干砌块石明渠	2.0
粉质黏土明渠	1.0	浆砌块石或浆砌砖明渠	3.0
黏土明渠	1.2	混凝土明渠	4.0

管渠的最小设计流速 表3-5

管渠类别	最小设计流速（m/s）
管道	0.6
明渠	0.4

6. 最小设计坡度

为防止管道流速过低而产生淤积，所以《室外排水设计规范》GB 50014—2006规定的最小设计坡度见表3-6。

7. 最小管径

污水管道系统上游部分，由于设计流量小，据此确定的管径必然很小，管径越小，其堵塞的机会越大，为便于养护管理，《室外排水设计规范》GB 50014—2006规定最小管径，见表3-6。

由于上游管段受水面积较小，造成设计流量较小。若设计流量小于最小管径在最小设计坡度，充满度等于0.5的流量时，这个管段可不进行水力计算，而直接采用最小管径和相应的最小坡度，这种不予计算的管段称为不计算管段。当有适当水源时，可在不计算管段上设冲洗水井。

最小管径和最小设计坡度 表3-6

管别	最小管径（mm）	相应最小设计坡度
污水管	300	塑料管0.002，其他管0.003
雨水管和合流管	300	塑料管0.002，其他管0.003
雨水口连接管	200	0.01
压力输泥管	150	—
重力输泥管	200	0.01

二、排水管渠对材料的要求

1. 必须有足够的强度，以承受外部的荷载及内部的水压，并在运输中不致于损坏。
2. 具有较好的抗渗性能，防止污水渗出或地下水渗入。

3. 具有良好的耐腐蚀性、抗冲刷性和耐磨损性。

4. 具有良好的水力条件。

5. 排水管渠应就地取材，工程造价低，并考虑预制管件及施工方便。

三、排水管渠系统上的附属构筑物

为保证排水管道系统的正常工作，在管道系统上还需设置一系列构筑物。常见的构筑物有：检查井、雨水口、连接暗井、出水口、排水提升泵站等。

1. 检查井

检查井通常设置在管渠交汇、转弯、断面尺寸、坡度、高程变化处以及直线管段上相隔一定距离处，其间距见表 3-7。

检查井最大间距 表 3-7

管径及暗渠净高（mm）	最大间距（m）	
	污水管道	雨水（合流）管道
200～400	30	40
500～700	50	60
800～1000	70	80
1100～1500	90	100
>1500	100	120

检查井的平面形状主要有：圆形、矩形、扇形。常见的检查井为圆形。检查井由井底（包括基础）、井身和井盖（包括盖座）三部分构成，如图 3-30。

检查井基础采用碎石、卵石夯实或采用低强度等级混凝土，井底也采用低强度等级混凝土，井底设置圆弧形流槽，流槽两侧至检查井壁间的沟肩有一定宽度（不小于200mm），并应有 0.02～0.05 坡度坡向流槽，如图 3-31。井身部分可采用砖石或混凝土块砌筑，如图 3-32。井盖采用铸铁或其他材料，如图 3-33。检查井尺寸大小，应按管道埋深、管径和设计要求而定，检查井砌筑参见《给水排水标准图集》S231、S232、S233。

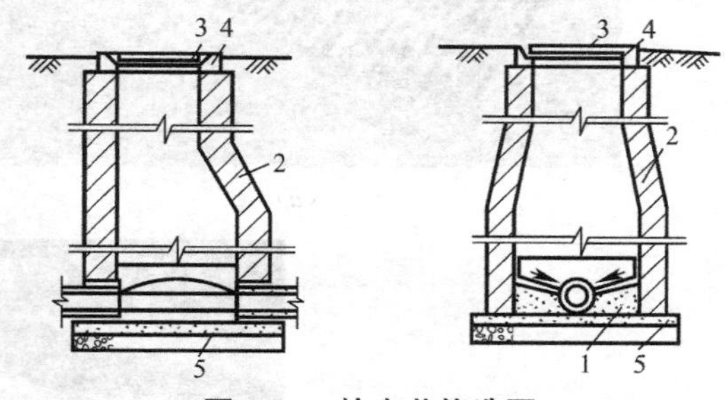

图 3-30 检查井构造图

1—井底；2—井身；3—井盖；4—井盖座；5—井基

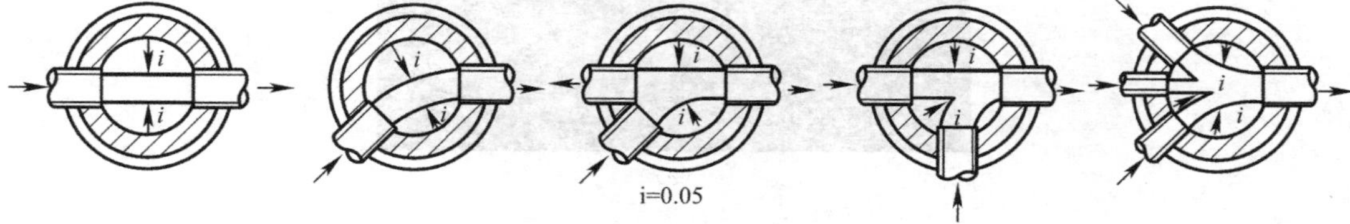

图 3-31 检查井底部流槽形式

2. 雨水口

雨水口是用来收集雨水的构筑物。通过连接管再流入雨水管道。雨水口的布置应根

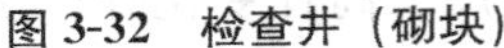

图 3-32 检查井（砌块）

图 3-33 检查井井盖

据汇水面积及地形确定，以雨水不漫过路面影响交通为宜，通常设置在道路交叉口及地形低洼处。在道路交叉口设置雨水口的位置与路面的倾斜方向有关；此外，在道路上一定距离处也应设置雨水口，其间距一般为 25～50m。雨水口连接管长度不宜大于 25m，管径不小于 200mm。低洼和易积水路段，应根据需要适当增加雨水口。

雨水口构造包括进水箅、井身和连接管三部分。

按进水箅在街道上设置位置可分为平箅雨水口、立箅雨水口及联合式雨水口，如图 3-34。

(a)

(b)

(c)

图 3-34 雨水口

(a) 平箅；(b) 立箅；(c) 联合箅

井箅一般用铸铁制成，也有采用非金属材料的（钢筋混凝土）。雨水口的井筒采用砖砌或钢筋混凝土制成，深度不大于 1m（有冻胀地区可适当加大），底部可作成沉泥井，

泥槽深不小于 12cm。

3. 出水口

出水口是排水系统的终点构筑物。出水口的位置和形式，应根据污水水质、河流流量、下游用水情况、水体水位变化、水流方向、流速、地形和主导风向而定。常见出水口形式有淹没式出水口、岸边一字式出水口、岸边八字式出水口和河床分散式出水口，如图 3-35 所示。

出水口与水体岸边连接处采取防冲刷加固措施，以砂浆砌筑块石做护墙和铺底。在冻胀地区，出水口应考虑冰冻的影响。

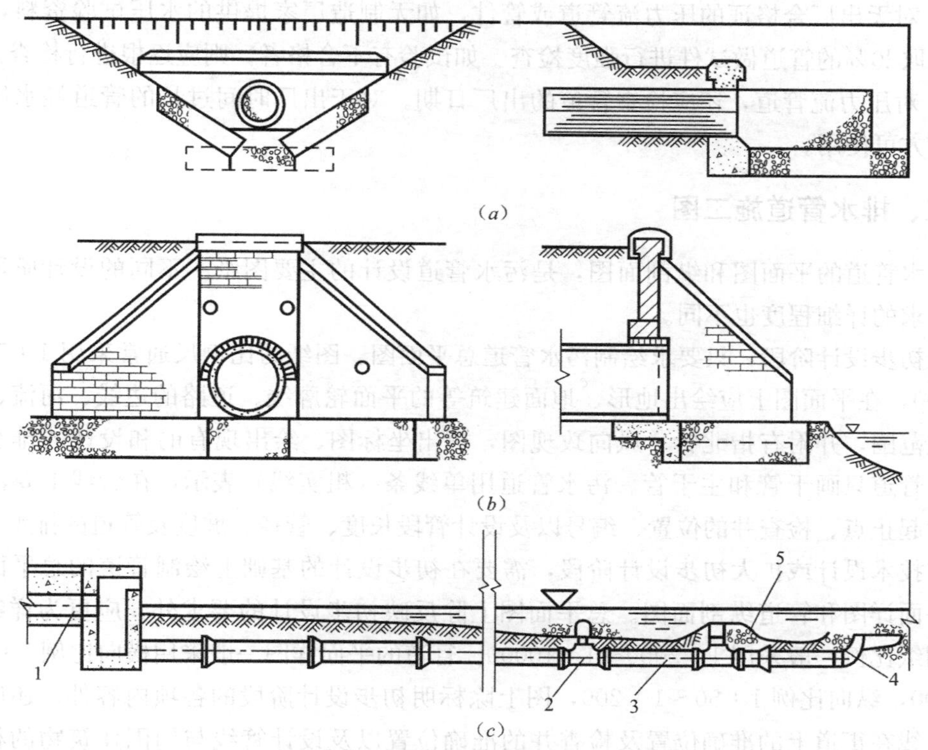

图 3-35　出水口

(*a*) 岸边一字式出水口；(*b*) 岸边八字式出水口；(*c*) 河床分散式出水口

1—进水管渠；2—T 形管；3—渐缩管；4—弯头；5—石堆

四、管道质量检查的内容主要有

1. 管道和管件必须有出厂质量合格证，其指标应符合国家或部委颁发的技术标准要求。

2. 应按设计要求认真核对管道和管件的规格、型号、材质和压力等级。

3. 应进行外观质量检查。

铸铁管及管件内外表面应平整、光洁，不得有裂纹、凹凸不平等缺陷。承插口部分不得有黏砂及凸起，其他部分不得有大于 2mm 厚的黏砂和 5mm 高的凸起。承插口配合的环向间隙，应满足接口嵌缝的需要。

钢管及管件的外径、壁厚和尺寸偏差应符合制造标准要求；表面应无斑痕、裂纹、严重锈蚀等缺陷；内外防腐层应无气孔、裂纹和杂物；防腐层厚度应满足要求；安装中使用的橡胶、石棉橡胶、塑料等非金属垫片，均应质地柔韧，无老化变质、折损、皱纹等缺陷。

塑料管材内外壁应光滑、清洁、无划伤等缺陷；不允许有气泡、裂口、明显凹陷、颜色不均、分解变色等现象；管端应平整并与轴线垂直。

普通钢筋混凝土管、自（预）应力钢筋混凝土管的内外表面应无裂纹、露筋、残缺、蜂窝、空鼓、剥落、浮渣、露石碰伤等缺陷。

4. 金属管道应用小锤轻轻敲打管口和管身进行破裂检查。非金属管道通过观察进行破裂检查。

5. 对无出厂合格证的压力流管道或管件，如无制造厂家提供的水压试验资料，则每批应抽取10%的管道做试件进行强度检查。如试验有不合格者，则应逐根进行检查。

6. 对压力流管道，还应检查管道的出厂日期。对于出厂时间过长的管道经水压试验合格后方可使用。

五、排水管道施工图

污水管道的平面图和纵剖面图，是污水管道设计的主要图纸。不同的设计阶段，对图纸要求的详细程度也不同。

在初步设计阶段，只要求绘制污水管道总平面图。图纸的比例尺通常采用1∶5000～1∶2500，在平面图上应绘出地形、地面建筑等的平面轮廓线、道路的边线、河流、铁路等流域范围，并附有指北针、风向玫瑰图，标出坐标图、绘出现有的和设计的排水工程系统。管道只画干管和主干管。污水管道用单线条（粗实线）表示，在管线上要注明设计管段起止点、检查井的位置、编号以及设计管段长度、管径、坡度及管道的排水方向。

在技术设计或扩大初步设计阶段，需要在初步设计的基础上绘制管道的总平面及管道的平面详图和管道纵剖面图。总平面图上除反映初步设计的要求外，应更为详细、确切。图纸比例一般采用1∶2000～1∶10000。管道的平面详图一般采用横向比例1∶500～1∶1000，纵向比例1∶50～1∶200，图上除标明初步设计阶段的各项内容外，还应标明设计管线在街道上的准确位置及检查井的准确位置以及设计管线与周围建筑物的相对位置关系，设计管线与其他原有拟建地下管线的平面位置关系。管道平面详图是排水管道工程施工放线的技术依据，因此要求绘制准确无误。

管道纵剖面图反映管道沿线的高程位置，它和管道平面详图相对应，在管道纵剖面图上应画出地面高程线（用单线条细实线表示）、管道高程线（用双线条粗实线表示）、检查井及沿线支管接入处位置及接入管的管内底高程、设计管线与其他地下管线及障碍物交点的位置及标高，沿线钻孔位置及地质情况等。在纵剖面图的下方还应注明检查井编号、管径、管段长度、管段坡度、两相邻检查井间距离、地面标高及管内底标高，还要标明管道材料、基础结构，也可标注水力计算数据（如流量、流速、充满度）。为了使平面图与纵剖面图对照查阅，一般将两个图绘制在一张图上，在末页还要附有工程量表。

在施工图设计阶段，还要充实平面详图和纵剖面图的内容。例如，各种小型附属构筑物（检查井、跌水井、倒虹管、穿越铁路等）详图及局部节点大样图。有些附属构筑物和管道基础形式可选用《给水排水标准图》，以简化绘图工作。

图3-36为扩大初步设计阶段部分管道的平面图和纵剖面图。

埋设深度(m)	4.1			4.3	4.2	4.2	3.7	4.7	5.0	5.1	5.3	5.1	5.6	5.8
管内底标高(m)	394.9	394.9	394.6	394.8	394.8	394.8	394.7	394.6	394.5	394.1	394.4	394.3	394.2	394.2
地面标高(m)	394.0			399.1	399.0	399.0	398.4	399.2	399.4	400.0	400.0	400.0	399.8	400.0
管道结构	钢筋混凝土管　水泥砂浆抹带接口　90° 管座混凝土带形基础													
管道长度(m)	17	8	19	22	19	55	55	55	50	50	55	55	49	
检查井编号	1	2	3	4	5	6	7	8	9	10	11	12	13	14

(a)

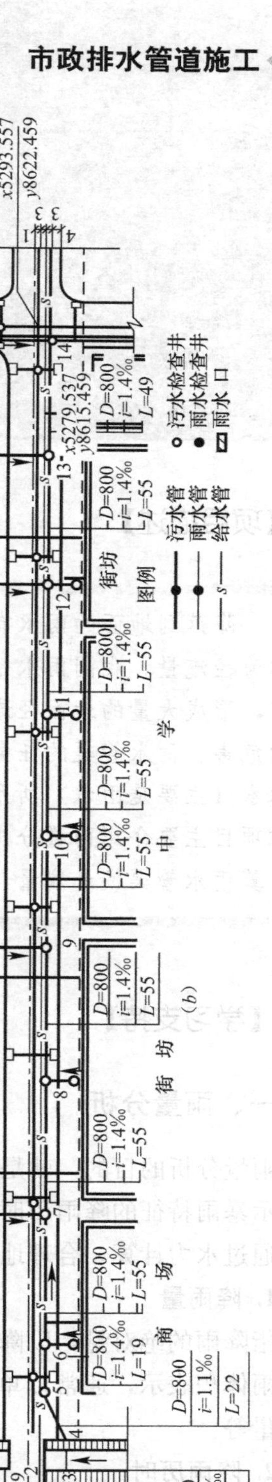

(b)

图 3-36　污水管道平、剖面图

项目 4 市政雨水管道施工

【项目描述】

降落到地面的雨水有一部分沿地面流入雨水管渠，这部分雨水在排水工程中称为径流量。我国雨水径流量总值并不大，但全年的雨水绝大部分集中在夏秋两季，形成大量的地面径流，对这部分的径流雨水，如不及时排除，便会造成巨大的危害。雨水管渠的任务，就是及时有效地收集、输送和排除雨水、融化的雪及冰水（主要是雨水）所形成地面径流，以保障安全生产和人民生命财产的安全。本项目主要介绍雨量分析、雨水管渠布置及城市雨水的综合利用。根据雨量分析计算雨水管渠设计流量，从而进行雨水管渠的布置和施工。

【学习支持】

一、雨量分析

雨量分析的目的，就是通过对降雨过程的多年（大于 10 年）资料的统计和分析，找出表示暴雨特征的降雨历时、暴雨强度与重现期的相互关系，从而确定雨水管渠设计流量。通过水力计算，合理地确定雨水管渠的断面尺寸、坡度和埋设深度。

1. 降雨量

指降雨的绝对量，以降雨深度 H 表示，单位以毫米（mm）计，还可用单位面积上的降雨体积表示，通常以单位时间来考虑。如年平均降雨量、月平均降雨量、年最大月降水量等。

2. 降雨历时

指连续降雨的时段，可以指全部的降雨时间，也可以指其中个别的连续时段，用 t 表示，以小时（h）或分钟（min）为计算单位。

3. 暴雨强度

是某一连续降雨时段内的平均降雨量，用 i 表示，如公式（4-1），即：

$$i = \frac{H}{t} \tag{4-1}$$

式中　i——暴雨强度（mm/min）；

H——降雨量（mm）；

t——降雨历时（min）。

在工程上，常用单位时间内单位面积上的降雨体积 q 表示暴雨强度，q、i 间的关系如公式（4-2）：

$$q = 167i[\mathrm{L/(s \cdot 10^4 \cdot m^2)}] \tag{4-2}$$

式中　q——降雨强度 $[\mathrm{L/(s \cdot 10^4 \cdot m^2)}]$。

暴雨强度越大，雨越猛烈，暴雨强度是描述暴雨的重要指标。

4. 降雨面积和汇水面积

降雨面积是指降雨所笼罩的面积。汇水面积是指雨水管渠汇集雨水的面积，用 F 表示。单位是公顷（ha）或平方公里（$\mathrm{km^2}$）。

任一场暴雨，在降雨面积上各点的暴雨强度是不相等的，非均匀分布的。在汇水面积较小（一般小于 $100\mathrm{km^2}$）的情况下，这种降雨不均匀分布的影响较小，可以假定降雨在整个小汇水面积内是均匀分布的。

5. 暴雨强度的频率和暴雨强度的重现期

暴雨强度的频率（P）是指相等或超过它的值的暴雨强度出现的次数（m）与现测资料总项数（n）的比值。即：$P=\frac{m}{n}\times100\%$，频率小者出现的可能性小，反之则大。一般地讲，某一大小的暴雨强度出现的可能性，不是预知的，需要通过对以往大量观测资料的统计分析，计算其发生的频率去推论今后发生的可能性。从实际的测定情况来讲，观测资料总项数 n 是有限的，按公式 $P=\frac{m}{n}\times100\%$ 求得的暴雨强度的频率，只能反映一定时期内的经验，故称为经验频率。在水文学中，采用 $P_n=\frac{m}{n+1}\times100\%$ 来计算经验频率。如果观测资料的年限愈长，经验频率出现的误差就越小。

暴雨强度的重现期：是指相等或超过它的值的暴雨强度出现一次的平均间隔时间，用 T 表示，单位用年（a）表示。

由上述可知，重现期 T 与频率 P 互为倒数，即：$T=\frac{1}{P}$。

二、暴雨强度公式

暴雨强度公式就是以数学表达式表示暴雨强度与降雨历时及重现期之间的关系。我国常用的暴雨强度公式基本形式如下（4-3）：

$$q = \frac{167A_1(1 + C\lg T)}{(t+b)^n} \tag{4-3}$$

式中　q——暴雨强度 $[\mathrm{L/(s \cdot 10^4 \cdot m^2)}]$；

T——重现期（a）；

t——降雨历时（min）；

A_1、C、b、n——地方参数，根据统计方法计算确定。

在具有10年以上的自动雨量记录的地区，设计暴雨强度公式，宜采用年多个样法，有条件的地区可采用年最大值法。若采用年最大值法，应进行重现期修正。

全国各城市的暴雨强度公式，可在给水排水设计手册中查找。（根据气候变化，宜对暴雨强度公式进行修订。）

【任务实施】

雨水流量是雨水管渠确定的依据，从而合理确定雨水管渠的断面尺寸、坡度和埋设深度。

一、雨水管渠系统设计流量的计算公式

雨水设计流量按下式计算如式（4-4）：

$$Q = \psi \cdot qF \tag{4-4}$$

式中 Q——雨水设计流量（L/s）；

ψ——径流系数，其数值小于1；

F——汇水面积（$10^4 \cdot m^2$）；

q——设计暴雨强度［$L/(s \cdot 10^4 \cdot m^2)$］。

二、地面径流系数 ψ 的确定

降落到地面的雨水，一部分被植物吸收，一部分渗入土壤，只有一部分流入雨水管道。径流量与降雨量的比值称径流系数 ψ，通常该值小于1。其值的大小取决于地面的覆盖情况、地面坡度、地貌等，此外，还与降雨历时、暴雨强度及暴雨雨型有关。

我国《室外排水设计规范》中规定各种地面径流系数和综合径流系数，见表4-1、表4-2。综合径流系数高于0.7的地区应采用渗透、调蓄措施。

任一汇水面积上的平均径流系数都应按其地面的种类加权平均计算如式（4-5）：

$$\psi = \frac{\Sigma F_i \cdot \psi_i}{F} \tag{4-5}$$

式中 ψ——汇水面积平均径流系数；

F_i——汇水面积上各类地面面积（$10^4 \cdot m^2$）；

ψ_i——相应于各类地面的径流系数；

F——全部汇水面积（$10^4 \cdot m^2$）。

径流系数 ψ 值　　　表4-1

地面种类	ψ
各种屋面、混凝土和沥青路面	0.90
大块石铺砌路面的沥青表面处理的碎石路面	0.60
级配碎石路面	0.45
干砌砖石和碎石路面	0.40
非铺砌土路面	0.30
公园	0.15

综合径流系数　　表4-2

区域情况	ψ
市区	0.5～0.8
郊区	0.4～0.6

三、设计暴雨强度 q 的确定

根据暴雨强度公式，只要确定设计重现期 T 和降雨历时 t，就可求得设计暴雨强度 q 值。

1. 设计重现期（T）的确定

设计重现期 T 的大小，直接影响管渠的断面大小。T 的确定，应视汇水地区的性质、地形特点和气象特点等因素确定，一般应采用1～3年；重要干道、重要地区或短期积水即能引起较严重后果的地区，应采用3～5年，并应与道路设计协调。经济条件较好或有特殊要求的地区宜采用规定的上限。特别重要地区可采用10年或以上。在同一排水区域内可采用相同或不同的重现期。

2. 集水时间（设计降水历时）t 的确定

在实际工程中，通常以汇水面积最远点雨水流到设计断面时的集水时间作为降雨历时，对某一设计断面来说，集水时间 t 由两部分组成。如图4-1所示，管段2-3的集水时间，从汇水面积（F_1+F_2）的最远点A处的雨水经地面流到检查井1处的地面集水时间 t_1 及雨水经1-2管段流到检查井2处的管渠内流行时间 t_2 组成，用式（4-6）表达如下：

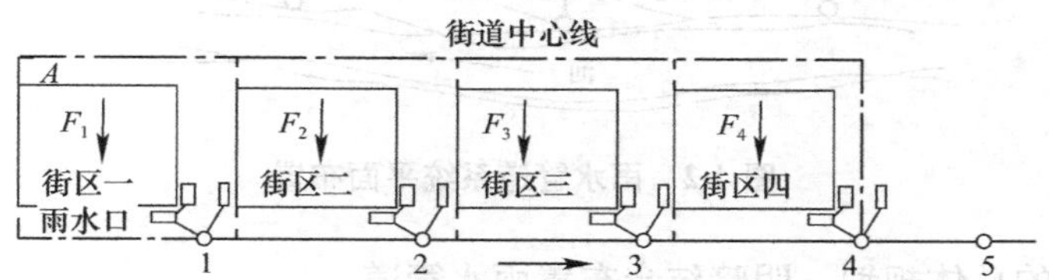

图4-1　雨水排除情况示意图

$$t = t_1 + mt_2 \tag{4-6}$$

式中　t——集水时间或设计降雨历时（min）；

t_1——地面集水时间（min）；

t_2——管渠内雨水流行时间（min）；

m——折减系数，管道折减系数 $m=2$，明渠折减系数 $m=1.2$，在陡坡地区，暗管折减系数 $m=1.2$～2，经济条件较好、安全性要求较高地区的雨水管渠 m 可取1。

地面集水时间主要取决于水流距离的长短和地面坡度，另外与暴雨强度有关。《室外排水设计规范》规定：地面集水时间视距离长短和地形坡度而定，取 $t_1=5$～15min，如 t_1 较大，将造成排水不畅，地面经常积水。雨水在上游管渠内的流行时间 t_2 太小，会使雨水管渠尺寸加大而增加工程造价。

四、雨水管渠系统的布置

雨水管渠系统布置的基本要求是：布局合理、经济，能及时汇集并排出降落到地面的雨水。雨水管渠系统主要有雨水口、管渠和检查井、出水口等构筑物。在布置时，应满足以下几个原则：

1. 充分利用自然地形，就近排入水体

进行管渠系统平面布置时，应首先考虑充分利用自然地形坡度，使管线最短，使雨水能以重力流就近排入附近的水体中去。如图 4-2 所示。当地形坡度较大时，雨水干管多布置在地形低的地方。地形平坦时，雨水干管布置在排水区域中间，以尽可能扩大重力流排出范围，应尽量避免设置雨水泵站。当由于地形的原因必须设置时，应尽量使流入泵站的雨水量减到最低限度，以降低泵站的造价和运行管理费用。

雨水排出口的布置，可采用分散出水口和集中出水口。前者的构造简单，造价低，后者构造较复杂，造价也较高。

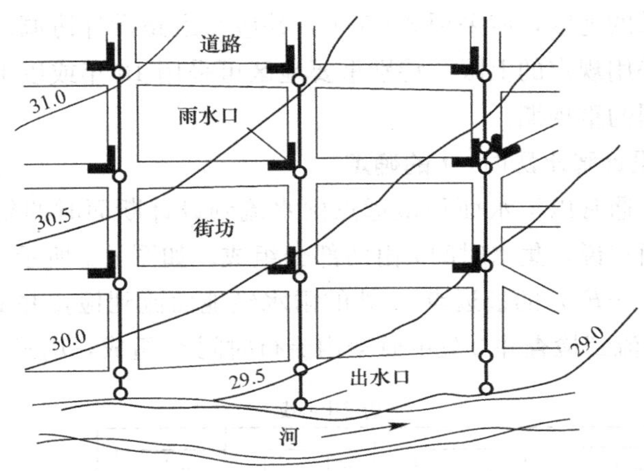

图 4-2　雨水管道系统平面布置

2. 结合城镇的总体规划，明暗结合布置雨水管道

应根据城镇的道路布置、街区的地形、建筑物的分布等，合理地确定管道的平面布置。一般地讲，雨水管道设在人行道或慢车道下，尽量避免设在快车道下。当路面宽度大于 40m 时，应考虑在街道两侧各设置雨水管道。为降低管网的工程造价，可采用明暗结合的方式排出雨水，即在条件许可的情况下，尽量考虑明渠排除雨水的可能性，另外，街区内的雨水可沿街区两侧的边沟排出。在每一个集水流域干管起端 100～200m 可不设雨水管渠。

3. 雨水口的设置

雨水口的设置应考虑不使雨水漫过路面而影响交通。雨水口的型式、数量及位置，应按汇水面积所产生的流量、雨水口的泄水能力、道路的形式确定。通常，雨水口设置在道路的两侧、交叉路口等处，其设置位置同路面倾斜方向有关，如图 4-3 所示。其间距为 25～50m，连接管串联雨水口不宜超过 3 个，其深度不宜超过 1m，并根据需要设置沉泥槽。

充分利用城镇内的洼地、池塘，稍加修正可作为雨水调节池，用来调节雨水管渠的设计流量，从而减少管渠断面尺寸，降低工程造价。

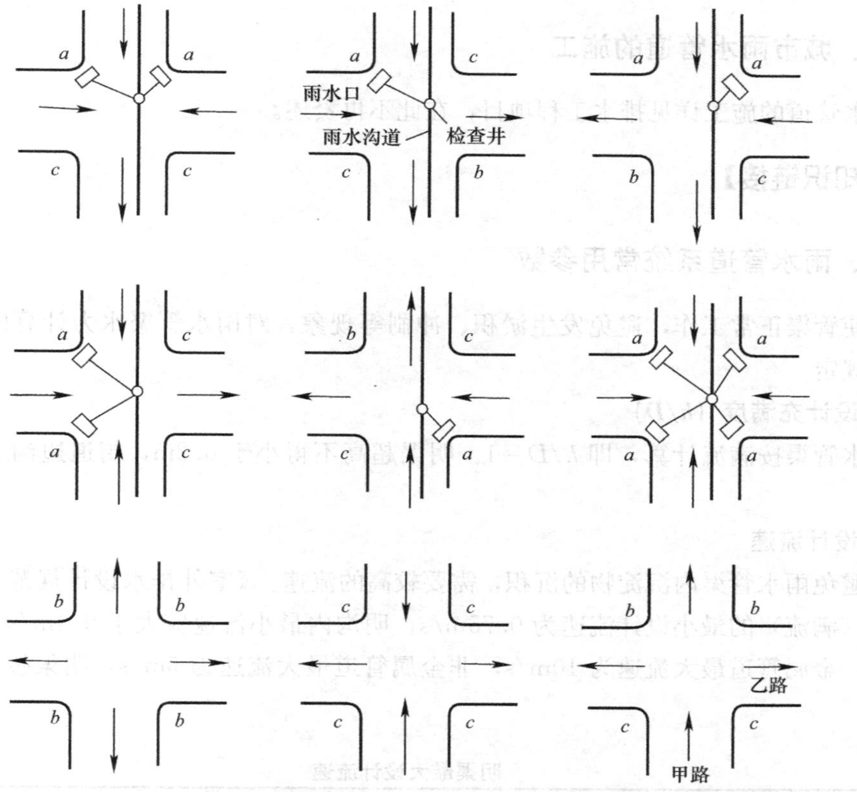

图 4-3　道路交叉口雨水口布置

另外，对靠山麓建设的工厂和居住区，除在工厂和居住区设雨水管道外，应考虑在设计地区周围或超过设计区设置排洪沟，以拦截洪水并将洪水引入附近水体，保证工厂和居住区安全。

4. 设置雨水调蓄池

需要控制面源污染、削减排水管道峰值流量防治地面积水、提高雨水利用程度时，宜设置雨水调蓄池。

雨水调蓄池的设置应尽量利用现有设施。雨水调蓄池的位置，应根据调蓄目的、排水体制、管网布置、溢流管下游水位高程和周围环境等综合考虑后确定。雨水调蓄池应设置清洗、排气和除臭等附属设施和检修通道。

5. 雨水渗透设施的设置

城镇基础设施建设应综合考虑雨水径流量的削减。人行道、停车场和广场等宜采用渗透性铺面；绿地标高宜低于周边路面标高，形成下凹式绿地。在场地条件许可的情况下，可设置植草沟、渗透池等设施接纳地面径流。

6. 尽量避免设置雨水泵站

当地形平坦且地面平均标高低于河流的洪水位标高时，需将管道适当集中，在出水口前设雨水泵站，经抽升后排入水体。尽可能使通过雨水泵站的流量减到最小，以节省泵站的工程造价和经常运行费用。

五、城市雨水管道的施工

雨水管道的施工详见排水工程项目，在此不再赘述。

【知识链接】

一、雨水管道系统常用参数

为使管渠正常工作，避免发生淤积、冲刷等现象，对雨水管渠水力计算的基本数据作如下规定。

1. 设计充满度（h/D）

雨水管渠按满流计算，即 $h/D=1$。明渠超高不得小于 0.2m，街道边沟超高不小于 0.3m。

2. 设计流速

为避免雨水管渠内沉淀物的沉积，需要较高的流速。《室外排水设计规范》规定：雨水管道（满流）的最小设计流速为 0.75m/s，明沟内最小流速应大于 0.4m/s。为防止管道冲刷，金属管道最大流速为 10m/s，非金属管道最大流速为 5m/s，明渠按表 4-3 规定执行。

明渠最大设计流速　　表 4-3

明渠类别	最大设计流速（m/s）	明渠类别	最大设计流速（m/s）
粗砂及砂质黏土	0.80	草皮护面	1.60
砂质黏土	1.00	干砌块石	2.00
黏土	1.20	浆砌块石或浆砌砖	3.00
石灰岩及中砂岩	4.00	混凝土	4.00

注：1. 上表适用于明渠水深 $h=0.4\sim1.0$m 范围内。
2. 如 h 在 0.4～1.0m 范围以外时，表列流速应乘以下列系数：
$h<0.4$m，系数 0.85；$h>1$m，系数 1.25；$h\geq2$m，系数 1.40。
3. 最小管径和最小设计坡度：雨水管最小管径 $D300$，相应最小坡度 0.003，雨水口连接管最小管径 $D200$，最小坡度 0.01。
4. 最小埋深和最大埋深：具体规定同污水管道。

二、城市雨水的综合利用

雨水利用已成为国际上普遍重视的课题。国外城市雨水利用较早且已形成一定规模，德国是欧洲开展雨水利用工程最好的国家之一，德国部分地区利用雨水可节约饮用水量的 50%。我国在城市雨水资源化及其应用方面的研究尚处于起步阶段。目前城市雨水利用收集技术主要有三种：屋顶雨水收集、城市路面雨水利用及城市绿地、花坛和园林雨水集蓄。

1. 屋顶雨水收集利用

将屋顶雨水收集并储存于地下或地面的蓄水池，经简单处理后直接用于绿化、冲厕或洗车等。屋面雨水的利用系统主要包括雨水收集系统、过滤系统、贮存系统、回用系统等。如图 4-4。

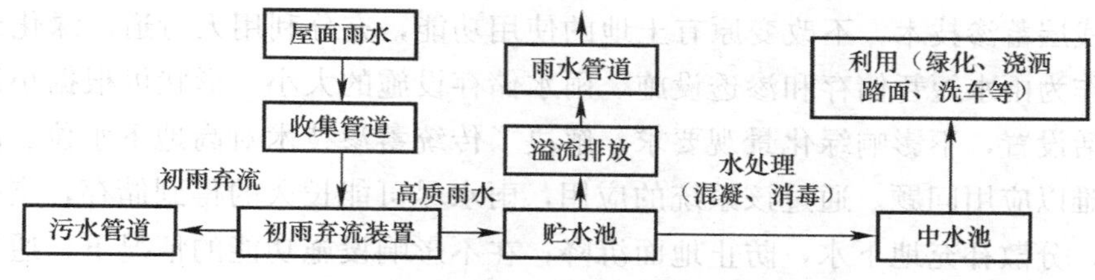

图 4-4　屋面雨水利用工艺流程

2. 城市道路路面雨水利用

城市道路路面、广场和停车场等都是良好的雨水收集面。降雨后自然产生径流，只要修建一些简单的雨水收集和蓄存工程，就可将雨水资源化，用于城市清洁、绿地灌溉、维持城市水景等。城市道路的雨水收集可以采取分路段于绿地下修建蓄水池的工程模式。

采用透水性路面也是降低雨水径流量的措施之一，如图 4-5 所示，主要在行车道、人行道、广场、停车场等人工地面，尽量采用多孔沥青或混凝土、草皮砖等透水性铺面。

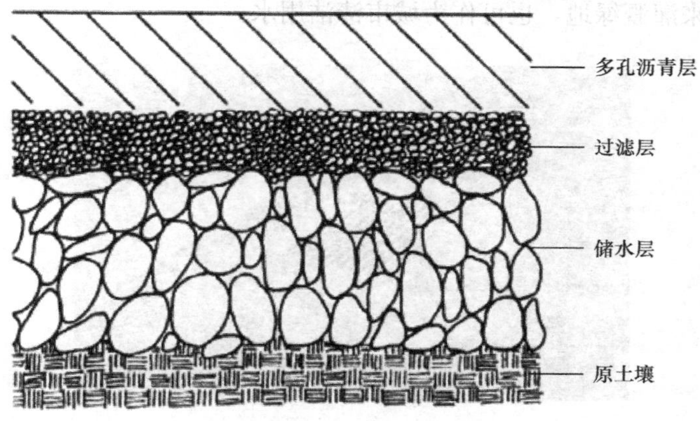

图 4-5　渗透性路面的结构

浅层地下雨水蓄渗技术从上至下分别由植被层（草皮）、基质层、隔离过滤层、储水层、渗滤层等组成。如图 4-6 所示。

图 4-6　浅层蓄渗示意图

采用浅层蓄渗技术，不改变原有土地的使用功能，充分利用人行道、绿化或广场的浅层地下作为雨水短暂储存和渗透设施，雨水储存设施的大小、形状可根据小区或城市的要求灵活设置，不影响绿化景观要求，解决了传统蓄渗技术对高地下水位、高景观要求的地区难以应用问题。通过该系统的应用，雨水尽可能长久的得到储存，支持和延长渗透过程，分散补充地下水，防止地面沉降；在不影响设施功能的情况下，通过简单的就地雨水滞留方式，分散城市的雨水以达到雨水的就地处理，减少外排量和因雨水外排而导致河流污染，减少城市排水和防洪设施的投资和运行费用。

3. 城市绿地、花坛和园林雨水集蓄

在绿地、花坛等地收集雨水，一般采用下凹式绿地，即在建造绿地时，应调查好绿地周边高程、绿地高程和集蓄水池高程的关系，使周边高程高于绿地高程，雨水口设在绿地上，如图 4-7 所示，集蓄水池高程略高于绿地高程而低于周边高程。这样雨水径流进入绿地，经绿地蓄渗、补充消耗的土壤水分后，多余的雨水流入集蓄水池。集蓄水池集蓄的雨水既可用来灌溉绿地，也可作为城市清洁用水。

图 4-7　绿地雨水集蓄

项目5

燃气及热力管道施工

【项目描述】

燃气及热力管道系统是现代城市的重要基础设施，对城市的经济发展、人们的日常生活及生产等有重要的影响。本项目简要介绍了城市燃气及热力管道的布置与敷设。

任务5.1 燃气管道施工

【任务描述】

燃气管道由于其特殊性，请按规范及标准进行燃气管道的布置及施工。

【学习支持】

一、燃气的分类及相关概念

国内作为城市燃气的有天然气、液化石油气、人工煤气、沼气。

天然气是从地下天然气矿床或石油天然气矿床中直接开采出来的可燃气体，是以碳氢化合物为主的气体混合物。

煤气是用煤或焦炭等固体原料，经干馏或气化制得的，其主要成分有一氧化碳、甲烷和氢等。

液化石油气是石油炼制厂的副产品，经加压液化装入钢瓶里，打开阀门时压力减小，液化气体由液体变成气体。主要组分为丙烷、丙烯、丁烷和丁烯。此外尚有少量戊烷、戊烯及其他杂质。

沼气是指各种有机物质在隔绝空气的条件下发酵，在微生物作用下经生化作用产生的可燃气体，亦称生物气。其组分为甲烷和二氧化碳，还有少量氮和一氧化碳。热值约为22MJ/m^3。

二、天然气的质量要求

对天然气的质量，不同的国家有不同的要求，应根据经济效益、安全卫生、环境保护等三个方面综合考虑。通常天然气的质量指标主要有下述几项。

1. 热值

热值可分为高热值与低热值之分，单位为 kJ/m^3，一般来说，含重烃量多，则其热值高，一般要求低热值不低于 31.4kJ/m^3。

2. 水露点

水露点是指在一定压力下与天然气的饱和水汽量对应的温度。此项要求是用来防止在输气管道中有液态水析出。液态水的存在会加速天然气中酸性组分（H_2S，CO_2）对钢材的腐蚀，还会形成固态天然气水合物，堵塞管道和设备。此外，液态水聚集在管道低洼处，也会减少管道的流通面积，影响输送效率。冬季水会结冰，也会堵塞管道和设备。因此，在天然气外输前，必须对之进行处理，以降低水露点。在我国，对于管输天然气，要求其水露点应比可能达到的最低环境温度低 5℃。

3. 硫含量

此项要求主要是用来控制天然气中硫化物的腐蚀性和对大气的污染。常用 H_2S 和总硫含量来表示。我国规定天然气的 H_2S 含量应低于 6.20mg/m^3（一、二类气），对总硫含量一般要求低于 150、270、480mg/m^3（一、二、三类气）。

4. CO_2 含量

CO_2 也是天然气中的酸性组分，在有液态水存在时，对管道和设备也有腐蚀性。尤其是当有 H_2S、CO_2 与水同时存在时，对钢材的腐蚀更加严重。此外，CO_2 还是天然气中的不可燃组分。因此，天然气中 CO_2 含量不应高于 2～4%。

所以综上所述，我国管输天然气的标准为表 5-1：

管输天然气标准 **表 5-1**

项目	一类	二类	三类
高位发热值，MJ/m^3	31.4		
总硫（以硫计），mg/m^3	≤100	≤200	≤460
H_2S，mg/m^3	≤6	≤20	≤460
CO_2，%（V/V）	≤3.0		
水露点℃	在天然气交接点的压力和温度条件下，天然气的水露点应比最低环境温度低 5℃		

注：1. 本标准中气体体积的标准参比条件是 101.325kPa，20℃。
2. 本标准实施之前建立的天然气输送管道，在天然气交接点的压力和温度下，天然气中应无游离水。无游离水是指天然气经机械分离设备分不出游离水。

5. 天然气加臭

天然气是易燃、易爆气体，本身无色、无味、无毒；使用的天然气中的臭味，是为了便于察觉天然气泄漏而添加的一种臭剂。燃气加臭就是给燃气混入警觉性气味的过程，也就是通过加臭设备将气味输送到燃气管道，如图 5-1 所示，使其与燃气按一定比例混合，一旦燃气泄漏，引起人们嗅觉刺激从而报警，及时维修燃气设施。目前一般使用的加臭剂是四氢噻吩，加入量按照相关规范规定，不会对人体有任何危害。

三、天然气的主要应用

1. 发电：具有缓解能源紧缺、降低燃煤发电比例，减少环境污染的有效途径，且从

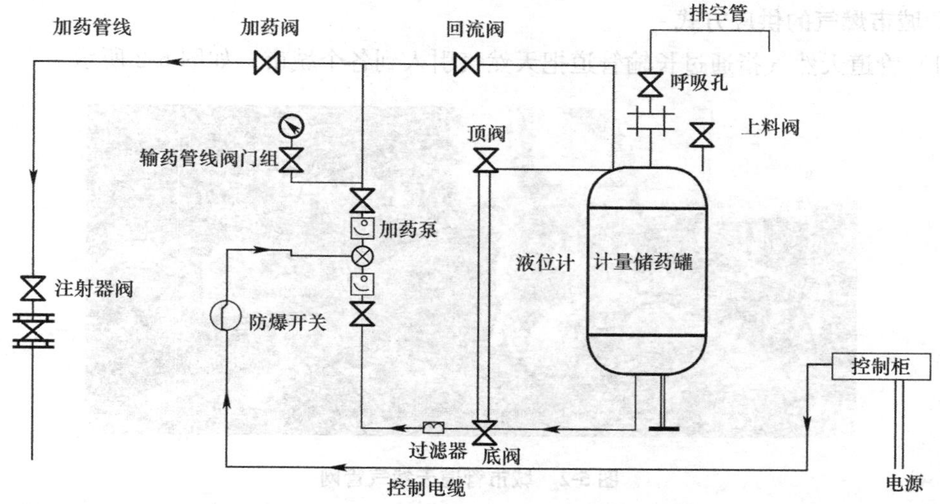

图5-1　天然气加臭示意图

经济效益看，天然气发电的单位装机容量所需投资少，建设工期短，上网电价较低，具有较强竞争力。

2. 城市燃气及工业生产：广泛用于居民生活及商业燃气灶具、燃气空调、热水器、采暖及制冷，也用于造纸、冶金、采石、陶瓷、玻璃等行业，还可用于废料焚烧及干燥脱水处理。

3. 化工原料：天然气是非常好的化工原料，具有投资少、成本低、污染少等特点。利用天然气可以生产很多化工产品，如：甲醇等，而甲醇是一种重要的化工原料，可以继而生产甲醛、乙醇、乙醛、乙二醚等。

4. 汽车燃料：以天然气代替汽车用油，具有价格低、污染少、安全等优点。缺点：使用天然气的续驶里程较少，续驶里程仅相当于汽油的1/4。

天然气作为城市主要能源，具有安全经济、洁净环保等特征。此外，从现代化城市的发展情况来看，城市气化也是城市现代化的首要条件之一。

四、天然气输配系统的构成

1. 天然气管道输配系统的构成

现代化的城市燃气输配系统是复杂的综合设施，通常由下列部分构成：

(1) 低压、中压以及高压等不同压力等级的燃气管网。

(2) 城市燃气分配站或压气站、各种类型的调压站或调压装置。

(3) 储配站。

(4) 监控与调度中心。

(5) 维护管理中心。

输配系统应保证不间断地、可靠地给用户供气，在运行管理方面应是安全的，在维修检测方面应是简便的。还应考虑在检修或发生故障时，可关断某些部分管段而不致影响全系统的工作。

2. 城市燃气的供应方式

(1) 管道天然气指通过长输管道把天然气引入到各个城市。如图 5-2 所示。

图 5-2 城市管道天然气管网

图 5-3 液化天然气输配装置

(2) 液化天然气(缩写为 LNG)指在一个大气压下，天然气被冷却至约−162℃时，可以由气态转变成液态，其体积为同量气态天然气体积的 1/600，重量仅为同体积水的 45%左右。如图 5-3 所示。

(3) 压缩天然气(缩写为 CNG)指把天然气加压到 20～25Mpa 的压力后以气态形式储存在容器中的方式。它与管道天然气的组分相同。

五、城市燃气管网

城市输配系统的主要部分是燃气管网，根据所采用的管网压力级制不同可分为：

(1) 一级系统：仅用低压管网来分配和供给燃气，一般只适用于小城镇的供气。如供气范围较大时，则输送单位体积燃气的管材用量将急剧增加。如图 5-4 所示。

(2) 两级系统：由低压和中压 B 或低压和中压 A 两级管道组成。如图 5-5，图 5-6 所示。

(3) 三级系统：包括低压、中压和高压的三级管网。如图 5-7 所示。

(4) 多级系统：由低压、中压 B、中压 A 和高压 B，甚至高压 A 的管网组成。如图 5-8 所示。

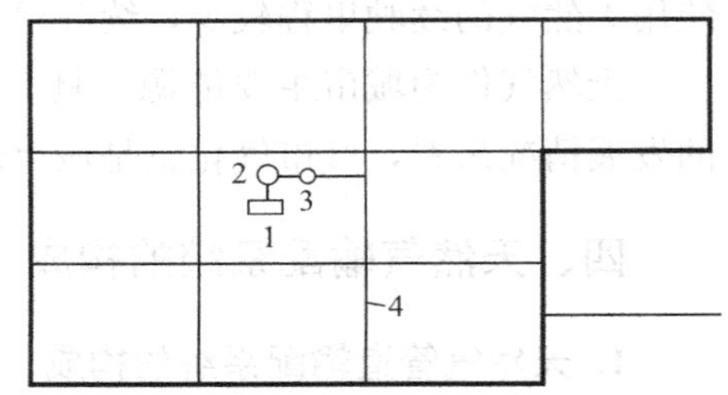

图 5-4 低压单级管网系统

1—气源厂；2—低压储气罐；3—稳压器；4—低压管网

【任务实施】

一、燃气管道布置

目前市政燃气管道一般都采用埋地敷设，只有在管道穿越障碍物时，才采用架空敷设。

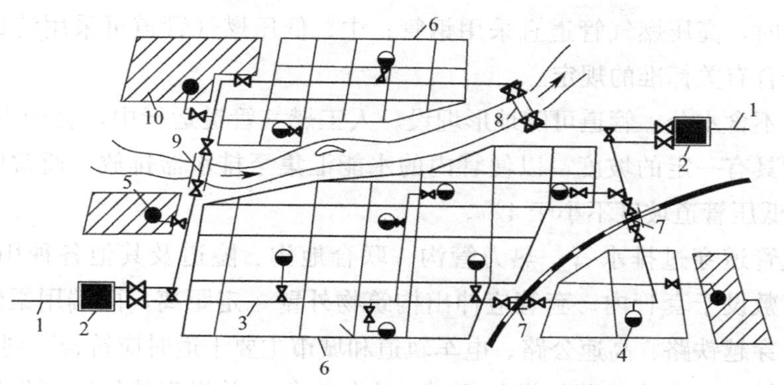

图 5-5　低压-中压 A 两级管网系统

1—长输管线；2—城镇燃气分配站；3—中压 A 管网；4—区域调压站；5—工业企业专用调压站；6—低压管网；7—穿越铁路的套管敷设；8—穿越河底的过河管道；9—沿桥敷设的过河管道；10—工业企业

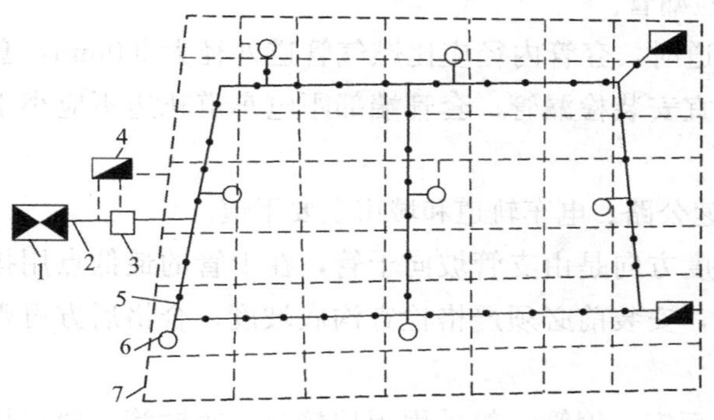

图 5-6　低压-中压 B 两级管网系统

1—气源厂；2—低压管道；3—压气站；4—低压储气站；5—中压 B 管网；6—区域调压站；7—低压管网

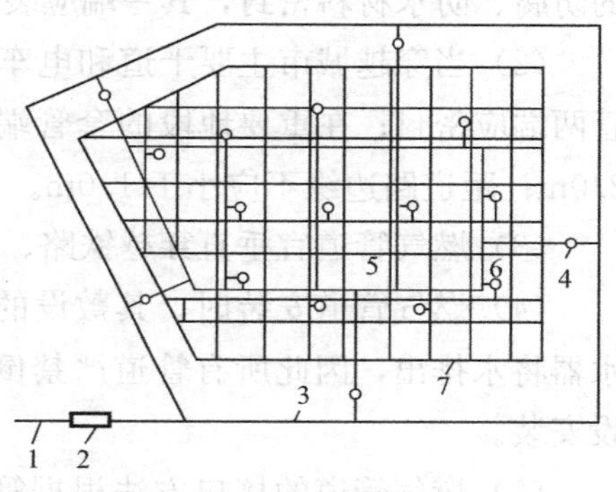

图 5-7　高-中-低三级管网系统

1—长输管线；2—门站；3—高压管网；4—高-中压调压站；5—中压管网；6—中-低调压站；7—低压管网

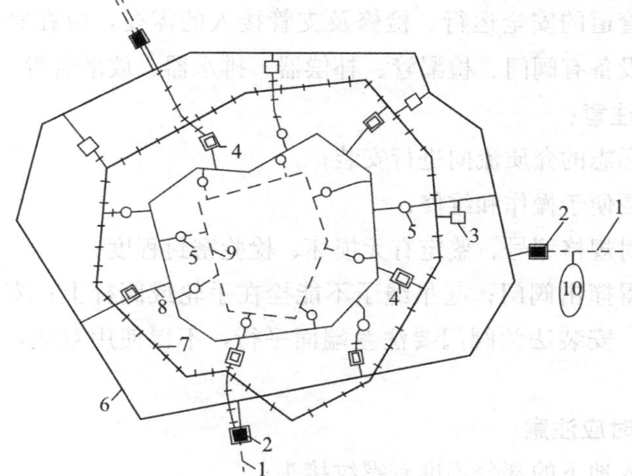

图 5-8　多级管网系统

1—长输管线；2—城镇燃气分配站；3—调压计量站；4—储气站；5—调压站；6—高压 A 环网；7—高压 B 环网；8—中压 A 环网；9—中压 B 环网；10—地下储气库

埋地敷设时，高压燃气管道宜采用钢管；中、低压燃气管道可采用铸铁管和聚乙烯管材，并应符合有关标准的规定。

天然气中不含水分，管道可随地形埋设。人工燃气管道运行中，会产生大量冷凝水，管道敷设必须具有一定的坡度，以便管内的水能汇集至排水器排放，通常中压管道坡度不小于3‰；低压管道坡度不小于4‰。

地下燃气管道穿过排水管、热力管沟、联合地沟、隧道及其他各种用途的沟槽时，应将燃气管道敷设于套管内。套管应伸出构筑物外壁一定距离，两端用柔性的防腐、防水材料密封。穿越铁路、高速公路、电车轨道和城市主要干道时应符合下列要求：

(1) 穿越铁路和高速公路的燃气管道，应加套管，并提高绝缘防腐等级。套管埋设的深度应保证铁路轨道至套管顶部不小于1.20m，并应符合铁路管理部门的规定；套管宜采用钢管或钢筋混凝土管；套管内径应比燃气管道外径大100mm；套管两端应用柔性的防腐、防水材料密封，其一端应装设检漏管。

(2) 当穿越城市主要干道和电车轨道时，套管内径应比燃气管道外径大100mm，套管两端应密封；在重要地段的套管端部宜安装检漏管；套管端部距电车道轨边不应小于2.0m；距道路边缘不应小于1.0m。

(3) 燃气管道宜垂直穿越铁路、高速公路、电车轨道和城市主要干道。

(4) 燃气管道安装时，其敷设的坡度方向是由支管坡向干管，在干管的最低点用排水器将水排出，因此所有管道严禁倒坡，安装前必须严格检查沟底坡度，合格后方可敷设安装。

(5) 燃气管道的接口方法根据管材而定，钢管一般采用焊接接口，铸铁管一般采用胶圈接口，方法同给水管道。胶圈应符合燃气输送管道的使用要求。

二、附属设备安装

为了保证燃气管道的安全运行、检修及支管接入的需要，应在管道的适当位置设置附属设备。常用的设备有阀门、检漏管、补偿器、排水器、放散管等。

1. 安装阀门应注意：

(1) 按阀体上标志的介质流向进行安装；

(2) 安装位置要便于操作和维修；

(3) 安装前核对规格型号、鉴定有无损坏、检验密封程度；

(4) 安装中不得撞击阀门；起吊绳子不能拴在手轮或阀杆上；安装螺纹阀门不能把麻丝挤到阀门里面；安装法兰阀门要法兰端面平行，不得使用双垫，紧固螺栓时要对称进行，用力均匀。

2. 排水器安装时应注意：

(1) 抽水管埋入地下的部分不准有螺纹接头；

(2) 防护罩内的管道、管件应刷两道防锈漆；

(3) 凝水器与套管的防腐绝缘应与管道相同；

(4) 安装后应与管线一起进行强度和严密性试验。

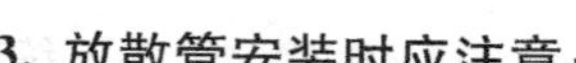

3. 放散管安装时应注意：

放散管应装在管道最高点和每个阀门之前（按燃气流动方向考虑）。放散管上如安装球阀，则在燃气管道正常运行中必须关闭球阀。

4. 检漏管安装时应注意：

当燃气管道穿越铁路、电车轨道和城市主要交通干道时，应敷设在套管内。套管内燃气管道的气密性，可通过检漏管检测。检漏管应按设计要求装在套管一端，当套管较长时需在两端分别安装。

检漏管常为 *DN*50 的镀锌钢管，一端焊接在套管上，另一端安装管箍与丝堵并伸入到安设在地面上的保护罩内。

5. 补偿器安装时应注意：

（1）埋地管道上的补偿器应安装在阀门的下侧（按气流方向），利用其伸缩性能，有利于检修时拆卸阀门；

（2）补偿器的安装长度，应为螺杆不受力时的补偿器的实际长度，否则不能发挥其补偿作用，反而使管道或管件受到不应有的应力；

（3）为防止波凸部位存水锈蚀，安装时应从注入孔灌满 100 号道路石油沥青；

（4）注意安装方向，套管有焊缝的一侧，水平安装时，应在燃气流入端，垂直安装时应置于上部；

（5）补偿器与管道要保持同心，不得偏斜；

（6）补偿器的拉紧螺栓，安装前不应拧得太紧，安装后应松 4～5 扣；

（7）当设计有要求时，应按设计规定进行预拉或预压试验。

三、燃气管道施工

1. 管材

中压、低压燃气管道宜采用聚乙烯管，机械接口球墨铸铁管、钢管、钢骨架聚乙烯复合管，应符合相关标准。

高压、次高压应采用钢管、选用的钢管应符合现行国家标准。

2. 土方工程

土方工程参考项目 1。

3. 埋地钢质管道敷设

（1）地下燃气管道与相邻建、构筑物或相邻管道之间的水平净距离及垂直净间距离应符合《城镇燃气设计规范》GB 50028—2006 相关要求，分别详见表 5-2、表 5-3。

地下燃气管道与相邻建、构筑物或相邻管道之间的水平净距离（m） **表 5-2**

项目		地下燃气管道				
		低压	中压		次高压	
			B	A	B	A
建筑物的	基础	0.7	1.0	1.5	—	—
	外墙面（出地面处）	1.7	2.0	2.5	5.0	13.5

续表

项目		地下燃气管道				
		低压	中压		次高压	
			B	A	B	A
给水管		0.5	0.5	0.5	1.0	1.5
污水、雨水排水管		1.0	1.2	1.2	1.5	2.0
电力电缆（含电车电缆）	直埋	0.5	0.5	0.5	1.0	1.5
	在导管内	1.0	1.0	1.0	1.0	1.5
通讯电缆	直埋	0.5	0.5	0.5	1.0	1.5
	在导管内	1.0	1.0	1.0	1.0	1.5
其他燃气管道	*DN*≤300mm	0.4	0.4	0.4	0.4	0.4
	DN>300mm	0.5	0.5	0.5	0.5	0.5
热力管	直埋	1.0	1.0	1.0	1.5	2.0
	在管沟内（至外壁）	1.0	1.5	1.5	2.0	4.0
电杆（塔）的基础	≤35kV	1.0	1.0	1.0	1.0	1.0
	>35kV	2.0	2.0	2.0	5.0	5.0
通讯照明电杆（至电杆中心）		1.0	1.0	1.0	1.0	1.0
铁路路坡堤脚		5.0	5.0	5.0	5.0	5.0
有轨电车钢轨		2.0	2.0	2.0	2.0	2.0
街树（至树中心）		0.75	0.75	0.75	1.20	1.20

注：如受地形限制，经与有关部门协商，采取有效的安全保护措施后，净距均可适当缩小，但低压管道不应影响建（构）筑物和相邻管道基础的稳固性，中压管道距建筑物基础不应小于0.5m且距建筑物外墙面不应小于1m，次高压燃气管道距建筑物外墙面不应小于3.0m（当对次高压A燃气管道采取有效的安全防护措施或当管道壁厚不小于9.5mm时，管道距建筑物外墙面不应小于6.5m；当管壁厚度不小于11.9mm时，管道距建筑物外墙面不应小于3.0m）。

地下燃气管道与建、构筑物或相邻管道之间的垂直净距离（m）　　表5-3

项目		地下燃气管道（当有套管时，以套管计）
给水管、排水管或其他燃气管道		0.15
热力管的管沟底（或顶）		0.15
电缆	直埋	0.50
	在导管内	0.15
铁路轨底		1.20
有轨电车轨底		1.00

(2) 埋地燃气管道的最小覆土厚度（路面至管顶）应符合下列要求：埋设在机动车道下时，不得小于1.2m；埋设在非机动车道（含人行道）下时，不得小于0.6m；埋设在庭院（绿化带及载货汽车不能进入之地）内时，不得小于0.3m；埋设在水田下时，不得小于0.8m。

(3) 燃气管道与各类管沟、窨井水平净距要求：中压1.2m；低压1.0m。当达不到上述要求时，可采用提高防腐等级、减少焊缝数量、100%X射线探伤等措施，可适当减少上述间距，但不得小于0.5m。

4. 管道架空敷设

(1) 中压和低压燃气管道可沿建筑耐火等级不低于二级的住宅或公共建筑的外墙

敷设。

次高压B、中压和低压燃气管道，可沿建筑耐火等级不低于二级的丁、戊类生产厂家的外墙敷设。

（2）沿建筑物外墙的燃气管道距离住宅或公共建筑物中不应敷设燃气管道的房间门、窗洞口的净距离为：中压管道不应小于0.5m，低压管道不应小于0.3m。燃气管道距生产厂房建筑物的门、窗洞口的净距不限。

5. 管道焊接

城镇燃气的钢质管道，多数选用无缝钢管，材质为20号钢，符合《输送流体用无缝钢管》GB 8163—1999，对其钢管焊接时，采用氩弧焊打底，E4315焊条填充和盖面。

6. 管道吹扫

（1）管道组焊合格后应依次进行管道吹扫、强度试验和严密性试验。

（2）燃气管道穿（跨）越大中型河流、铁路、二级以上公路等特殊路段，应单独进行强度试验。

（3）管道吹扫、强度试验及严密性试验前应编制实施方案，制定安全措施，确保施工人员及附近民众与设施的安全。

（4）试验时应设巡视人员，无关人员不得进入。在试验的连续升压过程中和强度试验的稳压结束前，所有人员不得靠近试验区。人员离试验管道的安全间距按下表5-4执行：

安全间距　　**表5-4**

管道设计压力（MPa）	安全间距（m）
<0.4	6
0.4～1.6	10
2.5～4.0	20

（5）管道吹扫和清管

① 管道组焊合格后，由施工单位负责组织吹扫工作，并在吹扫前编制吹扫方案。

② 每次吹扫管道的长度不宜超过500m，当管道长度超过500m时，宜分段吹扫。

③ 调压计量站（箱、柜）不应参加管道吹扫。

④ 吹扫口应设在开阔地段并加固，吹扫时应设安全区域，吹扫出口前严禁站人。

⑤ 吹扫压力不得大于管道的设计压力，且不应大于0.3MPa。

⑥ 吹扫介质采用压缩空气。

⑦ 吹扫气体流速≥20m/s。

⑧ 当目测排气无烟尘时，在排气口设置白布或涂白漆木靶检验，5min内靶上无铁锈、尘土等其他杂物为合格。

⑨ 主管和支管接管前，应对管径≥DN100，长度≥50m的管道进行清管球清管，清管时应设置临时收发球装置和吹扫口，清管次数不少于2次，检查无污物为合格，清管后再进行支管连接。

7. 强度试验

（1）强度试验压力和介质见表5-5：

强度试验压力和介质　表 5-5

设计压力 PN（MPa）	试验介质	试验压力（MPa）
PN＞0.8	洁净水	1.5PN
PN≤0.8	压缩空气	1.5PN 且≮0.4

（2）管道应分段进行压力试验，试验管道分段最大长度宜按表 5-6 执行：

管段试压分段最大长度　表 5-6

设计压力 PN（MPa）	试验管段最大长度（m）
PN≤0.4	1000
0.4＜PN≤1.6	5000
1.6＜PN≤4.0	10000

（3）进行强度试验时，压力应逐步缓升，首先升至试验压力的 50%，应进行初检，如无泄漏、异常，继续升压至试验压力，然后宜稳压 1h 后，观察压力计不应少于 30min，无压力降为合格。

（4）试压合格的管段相互连接的焊缝，经射线照相检验，合格后，可不再进行强度试验。

（5）强度试验按《城镇燃气输配工程施工及验收规范》CJJ 33—2005 的规定，钢管 PN＞0.8MPa 试验介质只能用水，但根据现场实际情况用水为介质进行强度试验，带来很多弊病，管道排水及排水的地方、管道干燥、工程周期长、费用多等问题，而 GB 50251—2003 中表 10.2.3 三四级城区及输气站内工艺管道，空气试压条件，试压时最大环向压力，三级地区＜50%，四级地城＜40%时都可以用气体进行压力试验。

8. 严密性试验

（1）强度试验合格、管线回填后，全线整体进行严密性试验，严密性试验介质采用压缩空气，试验压力应满足下列要求：

A、设计压力 PN＜5kPa 时，试验压力应为 20kPa。

B、设计压力 PN≥5kPa 时，试验压力为设计压力的 1.15 倍，且不得小于 0.1MPa。

（2）严密性试验稳压持续时间为 24h，每小时记录不少于 1 次，修正压力降小于 133Pa 为合格。

9. 置换

（1）供气管道投运前应进行气体置换。

（2）先用氮气置换管道内的空气。

（3）再用天然气置换管道内的氮气。

（4）置换的管道内气体流速不大于 5m/s。

（5）置换放空口应设置在宽广的地带，放空区周围严禁火源及静电火花产生。

（6）非本工程人员和各种车辆应远离放空区，放空立管口应固定牢靠。

（7）放空口的气体必须符合下列要求才为合格。

（8）氮气置换空气：放空气体测定的含氧量小于 2%。

（9）天然气置换氮气时，放空口放空气体连续 3 次（每次不少于 5mm），测定燃气浓

度值均大于90%为合格。

10. 停气、连头、碰口

城镇燃气在城区管网改造中或在城区发展新用户，或在已建管道中与新建管道的连接，那么就需要对原有管道停气，放空，然后动火焊接。在长输管道停气、连头必须将原管道的天然气放空后用气进行置换，置换合格后才允许新、旧管线进行连接碰口。而在城镇燃气管道的停气、连头、碰口按《城镇燃气设施运行、维护和检修安全技术规定》CJJ 51—2006的要求，动火采用两种方法，一种就是把原有管道中的天然气放空后用氮气置换，要求连续3次测定燃气浓度，每次间隔为5min，测定值均在爆炸下限的20%以下时（甲烷爆炸下限是50%，下限20%就是1%以下的燃气浓度）为合格，方可动火作业。另一种方法是采用带火作业，其方法及要求1）新、旧管线动火时应采取措施使新、旧管道电位平衡；2）带气动火作业时，管道内必须保持正压，其压力宜控制在300Pa～800Pa，应有专人监控压力；3）动火作业引燃的火焰，必须有可靠、有效的方法将其扑灭。

11. 钢质管道外防腐

燃气管道应进行外防腐层保护，外防腐层根据不同条件可采用聚乙烯、聚乙烯胶粘带、石油沥青、溶结环氧粉末等材料。

任务5.2　热力管道施工

【任务描述】

请按规范及标准进行热力管道的施工。

【学习支持】

一、室外供热管网系统分类

通常将输送蒸汽或热水等热介质的管道称为热力管道。工业企业集中供热系统包括热源、室外热力管网和用户内部的热力管道。

室外供热管网系统有以下几种分类方法：

1. 按热媒分为：热水供热系统、蒸汽供热系统。
2. 按热源分为：热电厂供热系统、区域锅炉房供热系统。
3. 按供热管道分为：单管制、双管制和多管制供热系统。

二、热力管道敷设形式

1. 布置形式

热力管道的平面布置主要有枝状和环状两类，如图5-9所示。

枝状管网比较简单，造价低，运行管理方面，其管径随着距热源距离的增加而减少。缺点是没有供热的后备性能，即当网路某处发生故障时，将影响部分用户的供热。

环状管网（主干线呈环状）的主要优点是具有供热的后备性能，但它的投资和钢材耗量比枝状管网大得多。

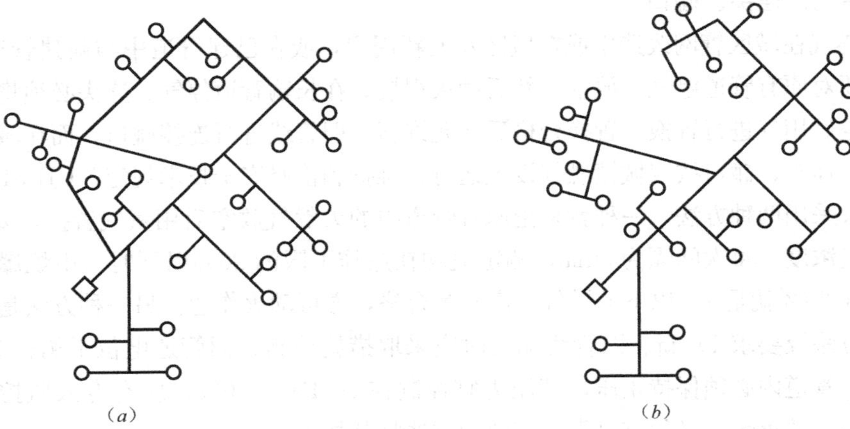

图 5-9 热力管道布置形式

(a) 环状管网；(b) 枝状管网

2. 敷设方式

(1) 架空敷设

将热力管道敷设在地面上的独立支架、桁架以及建筑物的墙壁上，不受地下水位的影响，运行时维修、检查方便，适用于地下水位较高、地质不适宜地下敷设或为了地下敷设必须进行大量土石方工程的地区，是一种比较经济的敷设方式。其缺点是占地面积大，管道热损失大。架空敷设按支架高度的不同，可分为低支架、中支架和高支架三种敷设形式。

1) 低支架敷设

在不妨碍交通及不妨碍厂区、街区扩建的地段，管道保温层外壳底部离地面的净空距离不宜小于 0.3m，以避免地面水、雪的侵袭。当遇到障碍，如铁路、公路等交叉时，可将管道局部升高并敷设在桁架上跨越，同时还可以起到补偿器的作用。如图 5-10 所示。

2) 中支架敷设

在人行交通频繁地段，管道保温层与地面的距离一般为 2.0～4.0m。如图 5-11 所示。

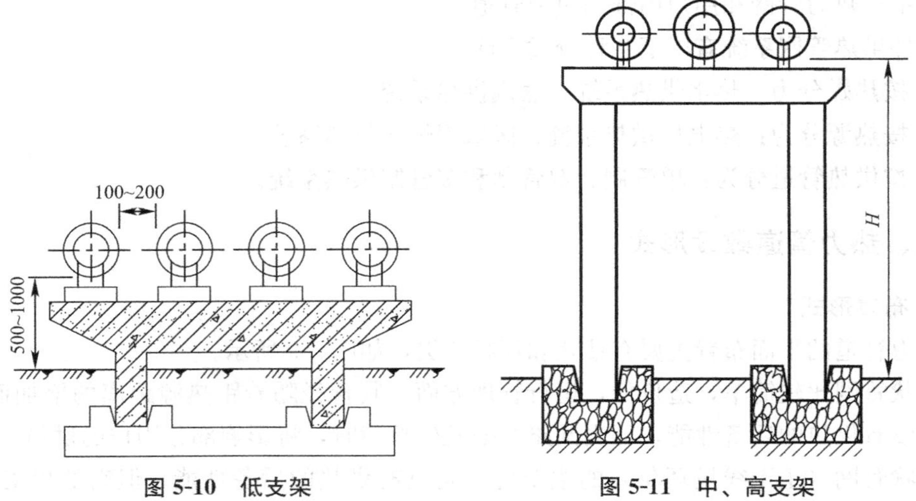

图 5-10 低支架　　图 5-11 中、高支架

3）高支架敷设

在交通要道及跨越铁路、公路处，管道保温层与地面净距离要大于4.5m。如图5-15所示。

（2）地沟敷设

地沟敷设分为通行地沟、半通行地沟和不通行地沟三种敷设方式。地沟应能保护管道不受外力和水的侵袭，允许管道自由伸缩。

1）通行地沟敷设

当热力管道不允许开挖路面地面时；热力管道数量多或管径较大；地沟内任一侧管道垂直排列高度超过1.5m时，采用通用地沟敷设。通行地沟净高度不应低于1.8m，通道宽度不应小于0.7m。在整体浇筑的钢筋混凝土通行地沟内，应每隔120～150m留出长度为5～10m的安装孔，以满足安装及维修要求。如图5-12所示。

2）半通行地沟敷设

当热力管道通过的地面不允许开挖，且采用架空敷设不合理时；或管子数量较多，采用不通行地沟管道单排水平布置的沟宽无法满足管道间距要求时，可采用半通行地沟敷设。半通行地沟净高度一般为1.2～1.4m，通道净宽0.5～0.6m，长度超过60m应设检修出入口。如图5-13所示。

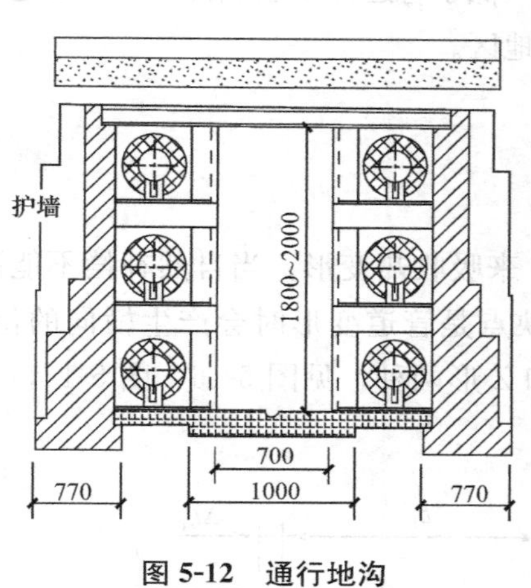

图5-12　通行地沟

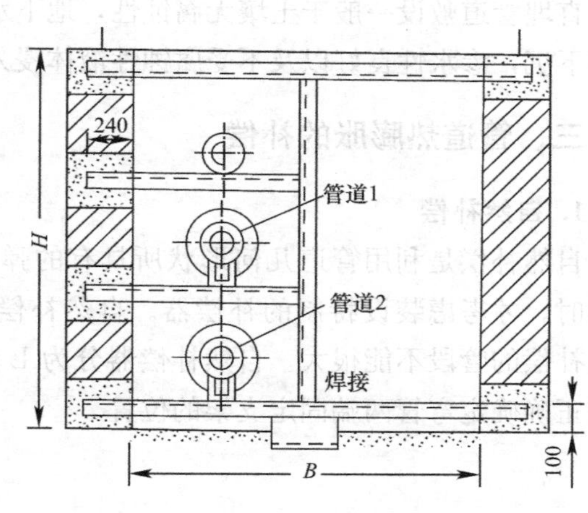

图5-13　半通行地沟

3）不通行地沟敷设

数量较少、管径较小、距离较短以及维修工作量不大时，宜采用不通行地沟。不通行地沟内管道一般采用单排水平敷设。如图5-14所示。

如地沟内热力管道的分支处装有阀门、仪表。疏排水装置、除污器等附件时，应设置检查井或人孔。在热力管沟内严禁敷设易燃易爆、易挥发、有毒、腐蚀性的液体和气体管道。如必须穿过地沟，应加防护套管。

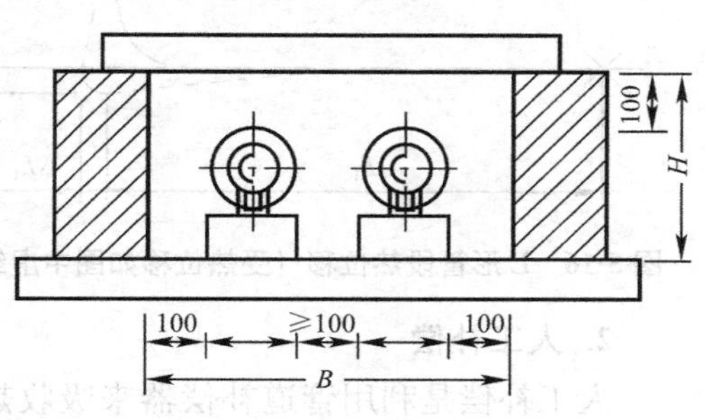

图5-14　不通行地沟

（3）直埋管道敷设

直埋管道敷设又称无地沟敷设，热力管道

的保温层直接与土壤接触，要求保温层既具有良好的防水性能又要有一定的强度，以保证管道不受地下水的侵蚀和受土壤的压力。这种敷设方式可以节省大量建筑材料和减少施工土方量，是一种最经济的敷设方式，如图 5-15 所示。直埋管道敷设的缺点是管道的防水较难处理，管道修理不方便，管道造价较高，管道热膨胀受到限制。为了保证管道的自由伸缩，在管道的转角处和安装补偿器处，均宜设短沟，沟的两端宜设置导向支架，保证其自由位移。在阀门等易损部件处，应设置检查井。

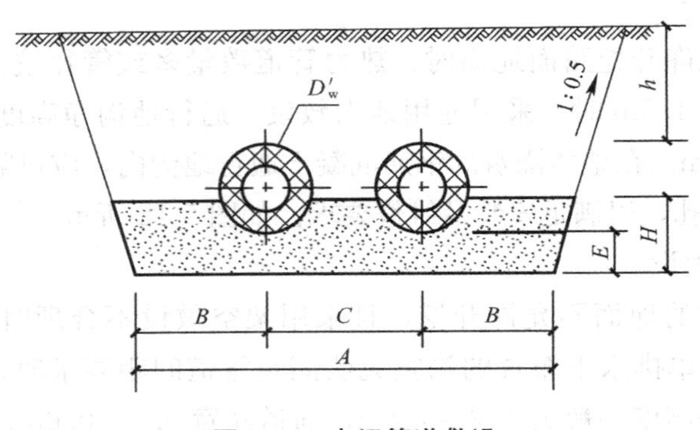

图 5-15　直埋管道敷设

直埋管道敷设一般于土壤无腐蚀性，地下水位（低于管道保温层底部 0.5m 以上）土层不下沉，渗水性良好以及不受腐蚀性液体浸入的地区。

三、管道热膨胀的补偿

1. 自然补偿

自然补偿是利用管道几何形状所具有的弹性，来吸收热变形。当自然补偿不能满足要求时，才考虑装设特制的补偿器。自然补偿的缺点是管道变形时会产生横向的位移，而且补偿的管段不能很大。自然补偿器分为 L 形和 Z 形两种，见图 5-16、图 5-17，安装时应正确确定弯管两端固定支架的位置。

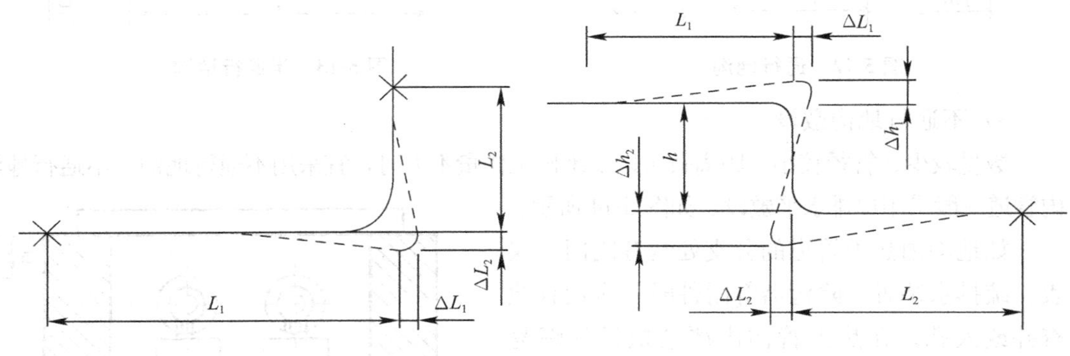

图 5-16　L 形管段热位移（受热位移如图中虚线示）

图 5-17　Z 形管段热位移

2. 人工补偿

人工补偿是利用管道补偿器来吸收热变形的补偿方法，常用的有方形补偿器、填料式补偿器、波形补偿器等。

（1）方形补偿器

方形补偿器由管子弯制或由弯头组焊而成，其优点是制造方便，补偿能力大，轴向推力小，维修方便，运行可靠。缺点是占地面积较大。方形补偿器按外伸垂直臂 H 和平行臂 B 的比值不同分四类（见图5-18），其尺寸及补偿能力可查有关设计手册。

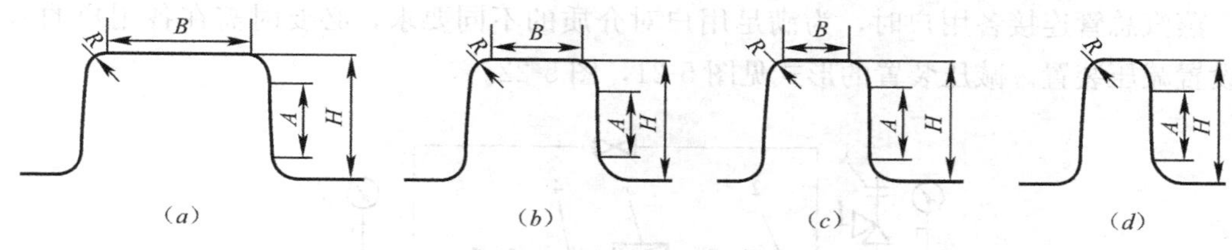

图5-18　方形补偿器

（a）1型（B=2A）；（b）2型（B=A）；（c）3型（B=0.5A）；（d）4型（B=0）

（2）填料式补偿器

填料式补偿器又称套筒式补偿器，材质有铸铁和钢制两种。铸铁补偿器的适用于压力在1.3MPa以下的管道；钢制补偿器适用于压力不超过1.6MPa的热力管道上，其形式有单向和双向两种。

（3）波纹补偿器

波纹补偿器是靠波纹管壁的弹性变形来吸收热胀或冷缩，见图5-19。

在热力管道上，波纹补偿器只用于管径较大（DN300以上）、压力较低（0.6MPa）的场合。它的优点是结构紧凑，只发生轴向变形，与方形补偿器相比占据的空间位置小。缺点是制造比较困难，耐压低，补偿能力小，轴向推力大，它的补偿能力与波纹管的外形尺寸、管壁、管径大小有关。为了防止由于对称变形而产生破坏，减少轴向推力，延长适用寿命。

图5-19　波纹补偿器

四、热力管道的疏水、排气装置及用户入口装置

1. 疏水、排气装置

（1）蒸汽管道的疏水装置

蒸汽管道的疏水包括经常疏水和启动疏水。经常疏水又称永久性疏水，它能将蒸汽管道中产生的凝结水连续地排出。经常疏水装置设置在管道最低点、截断阀门前面、流量孔板前侧、蒸汽管道垂直伸高之前的水平管段上和用汽设备的下部凝结水出口管道上。直管段每隔50m左右要设置经常疏水装置。如图5-20所示。

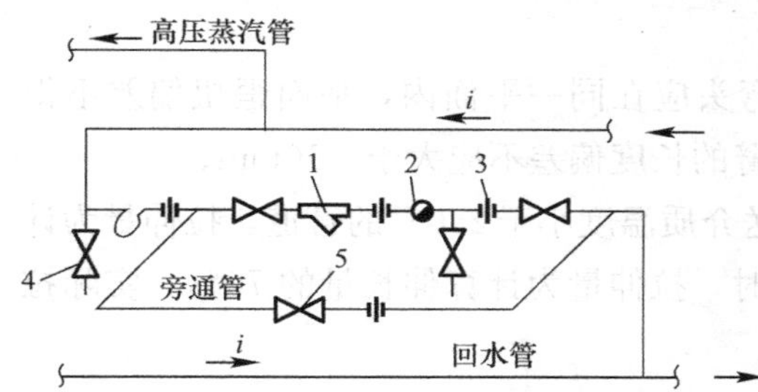

图5-20　蒸汽管中途疏水器安装示意图

1—过滤器；2—疏水器；3—活接头；4—泄水阀；5—旁通阀

（2）热水管道的放水、排气装置

热水管道在其最高点和最低点应设排气和放水装置，一般排气阀门直径为15～

25mm，放水阀门直径为热水管径的 1/10 左右，但不小于 20mm。热水管道每隔 1000m 左右设置分段控制阀门，两个分段阀门之间应设排气和放水装置。

2. 用户入口装置

（1）蒸汽减压装置

蒸汽总管连接各用户时，为满足用户对介质的不同要求，必要时需在各用户的入口处设置减压装置。减压装置的形式见图 5-21，图 5-22。

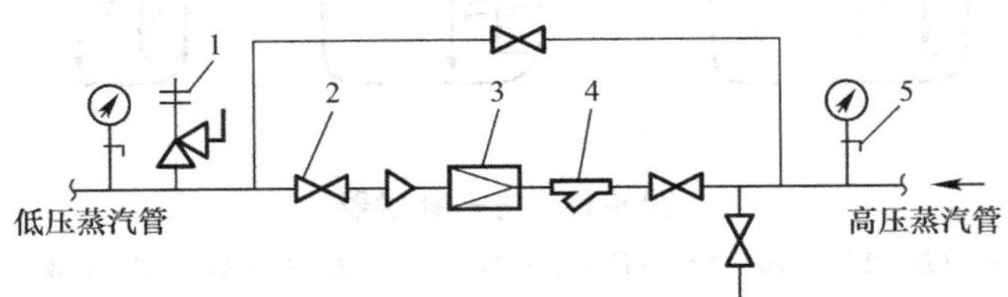

图 5-21 减压阀旁通管垂直安装示意图

1—安全阀；2—截止阀；3—减压阀；4—过滤器；5—压力表

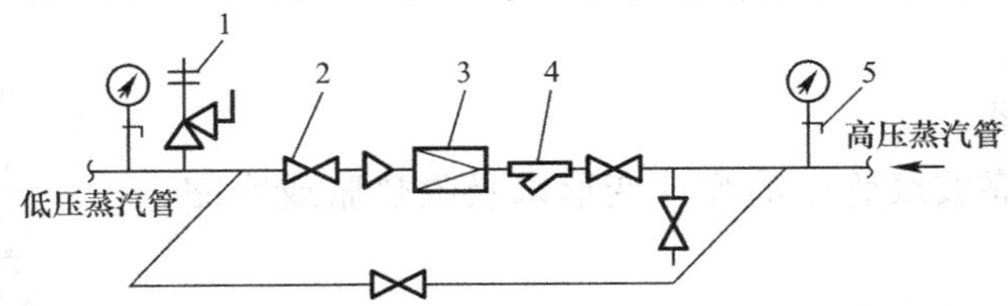

图 5-22 减压阀旁通管水平安装示意图

1—安全阀；2—截止阀；3—减压阀；4—过滤器；5—压力表

（2）蒸汽喷射器装置

蒸汽喷射器用于热水采暖系统时，对热网循环水进行加压、加热，既起到回水循环泵的加压作用，又起到热交换器作用。按喷射器的级数可分为单级和双级蒸汽喷射。

【任务实施】

一、补偿器安装

1. 管径≤*DN*25 的方形补偿器一般宜用整根管子弯成，需要几根管子连接时，其焊口位置应设在垂直臂的中间。

2. 拼装方形补偿器应在平地上进行，4 个弯头应在同一平面内，平面歪扭偏差不得大于 3mm/m，全厂不得大于 10mm。补偿器悬臂的长度偏差不应大于±10mm。

3. 方形补偿器安装时需要预拉伸，对于输送介质温度小于 250℃的管道，拉伸量为计算伸长量的 50%；输送介质温度为 250～400℃时，拉伸量为计算伸长量的 70%。实际拉伸量与规定的偏差不得大于±10mm。

4. 水平安装的方形补偿器应与管道保持同方向坡度，垂直二臂应相互平行。垂直安装时，应有排水、疏水装置。

5. 填料式补偿器预拉伸时，拉伸量为全部补偿量，但必须在外壳挡圈与插管挡圈间

留出一定间隙，以备管道温度低于安装温度时，补偿器有收缩的余量，补偿器的填料应层层压紧，填料接口相互错开。

6. 波形补偿器应严格按管道中心线安装，不得偏斜，以免受压时损坏。补偿器两端至少各有一个导向支架。吊装时，不得将绳索帮扎在波节上，也不能将支撑件焊接在波节上。

7. 波形补偿器安装应注意方向性，内套管有焊缝的一端在水平管上迎介质流向安装，在垂直管上应置于上部，以防凝结水大量流入波节内。如管道内有凝结水，应在每个波节下方安装放水阀。

8. 波形补偿器的预拉伸或预压缩，应在平地上进行，作用力分2～3次逐渐增大，尽量保证波节的圆周面受力均匀。实际拉伸或压缩量与规定数值的偏差应小于5mm。当拉伸或压缩到规定数值时，立刻用临时支架固定。临时支架在管道的固定支架安装好后方可拆除。

9. 波形补偿器的拉伸量和压缩量应根据补偿零点温度和安装环境温度的高低来决定。补偿零点温度是管道设计考虑达到最高温度和最低温度的中点，安装时环境温度高于补偿零点温度时应预压缩，低于零点温度时应预拉伸。

10. 热力管道架设在大型煤气管道背上时，其补偿器与煤气管道的补偿器宜布置在同一位置。固定支架一般也布置在煤气管道固定支架处。

二、支（托）架安装

热力管道中支（托）架的种类较多。由于热力管道的热胀冷缩和热补偿器有一定的规律性，故热力管道的支架有的需要固定式的，有的需要管道能纵向移动，有的则需要管道能纵向并略有横向移动，对于这些因不同需要而设置的不同支（托）架在安装中应该注意以下几点：

1. 为均匀分配补偿器之间的管道受热的膨胀量，两个补偿器之间应设置固定支架。固定支架受力很大，安装时必须牢固，应保证使管子不能移动，两个固定支架的中间应设导向支架，导向支架应保证管子沿着规定的方向自由伸缩，如图5-23所示。

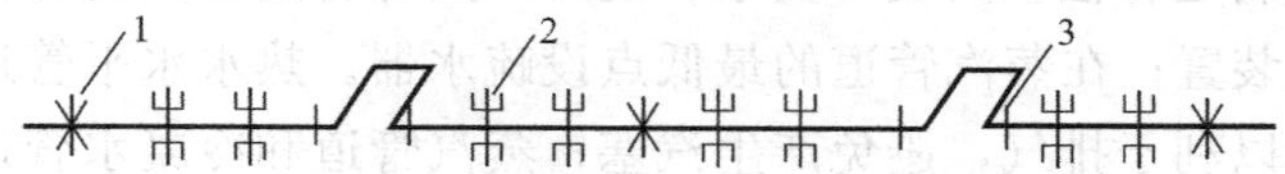

图5-23　方型补偿器两侧管道支架示意图

1—固定支架；2—导向支架；3—滑动支架

2. 方型补偿器两侧的第一个支架，宜设置在距方型补偿器弯头弯曲起点0.5～1.0m处，支架应为滑动支架，不得设导向支架或固定支架，导向支架只宜设在离弯头40*DN*以外处，以保证补偿器伸缩时，管道有微量的横向滑动，不使管道膨胀应力集中到支架上去。

3. 填料式补偿器活动侧管道的支架应为导向支架，使管道不致偏离中心线，并保证能伸缩自由。单向填料式补偿器应装在固定支架附近，外壳一端连接固定支架处管道，内套管一端连接膨胀管道。双向填料式补偿器安装在固定支架中间，补偿器外壳应固定。

4. 为了保证管道伸缩时不致破坏保温层，管道的底部应用间断焊的形式装上托架或采用抱箍的形式固定在管道上，托架高度稍大于保温层的厚度，安装托架两侧的导向支架时，要使滑槽与托架之间应有 3～5mm 的间隙。

5. 考虑到管道热膨胀后，使托架中心与支承架的中心相重合，安装导向支架和滑动支架的托架时，应以支承架中心线为标准，将托架沿着管道膨胀的反方向移动等于该点至固定点的管道热伸长量一半的距离，如图 5-24 所示。

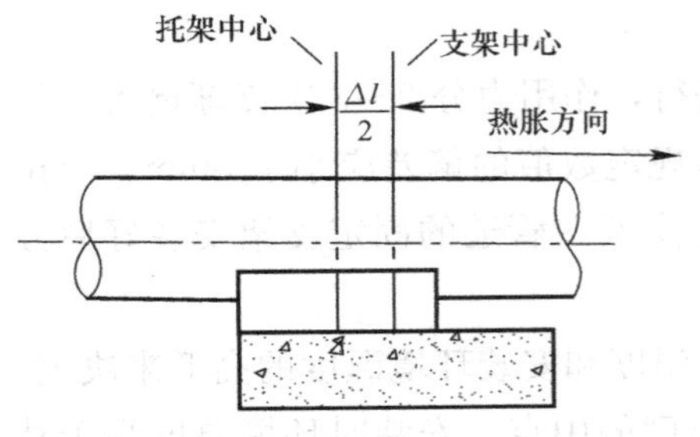

图 5-24　支承架与托架偏心安装示意图

6. 弹簧支架一般装在有垂直膨胀伸缩而无横向膨胀伸缩之处，安装时必须保证弹簧能自由伸缩。

7. 弹簧吊架一般安装在垂直膨胀的横向、纵向均有伸缩之处。吊架安装时，吊杆应在位移相反方向，按位移值的一半倾斜安装。

8. 弹簧支、吊架安装其弹簧高度，按设计文件规定，安装弹簧应调整至冷态值，并做好记录。

9. 弹簧支、吊架的锁紧块，不能随意拆除，在所有的工序完成后，按顺序的拆除与受力荷载不符时重新调换。

10. 管道支、吊架应保证其材质的正确，坐标偏差不得超过 10mm，标高不宜有正偏差，负偏差也不应超过 10mm。

11. 管道支座的设置，一般要求：凡焊接在管子上的支座，其材质和配管材质一致。(特殊情况按设计要求)。

12. 高温管道的滑动支座与支架之间，应垫有聚四氟乙烯贴面的钢垫板，防止温度升高，避免管座与支架梁之间发生摩擦增大而产生过大的轴向应力。

三、热力管道铺设

热力管道为压力管道，强度要求高，一般高、中压管道采用无缝钢管，低压管道或配热支管采用焊接钢管。因热力管道易产生应力变形，所以管道系统上除设支架外，还应设置伸缩器，以满足补偿应力变形要求。此外，热力管道必须进行保温；在热水管道的最高点处设排气装置；在蒸汽管道的最低点设疏水器。热水水平管道在变径处应采用顶平偏心渐缩管，以利于排气，避免产生汽塞；蒸汽管道和冷凝水管道在变径处应采用底平偏心渐缩管，以利于排放凝结水。

热力管道有地沟敷设和直埋敷设两种方式。

1. 地沟敷设

地沟敷设时应先修建地沟，然后再安装管道。地沟可分为普通地沟和预制钢筋混凝土地沟两种。

普通地沟用砖、石砌筑，基础为钢筋混凝土或混凝土，上加钢筋混凝土盖板。为防止地下水进入，应在沟壁内表面上抹防水砂浆。地沟盖板应有 0.01～0.02 的横向坡度以便排水，盖板覆土厚度不应小于 0.3m。盖板间及盖板与沟壁顶部均应用水泥砂浆或热沥青封缝。沟底坡度与管道敷设的坡度相同，坡向排水点。

当地下水位高于沟底时，必须采取防水或局部降水的措施。常用的防水措施是在沟壁外表面做沥青防水层（即用沥青粘贴数层油毡并外涂沥青），沟底铺一层防水砂浆；局部降水的措施，是在沟底基础的下面铺一层粗糙的砂砾，在距沟底200～250mm的砂砾中铺设一根或两根直径为100～150mm，上钻许多小孔的钢管，来收集地下水，通过泵站或其他设施排除。为降低造价，工程中一般都采用防水措施。

预制钢筋混凝土地沟的断面形状为椭圆拱形，在素土夯实的沟槽基础上，现浇厚度为200mm的钢筋混凝土地沟基础，养护后便可进行管道安装和保温，最后安装预制钢筋混凝土拱形沟壳。

热力管道的安装，应在地沟土建结构施工结束后进行。在土建施工中，应配合管道施工预留支架孔和预埋金属件。在供热管道安装前，应对地沟结构验收，按设计要求检查地沟的沟底标高、沟底坡度、地沟截面尺寸和地沟防水等内容，符合要求后再安装管道。

管道安装前，应先按施工图要求定出各支座的位置，然后正确安装支座。支座安装完毕，经检查无误后，便可安装管道。管道下入到地沟内，在支座上稳管后即可焊接连接。

2. 直埋敷设

直埋敷设适用于土壤腐蚀性小，地下水位低的地段。该方式具有造价低、施工方便等优点；但保温层的防腐防水是关键的技术问题，目前采用聚氨酯泡沫塑料做保温层，使直埋敷设得到了长足发展。

直埋敷设即为管道的开槽施工，它先将管道进行保温处理，然后再将保温后的管道下入到沟槽内进行稳管，稳管合格后再进行焊接接口。为了保证保温结构不受任何外界机械作用，下管必须采用吊装。根据吊装设备的能力，预先把2～4根管子在地面上焊接在一起，开好坡口，在保温管外面包一层塑料薄膜；同时在沟内管道的接口处，挖出操作坑。起吊时，不得用绳索直接接触保温层外壳，应用宽度大于150mm的编织带兜托管子，起吊后慢慢放到槽底。就位后即可进行焊接，然后按设计要求进行焊口检验，合格后再做接口保温。

直埋敷设，节省了地沟的土建费用，缩短了工期，尤其是无补偿直埋，由于减少了补偿器数量，取消了中间固定支座与滑动支座，将管道放置在原土地基上，可使工程总投资比地沟敷设时下降20%～50%，施工工期缩短一半以上。

四、热力管道试压

热力管道安装完后，必须进行其强度试验和严密性试验。热力管道一般采用水压试验，寒冷地区冬季试压也可以用气压进行试验。

1. 热力管道强度试验

由于热力管道的直径较大，距离较长。一般试验时都是分段进行的。试验前，应将管道中的阀门全部打开，试验段与非试验段管道应隔断，管道敞口处要用盲板封堵严密，与室内管道连接处，应在从干线接出的支线上的第一个法兰中插入盲板。

2. 热力管道的严密性试验

强度试验合格后将水压降至工作压力，各接口若无渗漏则管道系统严密性试验合格。

当室外温度在0℃～－10℃间仍采用水压试验时，水的温度应为50℃左右。试验完毕后应立即将管内存水排放干净。

五、热力管道的清洗

1. 清洗前的准备

（1）应将减压器、疏水器、流量计和流量孔板、滤网、调节阀芯、止回阀芯及温度计的插入管等拆下。

（2）把不应与管道同时清洗的设备、容器及仪表等与需清洗的管道隔开。

（3）设备和容器应有单独的排水口，在清洗过程中管道中的脏物不得进入设备，设备中的脏物应单独排出。

2. 热力管道水力清洗

（1）清洗应按主干线、支干线的次序分别进行，清洗前应充水浸泡管道。

（2）水力冲洗应连续进行并尽量加大管道内的流量，一般情况下管内的平均流速不应低于1.0m/s。

（3）对于大口径管道，当冲洗水量不能满足要求时，宜采用密闭循环的水力冲洗方式，管内流速应达到或接近管道正常运行时的流速。

（4）管道清洗的合格标准：应以排水中固形物的含量接近或等于清洗用水中固形物的含量为合格；当设计无明确规定时入口水与排水的透明度相同即为合格。

3. 热力管道蒸汽吹洗

输送蒸汽的管道宜用蒸汽吹洗。蒸汽吹洗按下列要求进行。

（1）吹洗前，应缓慢升温暖管，恒温 1h 后进行吹洗。

（2）吹洗用蒸汽的压力和流量应按计算确定。一般情况下，吹洗压力应不大于管道工作压力的 75%。

（3）吹洗次数一般为 2～3 次，每次的间隔时间为 2～4h。

（4）蒸汽吹洗的检查方法；将刨光的洁净木板置于排汽口前方，板上无铁锈、脏物即为合格。清洗合格的管网应按技术要求恢复拆下来的设施及部件，并填写供热管网清洗记录。

【知识链接】

一、燃气管道施工队伍应具备的条件

在《城镇燃气输配工程施工及验收规范》CJJ 33—2005 其内容为：

1. 进行城镇燃气输配工程施工的单位，必须具有与工程规模相适应的施工资质；进行城镇燃气输配工程监理的单位，必须具有相应的监理资质。工程项目必须取得建设行政主管部门批准的施工许可文件后方可开工。

2. 承担燃气钢质管道、设备焊接的人员，必须具有锅炉压力容器压力管道特种设备操作人员资格证（焊接）焊工合格证书，且在证书的有效期及合格范围内从事焊接工作。间断焊接时间超过 6 个月，再次上岗前应重新考试；承担其他材质燃气管道安装的人员，必须经过专门培训，并经考试合格，间断安装时间超过 6 个月，再次上岗前应重新考试和技术评定。当使用的安装设备发生变化时，应针对该设备操作要求进行专门培训。

二、燃气管道土方工程注意事项

1. 施工单位应会同建设等有关单位，核对管道路、相关地下管道以及构筑物的资料，必要时局部开挖核实。

2. 施工前，建设单位会同施工单位对施工区域内已有地上、地下障碍物，与有关单位协商处理完毕。

3. 在施工中，燃气管道穿越其他市政设施时，应对市政设施采取保护措施，必要时应征得产权单位的同意。

4. 在沿车行道、人行道施工时，应在管沟沿线设置安全护栏，并应设置明显的警示标志。在施工路段沿线，应设置夜间警示灯。

5. 在繁华路段和城市主要道路施工时，应采用封闭式施工方式。

6. 在交通不可中断的道路上施工，应有保证车辆、行人安全通行的措施，并应设有负责安全的人员。

7. 当开挖难度较大时，应编制安全施工的技术措施，并向现场施工人员进行安全技术交底。

8. 管沟开挖时，若对邻近建、构筑物有影响，应加防护支撑后再进行施工。

9. 管沟开挖时，一般不作特殊处理，应避开雨期，及时开挖，及时回填。管沟回填时先用细土填至管顶以上0.5m后，方可使用土、沙或碎石回填并压实。应执行《城镇燃气输配工程施工及验收规范》CJJ 33—2005中第2.3条、2.4条的规定。

10. 警示带敷设

(1) 埋设燃气管道的沿线应连续敷设警示带，警示带应平整的敷设在管道的正上方，距管顶距离为0.3～0.5m。

(2) 警示带适用于城区管网，庭院内管网可不敷设。

(3) 警示带上应印有明显牢固的警示语："天然气管道、危险"字样、管径、所属天然气公司及联系电话等。其他有关规定详见《城镇燃气输配工程施工及验收规范》CJJ 33—2005。

11. 城区燃气管道（不包含庭院管网）设计压力≥0.8MPa时，管道沿线应设置路面标志。若设计有特殊要求时按设计要求执行。

三、燃气阀门设置规定

1. 高压燃气干线上应设置分段阀门，分段阀门的最大间距，以四级地区为主的管段不应大于8Km，以三级地区为主的管段不应大于13km，以二级地区为主的管段不应大于24km，以一级地区为主的管段不应大于32km。

2. 在高压燃气管道支管的起点处应设置阀门。

3. 在次高压、中压燃气干管上应设置分段阀门，并应在阀门两侧设置放散管，在燃气支管的起点处应设置阀门。

4. 高压和次高压燃气调压站室外进、出口管道上必须设置阀门，中压燃气调压站室外进口的管道上应设置阀门。

5. 调压站室外进、出口管道上的阀门距调压站的距离当为地上独立建筑时，不宜小于 10m，当为毗邻建筑物时不宜小于 5m。

当为调压柜时，不宜小于 5m。

当为露天调压装置时，不宜小于 10m。

6. 直埋球阀安装图 5-25 所示。

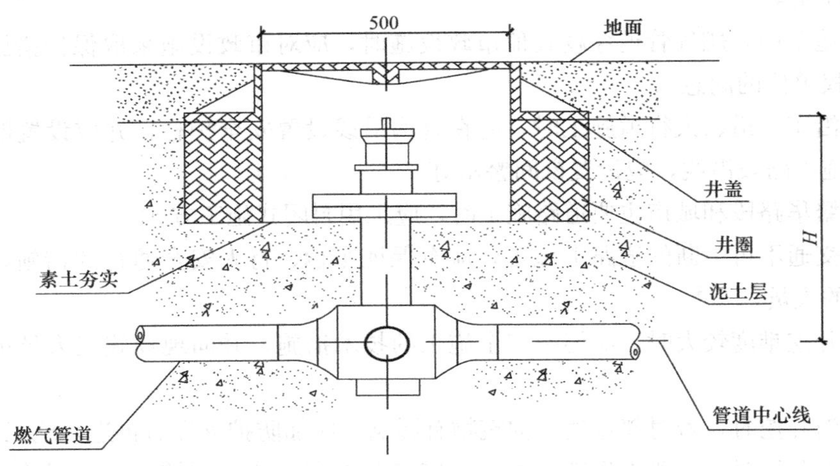

图 5-25 直埋球阀安装图

7. 排气型直埋球阀安装图 5-26 所示。

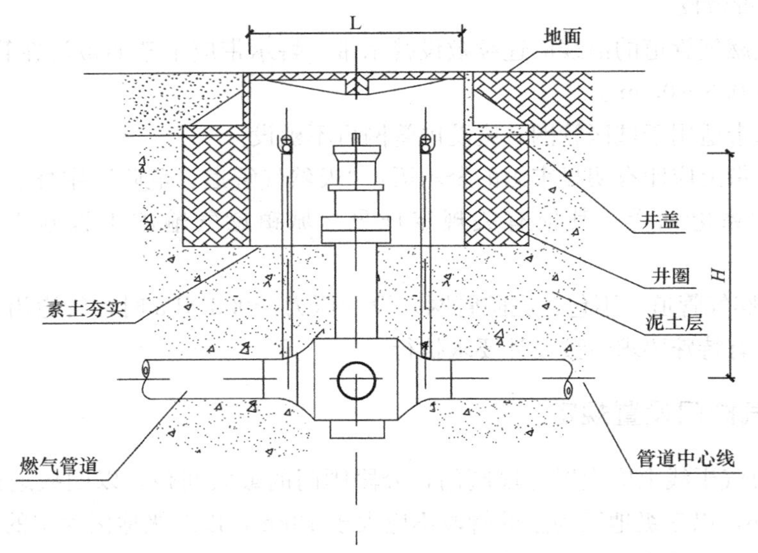

图 5-26 排气型球阀安装图

直埋球阀和带排气球阀的安装图中 H 为埋地球阀的阀杆高度，根据管道埋道埋深选取。井圈应置于稳定土层上，井壁采用页岩实心 MU10，水泥砂浆 M7.5。阀井外用 1∶3 水泥砂浆加 3%防水剂抹面。铸铁井圈采用 Q-15A、Q-20A 标准件，井圈应结合中面施工，要求平整、无松动。阀井设置位置：Q-15A 适用于绿化带和人行道，Q-20A 适用于车行道。

四、管道焊接及质量检验

1. 管道焊接应按现行国家标准《工业金属管道工程施工质量验收规范》GB 50184—2011 和《现场设备、工业管道焊接工程施工及验收规范》GB 50683—2011 的有关规定执行。

2. 管道焊接完成后，进行强度试验及严密性试验之前，必须对所有焊缝进行 100%外观检查和内部质量检验。

3. 焊缝内部质量检查要求按以下规定执行：

(1) 设计压力 $PN \leqslant 5$kPa 时，可不进行探伤检验。

(2) 设计压力 5kPa$<PN\leqslant$0.4MPa 时，应对焊缝总数的 15%进行 X 射线探伤检验，且每个焊工不得少于一个焊缝。

(3) 设计压力 0.4MPa$<PN\leqslant$0.8MPa 时，对所有焊缝进行 100%超声波检验，20% X 射探复检。当管道壁厚不能满足超声波检验要求时，应对焊缝总数的 75%进行 X 射线探伤检验。

(4) 设计压力 0.8MPa$<PN\leqslant$1.6MPa 时，对所有焊缝进行 100%超声波检验，20% X 射探复检。当管道壁厚不能满足超声波检验要求时，应对焊缝总数的 100%进行 X 射线探伤检验。

4. 对穿越或跨越铁路、公路、河流、桥梁、有轨电车及敷设在套管内的管道环向焊缝，必须进行 100%的射探检验。外观质量不低于 GB 50236—98 Ⅱ级质量要求，内部质量不低于 GB/T 12605—90 Ⅱ级质量要求。

五、热力管道安装一般规定

1. 热力管道应设有坡度，汽水同向流动的蒸汽管道和凝结水管道坡度一般为 0.003，汽水逆向流动时坡度不得小于 0.005。热水管道应有不小于 0.002 的坡度，坡向放水装置。

2. 蒸汽支管应从主管上方或侧面接出，以免凝结水流入支管。热水支管应从主管下部或侧面接出。不同压力的疏水管不能接入同一管道。

3. 水平管道变径时应采用偏心异径管连接，当输送介质为蒸汽时，取管低平，以利排水；输送介质为热水时，取管顶平，以利排气。

4. 蒸汽管道一般敷设在其前进方向的右边，凝结水管道在左边。热水管道也敷设在右边，而回水管在左侧。

5. 架空管道沿着建筑敷设时，应考虑建筑物的支撑能力。架空管道与其他管道共架敷设时，应使支架负荷分布合理，并有利于管道的安装、维修。

6. 厂区架空热力管道与建筑物、构筑物、交通线和架空导线之间的最小净距离应符规范要求。

7. 管道穿墙或楼板应设置套管。

8. 埋地热力管道和热力管沟边与建筑物、构筑物及其他地下管线之间的最小净距离见表 5-7、表 5-8。

埋地热力管道和热力管沟外边与建筑物、构筑物的最小净距离　　表 5-7

序号	名称	水平净距离（m）
1	建筑物基础边缘	1.5
2	铁路钢轨外侧边缘	3.0
3	道路路面边缘	1.0
4	铁路、道路的边沟或单独的雨水明沟边	1.0
5	照明、通讯电杆中心线	1.0
6	架空管架基础边缘	1.5
7	围墙篱栅边缘	1.0
8	乔木与灌木丛中心线	1.5

埋地热力管道和热力管沟外边与其他各种地下管线之间的最小净距离　　表 5-8

序号	名称	水平净距离（m）	交叉净距离（m）
1	给水管	1.5	0.1
2	排水管	1.5	0.15
3	煤气管，煤气压力 P≤0.15（MPa）	1.0	0.15
	煤气管，煤气压力 0.15<P≤0.30（MPa）	1.5	0.15
	煤气管，煤气压力 0.30<P≤0.80（MPa）	2.0	0.15
4	天然气管，压力 P≤0.40（MPa）	2.0	0.15
5	压缩空气或二氧化碳管	1.0	0.15
6	电力或电讯电缆（铠装或管子）	2.0	0.5
7	排水暗渠	1.5	0.5
8	乙炔氧气管	1.5	0.25
9	铁路轨面		1.2
10	道路路面		0.7

9. 直接埋地管道穿越铁路、公路时交角不小于 45°，管顶距铁路轨面不小于 1.2m，距道路路面不小于 0.7m，并应加设套管，套管伸出铁路路基和道路边缘不应小于 1.0m。

10. 减压阀应垂直安在水平管道上，安装完毕后应根据使用压力调试。减压阀组一般设在离地面 1.2m 处，如设在离地面 3m 左右时，应设置永久性操作平台。

11. 用于蒸汽介质的波纹管减压阀安装时，波纹管应向下。

12. 蒸汽喷射器装配时，喷嘴与混合室、扩压管的中心必须一致，同心度误差为 0.003mm。喷射器的出口管应保持不少于 2～3m 的直管段，阀门安装不要距离喷射器出口太近。喷射器运行时，应调整喷嘴和混合室的距离。

13. 管道安装完毕后，按规范和设计要求进行实验和吹洗。

项目6 市政管道的不开槽法施工

【项目描述】

市政管道穿越铁路、公路、河流、建筑物等障碍物或在城市干道上施工而又不能中断交通以及现场条件复杂不适宜采用开槽法施工时，常采用不开槽法施工。不开槽铺设的市政管道的形状和材料，多为各种圆形预制管道，如钢管、钢筋混凝土管及其他各种合金管道和非金属管道。

管道不开槽施工减少了施工占地面积和土方工程量，不必拆除地面上和浅埋于地下的障碍物；管道不必设置基础和管座；不影响地面交通和河道的正常通航；工程立体交叉时，不影响上部工程施工；施工不受季节影响且噪声小，有利于文明施工；降低了工程造价。因此，不开槽施工在市政管道工程施工中得到了广泛应用。

不开槽施工一般适用于非岩性土层。在岩石层、含水层施工或遇有地下障碍物时，都需要采取相应的措施。因此，施工前应详细地勘察施工地段的水文地质条件和地下障碍物等情况，以便于操作和安全施工。本项目重点介绍人工掘进顶管法。

【学习支持】

一、人工掘进顶管法

掘进顶管法的施工过程如图 6-1 所示。施工前先在管道两端开挖工作坑，再按照设计管线的位置和坡度，在起点工作坑内修筑基础、安装导轨，把管道安放在导轨上顶进。顶进前，在管前端开挖坑道，然后用千斤顶将管道顶入。一节顶完，再连接一节管道继续顶进，直到将管道顶入终点工作坑为止。在顶进过程中，千斤顶支承于后背，后背支承于原土后座墙或人工后座墙上。

根据管道前端开挖坑道的不同方式，掘进顶管法可分为人工取土掘进顶管和机械取土掘进顶管两种方法。

人工取土掘进顶管法是依靠人力在管内前端掘土，然后在工作坑内借助顶进设备，把敷设的管道按设计中线和高程的要求顶入，并用小车将前方挖出的土从管中运出。这

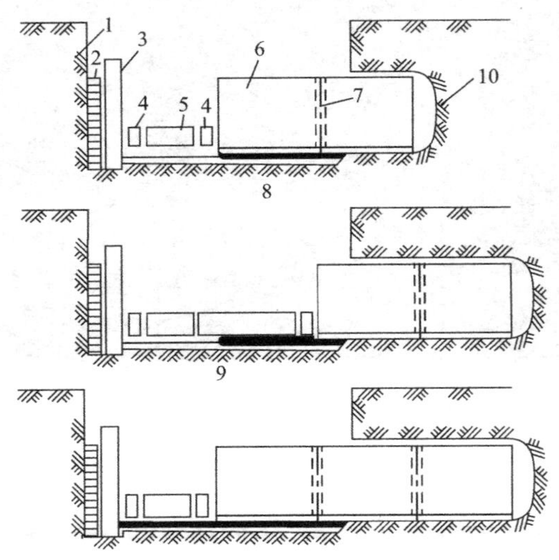

图 6-1 掘进顶管过程示意图

1—后座墙；2—后背；3—立铁；4—横铁；5—千斤顶；6—管道；
7—内涨圈；8—基础；9—导轨；10—掘进工作面

是目前应用较为广泛的施工方法，适用于管径不小于 800mm 的大口径管道的顶进施工。

在掘进顶管中，常用的管材为普通和加厚的钢筋混凝土圆管，管口形式以平口和企口为宜，特殊情况下也可采用钢管。市政管道工程中根据工程性质的不同，经常采用的管道材料见表 6-1。

掘进顶管中不同工程性质采用的管道材料　　表 6-1

管道种类	管道性质	管道材料
排水管道	重力流	钢筋混凝土管、混凝土管、铸铁管
给水管道	压力流	预应力钢筋混凝土管、钢管、铸铁管
燃气管道	压力流	钢管、铸铁管、石棉水泥管
热力管道	压力流	钢管
电缆管道	套管	钢管、石棉水泥管
跨越管道	套管	钢管、钢筋混凝土管

二、工作坑

工作坑又称竖井，是掘进顶管施工的工作场所。工作坑的位置应根据地形、管道设计、地面障碍物等因素确定。其确定原则是考虑地形和土质情况，尽量选在有可利用的坑壁原状土做后背处和检查井、阀门井处；与被穿越的障碍物应有一定的安全距离且距水源和电源较近处；应便于排水、出土和运输，并具有堆放少量管材和暂时存土的场地；单向顶进时重力流管道应选在管道下游以利排水，压力流管道应选在管道上游以便及时使用。

1. 工作坑的类型

根据顶进方向工作坑类型有单向坑、双向坑、转向坑、多向坑、交汇坑、接收坑，如图 6-2。

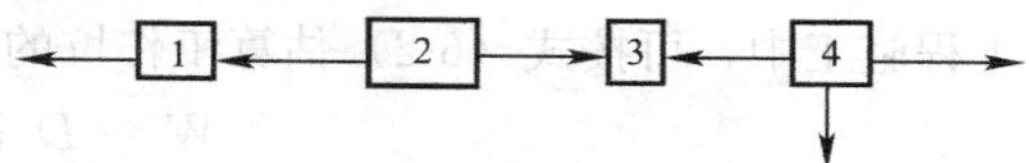

图 6-2 工作坑类型

1—单向坑；2—双向坑；3—交汇坑；4—多向坑

只向一个方向顶进管道的工作坑称为单向坑。向一个方向顶进而又不会因顶力增大而导致管端压裂或后背破坏所能达到的最大长度，称为一次顶进长度。它因管材、土质、后背和后座墙的种类及其强度、顶进技术、管道埋设深度的不同而异，单向坑的最大顶进距离为一次顶进长度。双向坑是向两个方向顶进管道的工作坑，因而可增加从一个工作坑顶进管道的有效长度。转向坑是使顶进管道改变方向的工作坑。多向坑是向多个方向顶进管道的工作坑。接收坑是不顶进管道，只用于接收管道的工作坑。若几条管道同时由一个接收坑接收，则这样的接收坑称为交汇坑。

工作坑形状一般有矩形、圆形、腰圆形、多边形等几种，其中矩形工作坑最为常见。在直线顶管中或在两段交角接近 180°的折线的顶管施工中，多采用矩形工作坑。矩形工作坑的短边与长边之比通常为 2∶3。如果在两段交角比较小或者是在一个工作坑中需要向几个不同方向顶进时，则往往采用圆形工作坑；另外，较深的工作坑也一般采用圆形，且常采用沉井法施工。沉井材料采用钢筋混凝土，工程竣工后沉井则成为管道的附属构筑物。腰圆形的工作坑的两端各为半圆形状，而其两边则为直线；这种形状的工作坑多用成品的钢板构筑成，而且大多用于小口径顶管中。

2. 工作坑的尺寸

工作坑应有足够的空间和工作面，以保证顶管工作正常进行。工作坑的各部位尺寸按如下方法考虑。

工作坑的底宽 W 和深度 H，如图 6-3 所示。

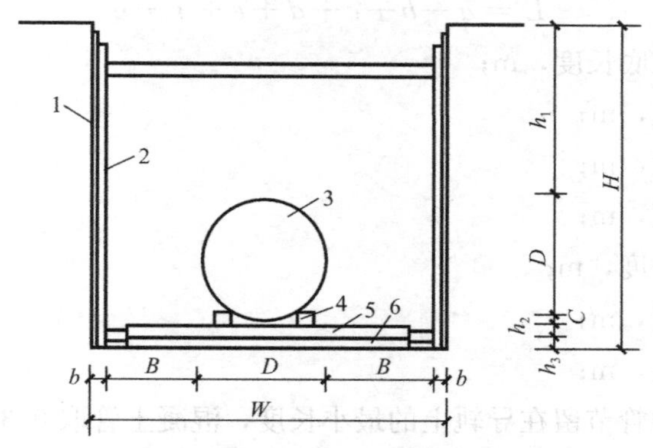

图 6-3 工作坑的宽度和深度

1—撑板；2—支撑立木；3—管道；4—导轨；5—基础；6—垫层

工作坑的底宽按式（6-1）计算：

$$W = D + 2(B + b) \tag{6-1}$$

式中 W——工作坑底宽，m；

D——被顶进管道的外径，m；

B——管道两侧操作宽度（m），一般每侧为 1.2～1.6m；

b——撑板与立柱厚度之和（m），一般采用 0.2m。

工程施工中，可按式（6-2）估算工作坑的底宽（均以 m 为单位）：

$$W \approx D + (2.5 \sim 3.0) \tag{6-2}$$

工作坑的深度按式（6-3）计算：

$$H = h_1 + D + C + h_2 + h_3 \tag{6-3}$$

式中 H——工作坑开挖深度，m；

h_1——管道覆土厚度，m；

D——管道外径，m；

C——管道外壁与基础顶面之间的空隙，一般为 0.01～0.03m；

h_2——基础厚度，m；

h_3——垫层厚度，m。

工作坑的坑底长度如图 6-4 所示，按式（6-4）计算：

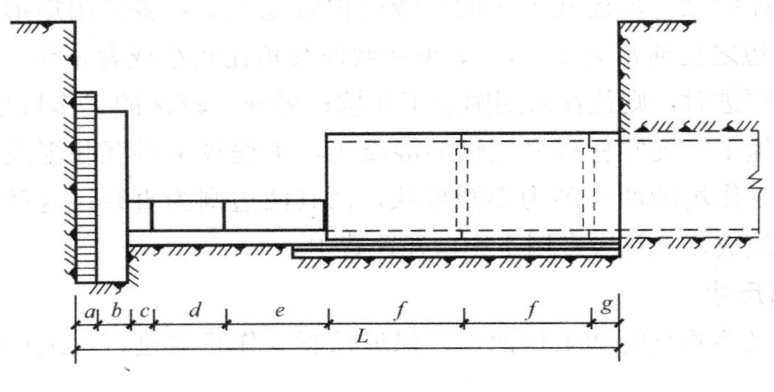

图 6-4 工作坑的长度

$$L = a + b + c + d + e + f + g \tag{6-4}$$

式中 L——工作坑坑底长度，m；

a——后背宽度，m；

b——立铁宽度，m；

c——横铁宽度，m；

d——千斤顶长度，m；

e——顺铁长度，m；

f——单节管长，m；

g——已顶进的管节留在导轨上的最小长度，混凝土管取 0.3m，钢管取 0.6m。

工程施工中，可按式（6-5）估算工作坑的长度（均以 m 为单位）：

$$L \approx f + 2.5 \tag{6-5}$$

三、工作坑的基础

为了防止工作坑地基沉降，影响管道顶进位置的准确性，应在坑底修筑基础。常用基础有混凝土基础和枕木基础。

含水土层通常采用混凝土基础。混凝土基础的尺寸根据地基承载力和施工要求而定。一般混凝土基础的宽度比管径大 40cm 为宜；长度至少为管长的 1.2～1.3 倍，通常采用两节管长；基础的厚度为 20～30cm，强度等级为 C10～C15。当地下水丰富、土质较差时，混凝土基础可铺满全基坑，基础厚度和强度等级也可适当增加。

当土质密实、管径较小、无地下水、顶进长度较短时，可采用枕木基础，如图 6-5 所示。枕木基础用方木铺成，其平面尺寸与混凝土基础相同。根据地基承载力的大小，枕木基础又分为疏铺和密铺两种。枕木一般采用 15cm×15cm 的方木。疏铺枕木的间距为 40～80cm。

图 6-5　枕木基础

四、导轨

导轨是在基础上安装的轨道，一般采用装配式。管节在顶进前先安放在导轨上。在顶进管道入土前，导轨承担导向功能，以保证管节按设计高程和方向前进。因此，导轨安装是顶管施工中的一项非常重要的工作。

导轨应选用钢质材料制作，目前常用的导轨形式有两种，普通导轨和复合型导轨。普通导轨适用于小口径顶管，它是用两根槽钢相背焊接在轨枕上制成的，它的导轨面标高与管子内管底的标高是相等的。

导轨安装应符合下列规定：

1. 两导轨应顺直、平行、等高，其坡度应与管道设计坡度一致。当管道坡度>1%时，导轨可按平坡铺设。

2. 导轨安装的允许偏差应为：轴线位置：3mm；顶面高程：0～+3mm；两轨内距：±2mm。

3. 安装后的导轨必须稳固，在顶进中承受各种负载时不产生位移、不沉降、不变形。

4. 导轨安放前，应先复核管道中心的位置，并应在施工中经常检查校核。

5. 导轨安装完毕后需在预留洞口内安装副导轨，副导轨的轴线以及高程均要与主导轨保持一致，此副导轨用于防止机头进洞后低头。

6. 两导轨间的净距 A 可按式（6-6）计算，如图 6-6 所示。

$$A = 2\sqrt{(D+2t)(h-c)-(h-c)^2} \tag{6-6}$$

式中　A——两导轨净距，m；

D——管道内径，m；

t——管道壁厚，m；

h——钢导轨高度，m；

c——管道外壁与基础面的空隙，一般为 0.01～0.03m。

在顶管施工中，一般的导轨都是固定安装，但有时也可采用滚轮式导轨，如图 6-7 所示。这种滚轮式导轨的两导轨间距可以调节，以适应不同管径的管道。同时，管道与导轨间的摩擦力小，一般用于外设防腐层的钢管或大口径的混凝土管道的顶管施工。

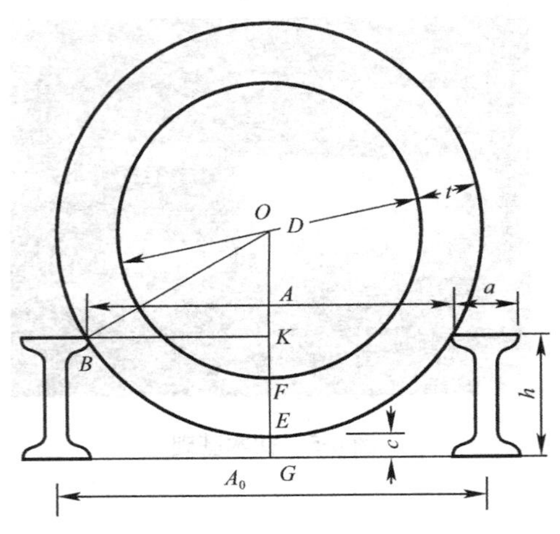

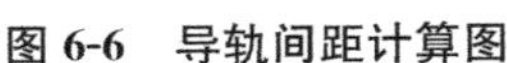
图 6-6 导轨间距计算图

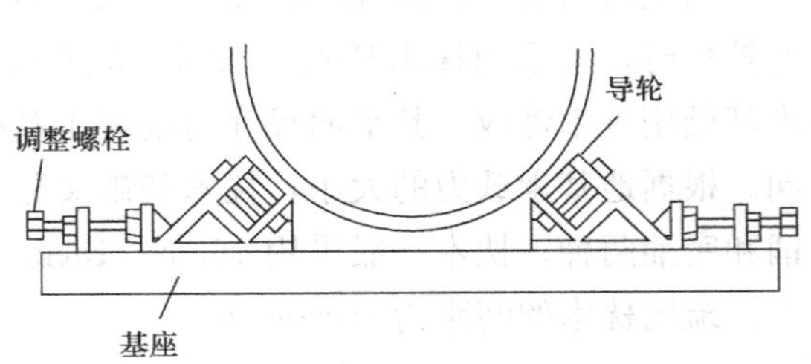

图 6-7 滚轮式导轨

导轨安装好后，应按设计检查轨面高程和坡度。首节管道在导轨上稳定后，应测量导轨承受荷载后的变化，并加以纠正，确保管道在导轨上不产生位移和偏差。

导轨的安装精度必须满足施工要求。其允许偏差为：轴线 3mm；顶面高程 0～+3mm；两轨内距±2mm。

五、后座墙与后背

后座墙与后背是千斤顶的支承结构，在顶进过程中始终承受千斤顶顶力的反作用力，该反作用力称为后座力。顶进时，千斤顶的后座力通过后背传递给后座墙。因此，后背和后座墙要有足够的强度和刚度，以承受此荷载，保证顶进工作顺利进行。

后背设置时应满足下列要求：

1. 后背应具有足够的强度、刚度和稳定性，当最大顶力发生时，不允许产生相对位移和弹性变形，此外要考虑后背是临时结构，应力求节约。

2. 后座墙土壁应铲修平整，并使土壁墙面与管道顶进方向相垂直。

3. 后背形式：常用的后背形式有原土排木后背、钢板桩后背、管后背和人造重力式后背。当管道埋置较深，顶力较大时，也可采用沉井后背或地下连续墙后背。

后座墙主要采用原土后座墙，这种后座墙造价经济、修建方便。一般的黏土、亚黏土、砂土等都可做原土后座墙。根据施工经验，原土后座墙的长度一般不小于 7m，选择工作坑的位置时，应尽量考虑利用原土后座墙。

如原土排木后背：当顶力较小，土质良好，无地下水或采用人工降低地下水效果良好时，可采用原土排木后背，其结构形式如图 6-8 所示。该后背紧贴垂直的原土后座墙密排 15cm×15cm 或 20cm×20cm 的方木，其宽度和高度不小于所需的受力面积，排木外侧立 2～4 根立铁，一般为 40 号工字钢，放在千斤顶作用点位置，在立铁外侧放置大刚度横铁，千斤顶作用在横铁上。

4. 后背的高度和宽度，应根据后座力大小及后座墙的允许承载力，经计算确定，一般高度可选 2～4m，宽度可选 1.2～3.0m。

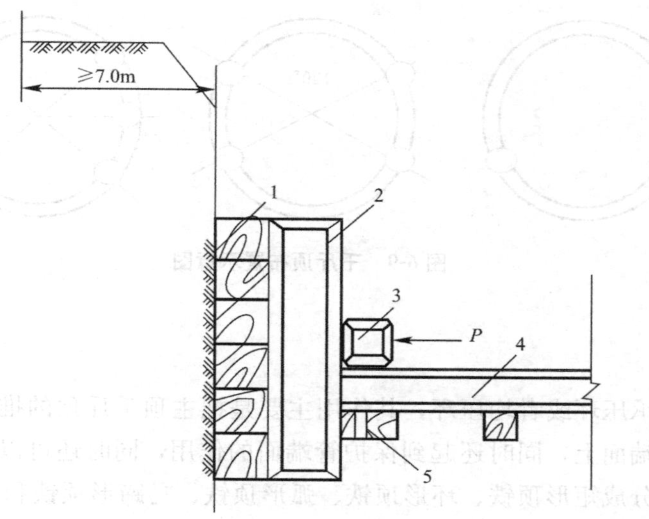

图 6-8　原土后座墙与后背

1—方木；2—立铁；3—横铁；4—导轨；5—导轨方木

后背和后座墙在后座力作用下产生压缩，压缩方向与后座力的作用方向一致，停止顶进，顶力及后座力消失，压缩变形也随之消失，这种弹性变形现象称为后座现象。由于后座墙土体和后背材料的弹性性质以及后背各部件间和后背与后座墙之间存在着安装孔隙，当后座力作用时，首先是安装孔隙“消失”，随即是土体和材料的弹性压缩。位移量为 5～20mm 的轻微后座现象是正常的。大位移量会使千斤顶的有效顶程减小，而且后座墙的大量位移会导致被动土压力的出现。施工中应保证后背在后座力或后座墙的被动土压力作用下不发生破坏，不产生不允许的压缩变形。

减少大位移量后座现象的有效措施之一就是在后背与后座墙之间的孔隙中灌砂并捣实，以保证后背各部件之间接触紧密。

为了保证顶进质量和施工安全，应进行后背的强度和刚度计算。后背的强度和刚度须根据承受的荷载——后座力的大小进行设计，而该后座力在数值上与千斤顶的顶力相等，按千斤顶的顶力计算即可。

当无原状土作后座墙时，应设计结构简单、稳定可靠、就地取材、拆除方便的人工后座墙。

六、顶进设备

千斤顶是掘进顶管的主要设备，目前多采用液压千斤顶。液压千斤顶的构造形式分活塞式和柱塞式两种，其作用方式有单作用液压千斤顶和双作用液压千斤顶。当千斤顶是单向作用时，其反向作用需借外力进行，故在顶管施工中常常使用双作用千斤顶，顶管施工中常用千斤顶的顶力为 2000～4000kN，冲程有 0.25m，0.5m，0.8m，1.2m，2.1m 几种。

主顶千斤顶可固定在组合千斤顶架上做整体吊装，根据其顶进力对称布置的要求，通常选用 2、4、6 只按偶数组合，如图 6-9 所示。

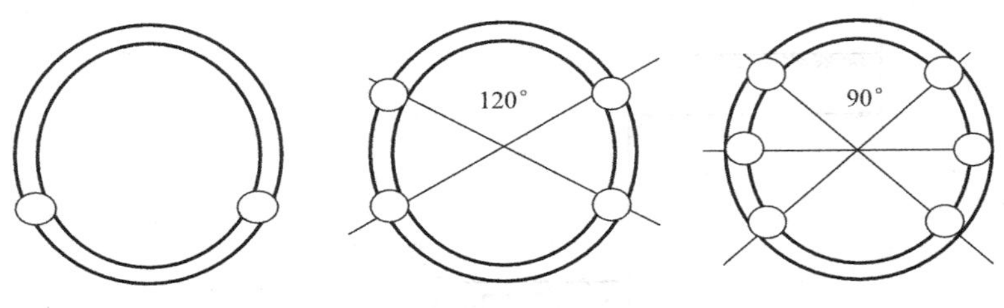

图 6-9 千斤顶布置示意图

七、顶铁

顶铁又称为承压环或者均压环，其作用主要是把主顶千斤顶的推力比较均匀地分散到顶进管道的管端面上，同时还起到保护管端面的作用，同时还可以延长短行程千斤顶的行程。顶铁可分成矩形顶铁、环形顶铁、弧形顶铁、马蹄形顶铁和 U 形顶铁几种。如图 6-10 所示。

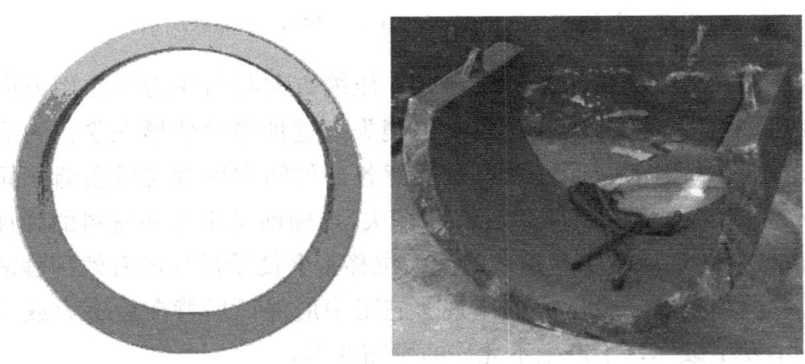

图 6-10 顶铁

1. 分块拼装式顶铁的质量应符合下列规定：

顶铁应有足够的刚度；顶铁宜采用铸钢整体浇铸或采用型钢焊接成型；当采用焊接成型时，焊缝不得高出表面，且不得脱焊；顶铁的相邻面应互相垂直；同种规格的顶铁尺寸应相同；顶铁上应有锁定装置；顶铁单块放置时应能保持稳定。

2. 顶铁的安装和使用应符合下列规定：

安装后的顶铁轴线应与管道轴线平行、对称，顶铁与导轨和顶铁之间的接触面不得有泥土、油污；更换顶铁时，应先使用长度大的顶铁；顶铁拼装后应锁定；顶铁的允许联接长度，应根据顶铁的截面尺寸确定。当采用截面为 20cm×30cm 顶铁时，单行顺向使用的长度不得大于 1.5m；双行使用的长度不得大于 2.5m，且应在中间加横向顶铁相联；顶铁与管口之间应采用缓冲材料衬垫，当顶力接近管节材料的允许抗压强度时，管端应增加 U 形或环形顶铁；顶进时，工作人员不得在顶铁上方及侧面停留，并应随时观察顶铁有无异常迹象。

横铁即横向顶铁，它安放在千斤顶与顺铁之间，将千斤顶的顶力传递到两侧的顺铁上。使用时与顶力方向垂直，起梁的作用。在后背结构中，横铁起保护立铁的作用。

顺铁即纵向顶铁，安放在横铁和被顶的管道之间，使用时与顶力方向平行，起柱的作

用。在顶管过程中，顺铁还起调节间距的作用，因此顺铁的长度取决于千斤顶的顶程、管节长度和出口设备等。立铁即竖向顶铁，安放在后背与千斤顶之间，起保护后背的作用。

八、刃脚

刃脚是装于首节管前端，先贯入土中以减少贯入阻力，并防止土方坍塌的设备。一般由外壳、内环和肋板三部分组成，如图6-11所示。外壳以内环为界分成两部分，前面为遮板，后面为尾板。遮板端部呈20°～30°角，尾部长度为150～200mm。

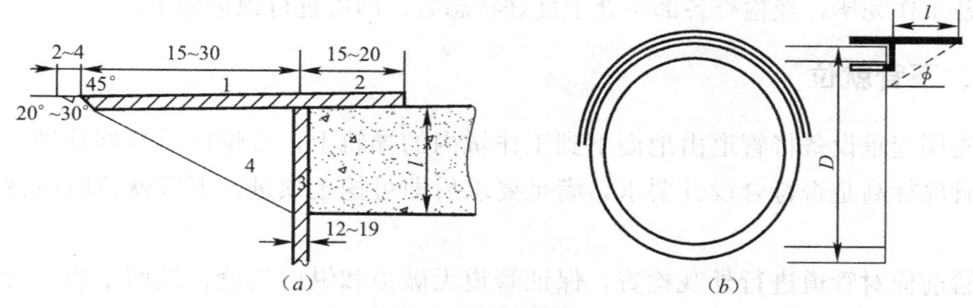

图6-11　刃脚和管檐（cm）

(*a*) 刃脚；(*b*) 管檐

1—遮板；2—尾板；3—环梁；4—肋板

对于半圆形的刃脚，则称为管檐，它是防止塌方的保护罩。檐长常为600～700mm，外伸500mm，顶进时至少贯入土中200mm，以避免塌方。

九、其他设备

工作坑上设活动式工作平台，在工作平台上架设起重架，上装电动葫芦或其他起重设备，其起重量应大于管道重量。工作坑上可搭设工作棚，以防雨雪，保证施工顺利进行，如图6-12所示。管道顶进中将不断挖土，并应及时运出管外，管径较大时，可用一

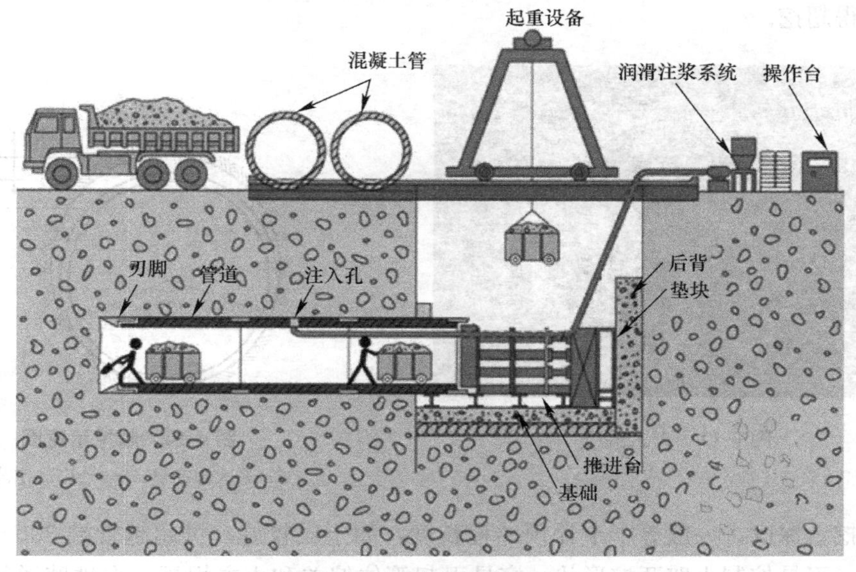

图6-12　掘进顶管工作平台

般的双轮手推车在管内运土，再由垂直运输设备运送到地面；管径较小时，可用双筒卷扬机牵引四轮小车运土。

为保证顶管施工的顺利进行，顶管工作坑四周必须采用围护措施，采用彩钢瓦围护，雨帆布防护，并设醒目警示标牌。顶进时，过往车辆应减速慢行，且禁止大吨位、重载车辆通行。

【任务实施】

准备工作完毕，经检查各部位处于良好状态后，即可进行顶进施工。

一、下管就位

首先用起重设备将管道由地面下到工作坑内的导轨上，就位以后装好顶铁，校测管中心和管底标高是否符合设计要求，满足要求后即可挖土顶进。下管就位时应注意如下问题：

下管前应对管道进行外观检查，保证管道无破损和纵向裂缝；端面平直；管壁光洁无坑陷或鼓包；下管时工作坑内管道正下方严禁站人，当管道距导轨小于 500mm 时，操作人员方可近前工作；首节管道的顶进质量是整段顶管工程质量的关键，当首节管安放在导轨上后，应测量管中心位置和前后端的管内底高程，符合要求后才可顶进。

二、管前挖土与运土

管前挖土是保证顶进质量和地上构筑物安全的关键，挖土的方向和开挖的形状，直接影响到顶进管位的准确性，如图 6-13 所示。因此应严格控制管前周围的超挖现象。对于密实土质，管端上方可有不超过 15mm 的间隙，以减少顶进阻力，管端下部 135°范围内不得超挖，如图 6-14 所示，保持管壁与土基表面吻合，也可预留 10mm 厚土层，在管道顶进过程中切去，这样可防止管端下沉。在不允许上部土壤下沉的地段顶进时，管周围一律不得超挖。

图 6-13　人工掘土

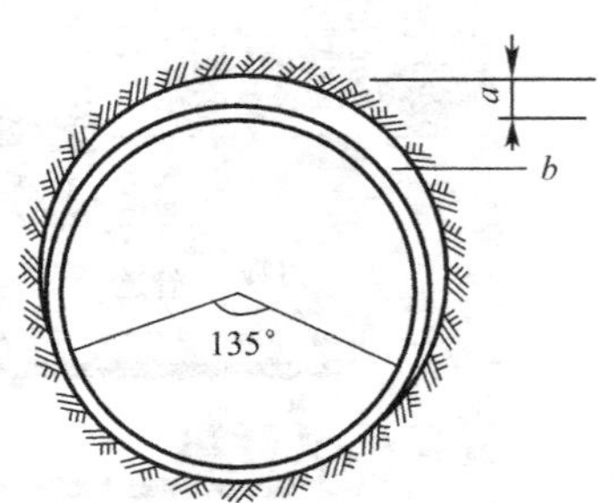

图 6-14　超挖示意图

a—最大超挖量；b—允许超挖范围

管前挖土深度，一般等于千斤顶冲程长度，如土质较好，可超越管端 300～500mm。超挖过大，不易控制土壁开挖形状，容易引起管位偏差和土方坍塌。在铁路道轨下顶管，不得超越管端以外100mm，并随挖随顶，在道轨以外最大不得超过300mm，同时应遵守其管理单位的规定。

在松软土层或有流沙的地段顶管时，为了防止土方坍落，保证安全和便于挖土操作，应在首节管前端安装管檐，管檐伸出的长度取决于土质，施工时，将管檐伸入土中，工人便可在管檐下挖土。有时可用工具管代替管檐。

管内人工挖土，工作条件差，劳动强度大，应组织专人轮流操作。管前挖出的土，应及时外运，避免管端因堆土过多下沉而引起施工误差，并可改善工作环境。

三、顶进

顶进是利用千斤顶出镐，在后背不动的情况下，将被顶进的管道推向前进。其操作过程如下：

1. 安装好顶铁并挤牢，当管前端已挖掘出一定长度的坑道后，启动油泵，千斤顶进油，活塞伸出一个工作冲程，将管道向前推进一定距离；
2. 关闭油泵，打开控制阀，千斤顶回油，活塞缩回；
3. 添加顶铁，重复上述操作，直至安装下一整节管道为止；
4. 卸下顶铁，下管，在混凝土管接口处放一圈麻绳，以保证接口缝隙和受力均匀；
5. 管道接口；
6. 重新装好顶铁，重复上述操作。

顶进时应遵守“先挖后顶，随挖随顶”的原则，连续作业，避免中途停止，造成阻力增大，增加顶进的困难。

顶进开始时，应缓慢进行，待各接触部位密合后，再按正常顶进速度顶进。

顶进过程中，要及时检查并校正首节管道的中线方向和管内底高程，确保顶进质量。如发现管前土方塌落、后背倾斜、偏差过大或油泵压力骤增等情况，应停止顶进，查明原因排除故障后，再继续顶进。

四、顶管测量

顶管施工比开槽施工复杂，容易产生施工偏差，因此对管道中心线和顶管的起点、终点标高等都应精确地确定，并加强顶进过程中的测量与偏差校正。

在施工中必须对下面几个参数进行测量：顶进方向的垂直偏差，顶进方向的水平偏差，掘进机机身的转动，掘进机的姿态，顶进长度。

常用的测量方法主要有：光学法（测量水平和垂直偏差），主要装置包括激光和主动或被动目标靶、经纬仪、激光经纬仪和CCD摄像机；电磁法（测量垂直和水平偏差）；陀螺法（测量水平偏差）；液面水平法（测量绝对高度）；倾角计，主要是机械钟摆（测量掘进机的倾角和偏转）；路径测量（测量顶进长度）。

1. 中线测量

根据地面已设置的管道交点桩、控制桩和设计图纸的要求，如图6-15所示。当工作坑开挖到管底标高后，根据中线控制桩用经纬仪将中线引测到坑壁上，横打木桩和小钉，此桩称为顶管中线桩，如图6-15中的A、B桩，AB桩上中心钉的连线即为中心线，在中心线上挂好两个垂球，通过两垂球拉一线于管内，在管内设置一水平尺，其上有刻度及中心钉，通过拉入管内的小线与水平尺上的中心钉比较，如图 6-16 所示，当小线通过中心钉时，说明管道没有偏斜，若尺上中心钉偏向哪一侧，就说明管道也偏向哪个方向。

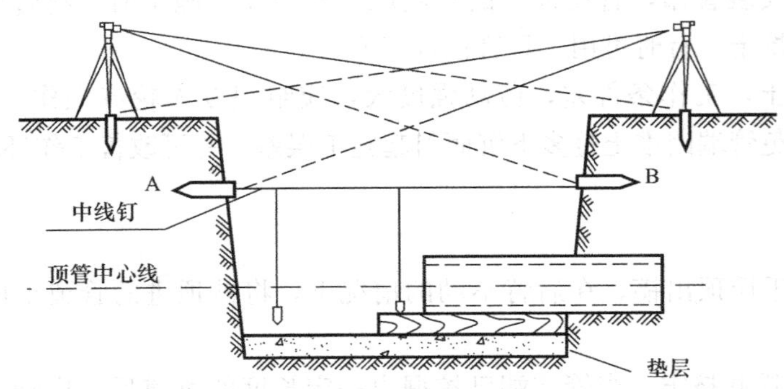

图 6-15　中线桩测设

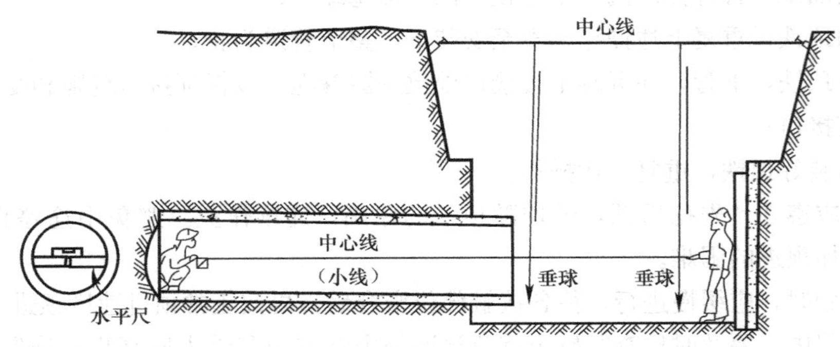

图 6-16　中线测量

2. 高程测量

为使管道按设计坡度和高程顶进，需在工作坑内一侧打桩设置临时水准点。将地面水准点的高程传到坑内木桩顶上，最好使桩顶高程与顶管起点管内底设计高程一致。在工作坑内支设水准仪，以工作坑内水准点为依据，用比高法进行检验设计纵坡。如图 6-17 所示。如果顶距过长，为了减小误差，可将仪器摆设在管内，尽量使视距前后相等。

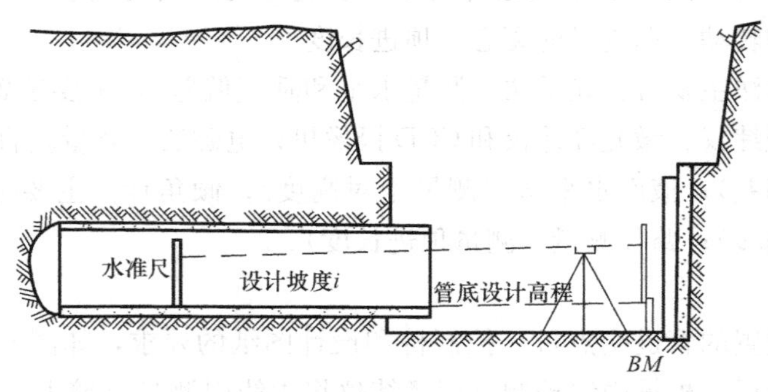

图 6-17　高程测量

3. 测量次数

开始顶首节管时，每顶进 200～300mm，测量一次高程和中心线；正常顶进中，每顶进 0.5～1.0m 测量一次高程和中心线；校正时，每顶进一镐测量一次高程和中心线。

五、偏差校正

顶进施工中，发现管位偏差 10mm 左右，即应进行校正。校正是逐步进行的，偏差形成后，不能立即将已顶进好的管道校正到位，应缓慢进行，使管道逐渐复位，禁止猛纠硬调，以防损坏管道或产生相反的效果。人工挖土掘进顶管时，常用的校正方法有：

1. 挖土校正法：即采用在不同部位增减挖土量，以达到校正目的的方法。如图 6-18 所示。例如管头误差为正值时，应在管底超挖土方（但不能过量），在管节继续顶进后借助管节本身重量而沉降。开始时管节后部已被土挤紧，而前节管的自重又不足以克服它，故管子可能先出现继续爬坡现象，经过一段距离，在管自重的作用下才趋于下降。这种方法校正误差的效果较慢，适用于误差值不大于 10mm 的情况下。挖土校正法多用于土质较好的黏性土内，或用于地下水位以上的砂土层中。

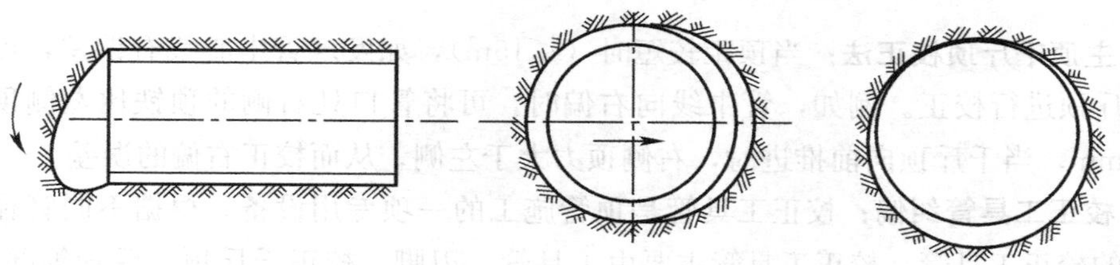

图 6-18　挖土校正法

强制校正法是采用强制措施造成局部阻力，迫使管子向校正方向转移的方法。这类方法又可分为衬垫法、支顶法、支托法和主顶千斤顶校正法。

2. 衬垫法：在首节管的外侧局部管口位置垫上钢板或木板，用加工成短节的刃板亦可，造成强制性的局部阻力后，迫使管子转向。如图 6-19 所示。误差消除后撤出垫板，不易撤除时就被挤入土内。短节刃板可以取出重复使用。

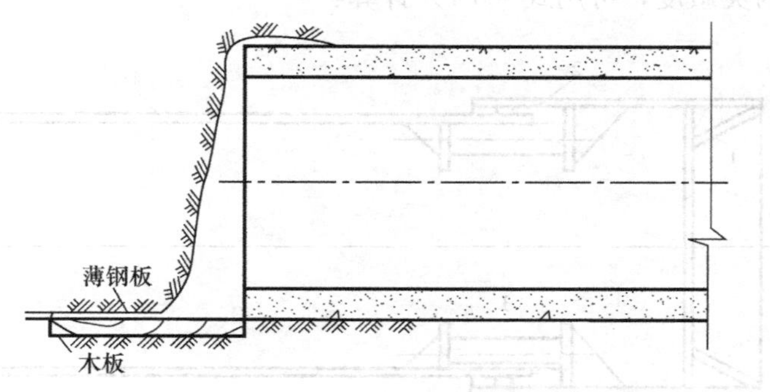

图 6-19　衬垫法校正

3. 支顶法：采用支柱或 50～100kN 的千斤顶在管前设支撑，斜支于管内顶端。为了扩大承压面积，在支柱下垫上木托板。这样，边顶进，管节就随着被支顶起来。如图 6-20，

图 6-21 所示。此种校正方法见效快。注意不要使管节调向过快，而应当缓慢地转向，否则支撑受力过大，管壁受到的局部压力也大，容易引起管体破坏。当管节接近设计高程时，可拆除支撑使管节缓慢地正常顶进。

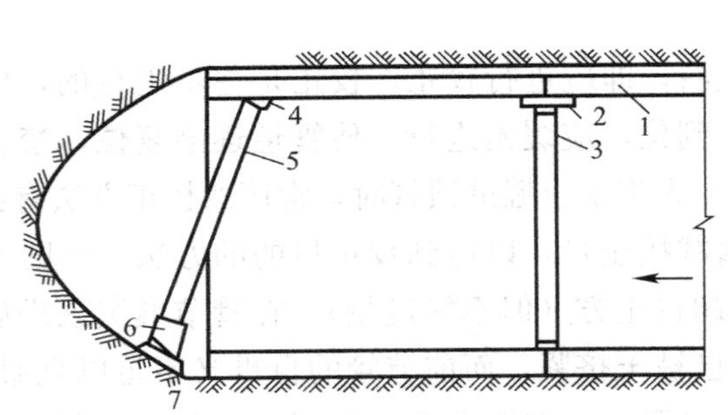

图 6-20　下陷校正

1—管子；2—木楔；3—内涨圈；4—楔子；5—支柱；6—千斤顶；7—衬垫

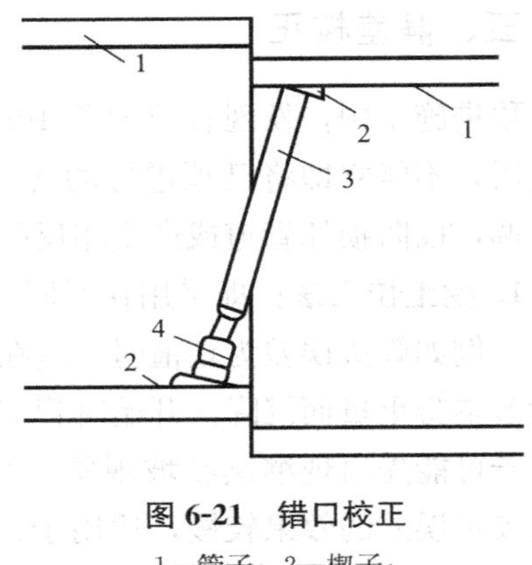

图 6-21　错口校正

1—管子；2—楔子；3—立柱；4—校正千斤顶

4. 主顶千斤顶校正法：当顶距较短时（≤15m），如发现管中心线有误差，可以利用主压千斤顶进行校正。例如，管中线向右偏时，可将管口处右侧的顶铁比左侧顶铁加长 10～15mm，当千斤顶向前推进时，右侧顶力大于左侧，从而校正右偏的误差。

5. 校正工具管纠偏：校正工具管是顶管施工的一项专用设备。根据不同管径采用不同直径的校正工具管。校正工具管主要由工具管、刃脚、校正千斤顶、后管等部分组成。如图 6-22。校正千斤顶按周向均匀布设，一端与工具管连接，另一端与后管连接。工具管与后管之间留有 10～15mm 的间隙。后管与工具管连接应牢固。顶进钢筋混凝土管时，校正千斤顶以首节钢筋混凝土管的端面为后座，调节工具管的方向。顶进过程中工具管起导向作用，既能引导后面的管节正确地前进，也能成为误差产生的因素。因此，要求工具管运转灵活，长度尽可能短些，在校正完成后，管节已按设计线路前进时，为了稳定管线走向，又希望工具管长些。为了满足以上要求，工具管长度应设计恰当。其长度与外径的比值称为灵敏度，可用式（6-7）计算：

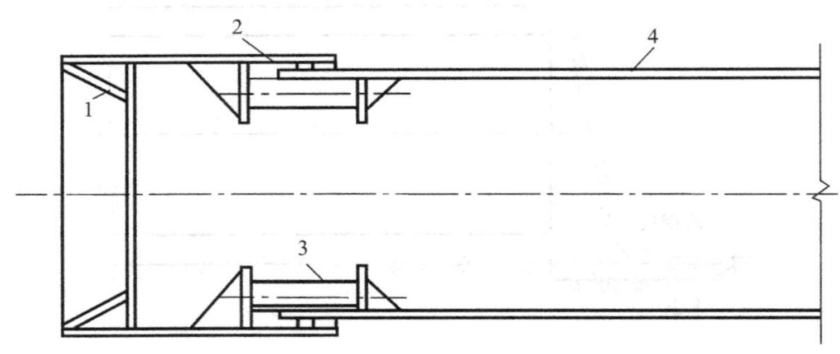

图 6-22　校正工具管

1—刃脚；2—工具管；3—校正千斤顶；4—后管

$$n=\frac{L}{D} \tag{6-7}$$

式中　n——灵敏度；

L——工具管长度，m；

D——工具管外径，m。

一般情况下，当管径为 DN1000～1500mm 时，取 $n=1.5$ 左右，管径大于 DN1600mm 时，取 n=1.0～1.2。

后管与工具管搭接的空隙间，应在后管外周上焊上一条圆钢或扁钢，使其间保留 5mm 的空隙量。校正时以后管为支点调转方向，一般转角为 1～1.5°。此外在刃脚外周的上半圆上加焊一条钢带作为超挖环，使管子与上部土层间留有 10～15mm 的超挖量，以利于校正。

6. 激光导向法： 激光导向法是利用激光准直仪发射出来的光束，通过光电转换和有关电子线路来控制指挥液压传动机构，从而实现顶进的方向测量与偏差校正自动化。

在长距离曲线顶管施工时，推荐使用 SLS-RV 测量导向系统。该系统的设备包括硬件和软件两部分，硬件设备主要包括主动目标靶、激光经纬仪、反射棱镜、倾角测量仪、控制装置、顶距测量装置和导向系。

在顶进过程中应采取"勤测量、多微调"的操作方法，及时发现误差，及时加以校正，相应抵抗力矩值也小，尽量使误差值保持最小。

六、顶管接口

顶管施工中，管道的连接分临时连接和永久连接两种。顶进过程中，一般在工作坑内采用钢内胀圈进行临时连接。为了保证管子顶进中不产生错口和偏斜，提高管道的整体性，应在第一节管子顶完后，将拟顶的第二节管子和已入土的第一节管子进行临时联接，所用设备称为临时联接设备，通常采用钢板焊成的装配式内涨圈。近年来，为了进一步提高顶进管道的整体性，保证接口质量，在管道临时联接方面，除了使用传统的内涨圈外，在管道的外壁增加了外套环，使得管道之间的连接更加牢固。

钢内胀圈是用 6～8mm 厚的钢板卷焊而成的圆环，宽度为 260～380mm，环外径比钢筋混凝土管内径小 30～40mm。接口时将钢内胀圈放在两个管节的中间，先用一组小方木插入钢内胀圈与管内壁的间隙内，将内胀圈固定。然后两个木楔为一组，反向交错地打入缝隙内，将内胀圈牢固地固定在接 H 处。该法安装方便，但刚性较差。为了提高刚性，可用肋板加固。为可靠地传递顶力减小局部应力防止管端压裂，并补偿管道端面的不平整度，应在两管的接口处加衬垫。衬垫一般采用麻辫或 3～4 层油毡，企口管垫于外榫处，平口管应偏于管缝外侧放置，使顶紧后的管内缝有 10～20mm 的深度，便于顶进完成后填缝，如图 6-23 所示。

顶进完毕，检查无误后，拆除内胀圈进行永久性内接口。常用的内接口有以下方法：

1. 平口管

先清理接缝，用清水湿润，然后填打石棉水泥或填塞膨胀水泥砂浆，填缝完毕及时养护。如图 6-24 所示。

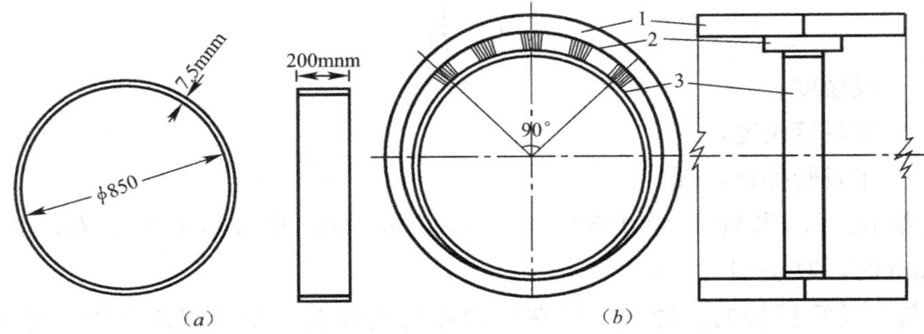

图 6-23 钢内胀圈临时连接

(a) 内胀圈；(b) 内胀圈支设

1—管子；2—木楔；3—内胀圈

2. 企口管

先清理接缝，填打$\frac{1}{3}$深度的油麻，然后用清水湿润缝隙，再填打石棉水泥或塞捣膨胀水泥砂浆；也可填打聚氯乙烯胶泥代替油毡。如图 6-25 所示。

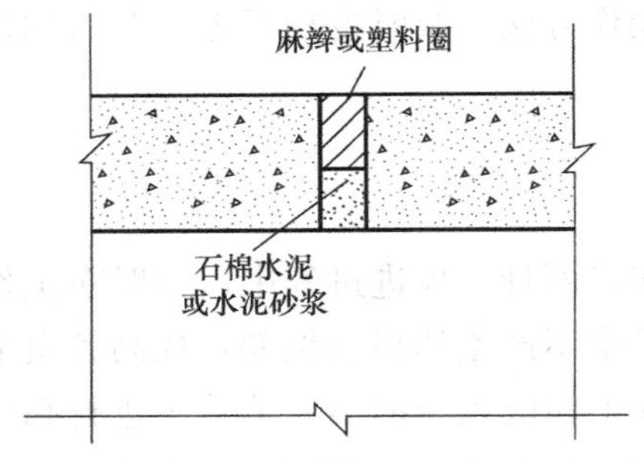

图 6-24 麻辫或塑料圈石棉水泥接口

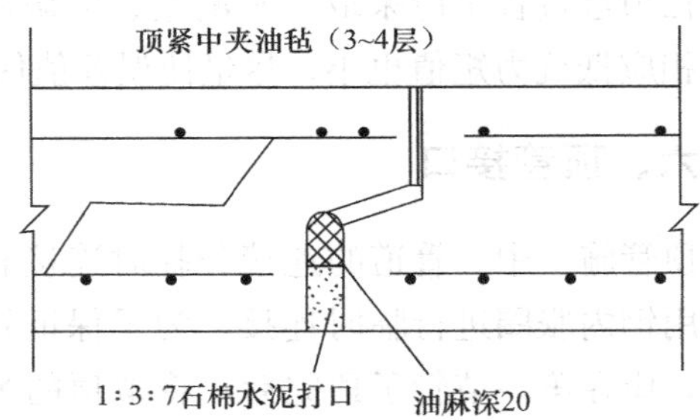

图 6-25 企口钢筋混凝土管内接口

目前，可用弹性密封胶代替石棉水泥或膨胀水泥砂浆。弹性密封胶应采用聚氨酯类密封胶，要求既防水又和混凝土有较强的粘着力，且寿命长。

3. 橡胶圈接口

随着管道加工技术的不断改进，钢筋混凝土管也可在工作坑内进行一次接口。常用的接口方法主要有以下几种：

对钢筋混凝土企口管采用橡胶圈接口。施工时，在企口间装一橡胶圈，将管壁在接头处分成内外两部分，插口深度和插头长度一般要相差 3～5mm，插入后间隙小的部分用来传递顶力，另一半不传递顶力，如图 6-26 所示。该方法一般用于较短距离的顶管。

对钢筋混凝土平口管采用“T”形接口或“F”形接口。“T”形接口是借助钢套管和橡胶圈起连接密封作用。施工时先在两管端的插入部分套上橡胶圈，然后插入“T”形钢套管，即完成接口操作，如图 6-27 所示。这种接口在小管径的直线管道的顶进中效果较好，但在顶进出现偏差或在曲线地段施工时，由于横向力的出现，两管端间可能发生相对错动使钢套管倾斜，导致顶力迅速增加，最终撕裂钢套管，停止施工。

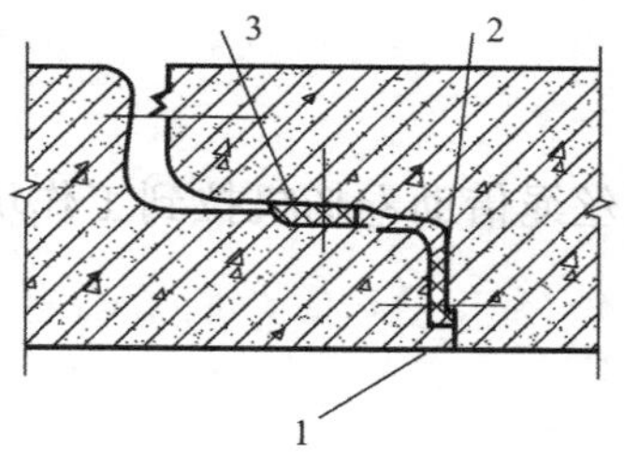

图 6-26　企口管胶圈接头

1—水泥砂浆；2—垫片；3—橡胶圈

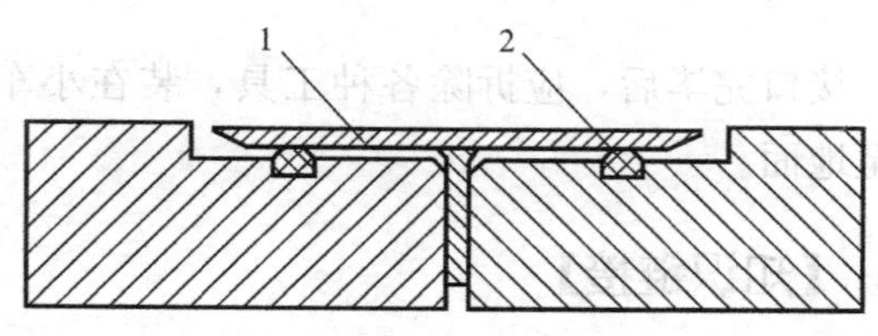

图 6-27　“T”形接口

1—“T”形套管；2—橡胶圈

对大中管径的钢筋混凝土管，现在偏向于采用“F”形接口。“F”形接口的钢套管是一个钢筒，钢筒的一端与管道的一端牢固地固定在一起，形成插口，管道的另一端混凝土做成插头，插头上有安装橡胶圈的凹槽。相邻两管段连接时，先在插头上安装好橡胶圈，在插口上安装好垫片，然后将插头插入插口即完成连接，如图 6-28。施工时一定要注意插口的方向，使插口始终朝向下游，避免接口漏水。

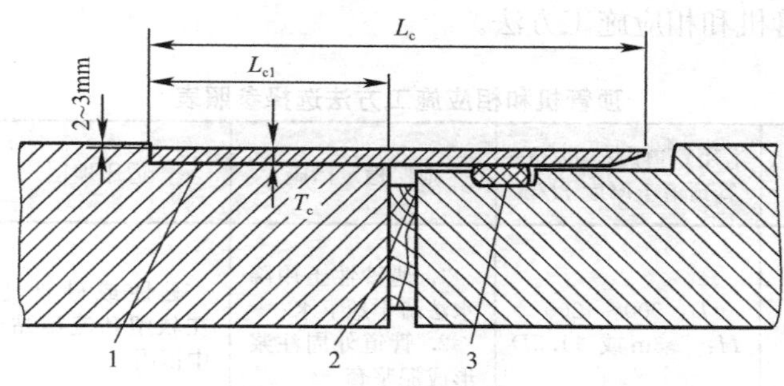

图 6-28　“F”形接口

1—钢套管；2—垫片；3—橡胶圈

4. 焊接

钢管一般采用手工电弧焊不转动焊接接口。焊接前，应先用洗涤剂和钢丝刷，将焊接面上的铁锈、油垢等杂质污物清除干净，并保持干燥；然后插入木楔调整管子对口间隙及管面平整度，使整个周边上管面高低偏离一致，使接口周边都保持同样的应有间隙。焊接时一般采用点焊。管壁厚度在 6mm 以下时，采用平焊缝；管壁厚度为 6～14mm 时，采用“V”形焊缝；管壁厚度在 14mm 以上时，采用“X”形焊缝。点焊长度和点数见表 6-2。在工作坑内焊接完毕后，再进行顶进施工。

钢管接口点焊长度和点数　　表 6-2

管径（mm）	电焊长度（mm）	点数（个）
80～150	15～30	3
200～300	40～50	4
350～500	50～60	5
600～700	60～70	6
＞700	80～100	间距 400mm

七、拆除工具

接口完毕后，应拆除各种工具，装在小车上，用钢丝绳借助卷扬机拉到工作坑内并运至地面。

【知识链接】

一、不开槽施工分类

市政管道的不开槽施工可归纳为顶管法、管道牵引不开槽铺设、盾构法等。其中顶管施工分为人工开放式顶进施工法（手掘式、挤压式）；泥水平衡封闭式顶进施工法（网格水冲式、刀盘掘进式、岩盘破碎式）；土压平衡封闭式顶进施工法（大刀盘式、多刀盘式）。

市政管道的不开槽施工，最常用的是顶管施工，顶管施工应主要根据土质情况、地下水位、施工要求等，在保证工程质量、施工安全等的前提下，合理选用顶管机型。可参照表6-3选择顶管机和相应施工方法。

顶管机和相应施工方法选择参照表　　表6-3

编号	顶管机形式	适用管道内径 D/mm 管顶覆土厚度 H/m	地层稳定措施	适用地层	适用环境
1	手掘式	D：900～4200 H：≥3m或≥1.5D	1. 遇砂性土用降水法疏干地下水； 2. 管道外周注浆形成泥浆套	黏性或砂性土，在软塑和流塑黏土中慎用	允许管道周围地层和地面有较大变形，正常施工条件下变形量10～20cm
2	挤压式	D：900～4200 H：≥3m或≥1.5D	1. 适当调整推进速度和进土量； 2. 管道外周注浆形成泥浆套	软塑和流塑性黏土，软塑和流塑的黏性土夹薄层粉砂	允许管道周围地层和地面有较大变形，正常施工条件下变形量10～20cm
3	网格式（水冲）	D：1000～2400 H：≥3m或≥1.5D	适当调整开口面积，调整推进速度和进土量，管道外周注浆形成浆套	软塑和流塑性黏土，软塑和流塑的黏性土夹薄层粉砂	允许管道周围地层和地面有较大变形，精心施工条件下地面变形量可小于15cm
4	斗铲式	D：1800～2400 H：≥3m或≥1.5D	气压平衡工作面土压力，管道周围注浆形成泥浆套	地下水位以下的砂性土和黏性土，但黏性土的渗透系数应不大于10^{-4}cm/s	允许管道周围地层和地面有中等变形，精心施工条件下地面变形量可小于10cm
5	多刀盘土压平衡式	D：900～2400 H：≥3m或≥1.5D	胸板前密封舱内土压平衡地层和地下水压力，管道周围注浆形成泥浆套	软塑和流塑性黏土，软塑和流塑的黏性土夹薄层粉砂；黏质粉土中慎用	允许管道周围地层和地面有中等变形，精心施工条件下地面变形量可小于10cm

续表

编号	顶管机形式	适用管道内径 D/mm 管顶覆土厚度 H/m	地层稳定措施	适用地层	适用环境
6	刀盘全断面切削土压平衡式	D：900～2400 H：≥3m 或≥1.5D	胸板前密封舱内土压平衡地层和地下水压力，以土压平衡装置自动控制，管道周围注浆形成泥浆套	软塑和流塑性黏土，软塑和流塑的黏性土夹薄层粉砂；黏质粉土中慎用	允许管道周围地层和地面有较小变形，精心施工条件下地面变形量可小于 5cm
7	加泥式机械土压平衡式	D：600～4200 H：≥3m 或≥1.5D	胸板前密封舱内混有黏土浆液的塑性土压力平衡地层和地下水压力，以土压平衡装置自动控制，管道周围注浆形成泥浆套	地下水位以下的黏性土、砂质粉土、粉砂。地下水压力 ＞200kPa，渗透系数≥10^{-3}cm/s 时慎用	允许管道周围地层和地面有较小变形，精心施工条件下地面变形量可小于 5cm
8	泥水平衡式	D：250～4200 H：≥3m 或≥1.5D	胸板前密封舱内的泥浆压力平衡地层和地下水压力，以泥浆平衡装置自动控制，管道周围注浆形成泥浆套	地下水位以下的黏性土、砂性土。渗透系数＞10^{-1}cm/s，地下水流速较大时，严防护壁泥浆被冲走	允许管道周围地层和地面有很小变形，精心施工条件下地面变形量可小于 3cm
9	混合式顶管机	D：250～4200 H：≥3m 或≥1.5D	上述方法中两种工艺的结合	根据组合工艺而定	根据组合工艺而定
10	挤密式顶管机	D：150～400 H：≥3m 或≥1.5D	将泥土挤入周围土层而成孔，无须排土	松软可挤密地层	允许管道周围地层和地面有较大变形

注：表中的 D、H 值可根据具体情况进行适当调整。

二、千斤顶的安装应符合下列规定：

1. 千斤顶宜固定在支架上，并与管道中心的垂线对称，其合力的作用点应在管道中心的垂直线上。

2. 当千斤顶多于一台时，应取偶数，应规格相同，行程同步，每台千斤顶的使用压力不应大于其额定工作压力，千斤顶伸出的最大行程应小于油缸行程 10cm 左右。当千斤顶规格不同时，其行程应同步，并应将同规格的千斤顶对称布置。

3. 千斤顶的油路必须并联，每台千斤顶应有进油、退油的控制系统。

油泵安装和运转应符合下列规定：

（1）油泵宜设置在千斤顶附近，油管应顺直、转角少；

（2）油泵应与千斤顶相匹配，并应有备用油泵；油泵安装完毕，应进行试运转；

（3）顶进开始时，应缓慢进行，待各接触部位密合后，再按正常顶进速度顶进；

（4）顶进中若发现油压突然增高，应立即停止顶进，检查原因并经处理后方可继续顶进；

（5）千斤顶活塞退回时，油压不得过大，速度不得过快。

三、顶管设备安装要点与注意事项

1. 千斤顶宜固定在支架上，并与管道中心的垂线对称，其安装高程宜使千斤顶的着力点位于管端面垂直直径的$\frac{1}{4}$处左右，如需安装多台千斤顶，其规格宜相同，规格不同时其冲程宜相同，同时千斤顶的油路必须并联。

2. 油压控制箱宜布置在千斤顶附近，并与千斤顶配套。

3. 工作坑的总电源闸箱必须安装漏电保护装置，工作坑内一律使用36V以下的照明设备。

4. 起重设备应有专人操纵，正式作业前应试吊，吊离地面100mm左右时，检查重物和设备有无异常，确认安全后方可起吊。

工作坑上的平台口必须安装护栏，上下人处设置牢固方便的爬梯。

四、工作坑的质量标准

建设部《市政排水管渠工程质量检验评定标准》CJJ 3—90中，关于顶管工作坑允许偏差的规定见表6-4。

顶管工作坑允许偏差　　表6-4

<table>
<tr><th rowspan="2">序号</th><th rowspan="2" colspan="2">项目</th><th rowspan="2">允许偏差</th><th colspan="2">检验频率</th><th rowspan="2">检验方法</th></tr>
<tr><th>范围</th><th>点数</th></tr>
<tr><td>1</td><td colspan="2">工作坑每侧宽度、长度</td><td>不小于设计规定</td><td>每座</td><td>2</td><td>挂中线用尺量</td></tr>
<tr><td rowspan="2">2</td><td rowspan="2">后背</td><td>垂直度</td><td>0.1%H</td><td rowspan="2">每座</td><td>1</td><td rowspan="2">用垂线与角尺</td></tr>
<tr><td>水平线与中心线的偏差</td><td>0.1%L</td><td>1</td></tr>
<tr><td rowspan="2">3</td><td rowspan="2">导轨</td><td>高程</td><td>+3mm
0</td><td rowspan="2">每座</td><td>1</td><td>用水准仪测</td></tr>
<tr><td>中线位移</td><td>左3mm
右3mm</td><td>1</td><td>用经纬仪测</td></tr>
</table>

五、顶进管道的质量标准

1. 所铺设的管道应满足如下两方面的要求：

（1）符合管道的既定功能要求；

（2）产生偏差的范围内不能损坏到其他的建筑和设备。

2. 顶进施工结束后，顶进管道应满足如下要求：

（1）顶进管道不偏移，管节不错口，管道坡度不得有倒落水；

（2）管道接口套环应对正管缝与管端外周，管端垫板粘接牢固、不脱落；

（3）管道接头密封良好，橡胶密封圈安放位置正确，需要时应按要求进行管道密封检验；

（4）管节无裂纹、不渗水，管道内部不得有泥土、建筑垃圾等杂物；

（5）顶管结束后，管节接口的内侧间隙应按设计规定处理；设计无规定时，可采用石棉水泥、弹性密封膏或水泥砂浆密封，填塞物应抹平，不得突入管内；

（6）钢筋混凝土管道的接口应填料饱满、密实，且与管节接口内侧表面齐平，接口套环对正管缝、贴紧，不脱落；

（7）工程竣工后，应编写竣工报告，认真完成资料的移交和存档；

（8）安全撤离现场，恢复施工现场的本来面目，做到不留隐患，对环境没有破坏和污染。

六、顶管允许偏差

一般情况下，顶管施工的允许偏差必须满足表 6-5 中列出的具体要求。

一般情况的顶管施工的最大允许偏差（mm）　　表 6-5

项目	允许偏差	
轴线位置	$D<1500$	<100
	$D\geqslant1500$	<200
管道内底高程	$D<1500$	$+30\sim-40$
	$D\geqslant1500$	$+40\sim-50$
相邻管间错口	钢管道	$\leqslant2$
	钢筋混凝土管道	15%壁厚且不大于 20
对顶时两端错口	50	

注：D 为管道内径（mm）。对于管道直径大于 2400mm 的长距离顶管施工或特殊困难地质条件下的顶管，允许偏差可以在满足管道设计的水力功能要求、使用要求和不损坏接头结构及防水性能要求等的条件下进行适当调整，但应经业主、设计单位等的确认和批准。

七、非开挖铺管新技术

顶管机施工法

顶管机施工法是目前市政顶管施工中最常用的方法。当今的顶管机是集机械、电气、液压、测量、控制、注浆、排泥等多项技术于一体，专用于铺设地下管道工程的主要技术设备。

优点：首先是安全性高。顶管施工法除竖井以外，几乎没有地面上的作业，不受地面交通、建筑物、河流等环境影响，可全天候施工；顶管施工是在钢壳的支护下进行的，因此可安全地进行开挖和衬砌等作业；顶管机的推进管道、背衬灌浆等作业都是重复循环进行，因此施工管理简单。其次是环保。顶管机对地面交通无影响，噪声、振动等的危害小，对周围环境干扰少。再次是经济性高。管道工程费用与覆盖土层的深浅无关，适合埋深、长大型管道施工；在确保掘进面安定的情况下，即使地质条件恶劣以及遇到地下设施等障碍，也比明挖工法经济性高。最后是效率高。背衬注浆以及推进中的监控等全部实现了机械化、自动化控制、劳动强度低，施工精度高，掘进速度快。

缺点：顶管机组装、解体、运输费用高，刀具磨损维修费用昂贵；顶管机重复使用率较低，一般掘进 5km 就要进行大修；顶管机型式的选择由工程地质、水文地质条件、管道断面尺寸等因素确定，因此，一般不能任意将在其他管道施工用的顶管机重复使用，需根据地质情况需要或制造加工，不能代用；当覆盖层较浅时，在顶管机的推进过程中很难防止地表沉陷，防护措施要求高；竖井附近由于顶管的作业会产生噪声和振动，特别是泥水处理设备的振动筛的低频振动，应加强管理；在曲线段施工时，顶管机因为是曲线推进，会造成急转弯处施工困难，因为后推液压缸压力递增，使后期进入困难。

顶管机适应土质范围广，软土、黏土、砂土、砂砾土、硬土均适用；破碎能力强，破碎粒径大，个数多；采用低速大扭矩传动方式，刀盘切削力较大，过载系数能达到3以上；施工精度高，可上、下、左、右方向纠偏，最大纠偏角度达2.5°，并可作较长距离顶进；有独立、完善的土体注水、注浆系统，可对挖掘面土体进行改良，从而扩大适用范围；结构紧凑，使用维修保养简单，在工作坑、接收坑中便于拆除。

根据工作面平衡理论，顶管机可分为泥水平衡式顶管机、土压平衡式顶管机、多功能顶管机等。其中泥水平衡式顶管施工技术是以含有一定量黏土且具有一定相对密度的泥水充满顶管机的泥水舱，并对其施加一定的压力，以平衡地下水压力和土压力的一种顶管施工方法。土压平衡式顶管施工技术是以顶管机土舱内泥土的压力来平衡顶管机所处土层的土压力和地下水压力的一种顶管施工方法。一般将管径在2m及以上的顶管机称为大口径顶管机，目前顶管施工的最大管径为3.6m。

（1）泥水平衡式顶管机

泥水平衡式顶管机（图6-29）是在加入添加剂、膨土、黏土以及发泡剂等使切削土塑性液化的同时，将切削刀盘切削下来的土砂用搅拌机搅拌成泥水状，使其充满开挖面与管道隔墙之间的全部开挖面，使开挖面稳定。添加剂注入装置由添加剂注入泵以及设置在切削刀盘或泥土室内的添加剂注入口等组成。注入装置、注入口径个数应根据土质、顶管直径和机械构造等考虑选择。添加剂的注入量、注入压力应根据切削刀盘扭矩的变化、向山体内浸透量、排土出渣状态以及泥土室内的泥土压等情况进行控制。

图6-29　泥水平衡顶管机

切削刀盘的正面形状有两种。一是面板形式，这种形式的顶管机是以泥土压入面板以维持开挖面的稳定；二是不设面板的轮辐形，这种形式的顶管机是以泥土压和轮辐结合以保持开挖面的稳定。面板形的顶管机，在面板上设有切口开闭装置，顶管机在停止作业时关闭切口，以防止开挖面的坍塌，同时切口可以用来调节土砂的排出量。轮辐可以减轻铣刀的实际负荷扭矩，增大排出开挖土砂的效果。选择哪一种形式要考虑开挖面

的安全性、泥水室内维修保养、切削刀头的更换难易程度以及排除障碍物作业的安定性等因素。这种型式的顶管机适用范围较广，一般适用于地下水压力高、细粒径少、流动性差的砂层和砂砾层等。

泥水平衡式顶管机是在机械式顶管机的前部设置隔板，其形式是在刀盘切削山体时给泥水施加一定的压力，在使开挖面保持稳定的同时，将切削土以流体的方式输送出去。这种形式的顶管机构造包括开挖山体的切削机构、循环泥水用的排送泥水机构、使泥水分离的泥水处理机构以及将一定性质的泥水输送到开挖面上的配泥机构等。切削机构与机械式顶管机相同，由切削刀盘和安装在前端的切削刀头构成。搅拌机构设置在泥土室内，以防止泥土室吸入口的堵塞及稳定开挖面。搅拌机构包括切削刀盘（刀头、轮辐、中间横梁）、在泥土室下方的排泥口、入口附近设置的搅拌装置和铣刀背面搅拌叶片。排送泥水机构及控制机构由以下几部分组成：①将配置的泥水由设置在泥土室上方的送泥管输送到开挖面，控制开挖面水压的送泥管路；②将切削的土砂由设置在泥土室下部的排泥管向处理设备输送的排泥管路；③作业停止，或管路接长时等用的旁通管路；④控制开挖面水压的开挖面水压保持管路。根据施工条件还设有循环管路。在送泥、排泥的各管路中设置数个泵和阀门，在管道中为了控制开挖面水压和土压的稳定而设有压力计、流量计以及密度计等仪器。为了不使泥土在管内沉淀还设置了控制流速机构。在切削砾石层时，被切削下来的石渣中会夹杂有大块砾石，因此应根据排泥设备（泥浆泵、排泥管）的能力设置砾石处理装置。砾石处理装置由设置在泥土室内和设置在排泥管中2种方式。因此，在选择砾石处理装置时，应根据砾石的粒径大小、砾石的数量、顶管的直径和砾石处理能力等因素考虑确定。泥水处理装置的功能是将排送到地面上的泥水经一次分离装置分离后，将砾石、砂等分离出去，将凝集剂加入到剩余的淤泥、黏土等土砂中使之形成团状块，然后经机械或其他强制方法进行脱水分离出去。配泥机构的功能是在分离土砂后遗留下来的泥水里加入泥土、添加剂等，并调整为适当的比重、浓度、黏性等，然后再将配置好的泥水输送到开挖面，形成再循环使用。切削刀盘的长条切口处设有开启装置，根据土质的不同调节其开口大小的幅度，当作业停止时将长条切口全部关闭。泥水式顶管机主要适用于砂层、砂卵层、淤泥、黏土层以及黏土交错层。

（2）土压平衡式顶管机

土压平衡式顶管机（图6-30）包括使开挖面稳定的切削机构、搅拌切削土的混合搅拌机构、排出切削土的排土机构和给切削土一定压力的控制机构。土压平衡式顶管机切削机构与机械式相同，具有切削刀盘和在切削刀盘前面安装的切削刀头。混合搅拌机构设置的目的是使切削的土砂产生相对运动，防止切削土的附着和沉淀。混合搅拌机构包括切削刀盘（刀头、轮辐、中间横梁）、铣刀背面搅拌叶片、设置在螺旋搅拌机轴上的搅拌叶片、在隔墙上或在泥土室的墙上设置的搅拌叶片和单独驱动的搅拌叶等。

图6-30　土压平衡顶管机

排土机构和控制机构设置的目的是为了使切削土的排土量与顶管机掘进速度相匹配。排土机构主要是螺旋输送器，而控制排土量的机构有闸门、排土口加压装置，排土采取旋转送料、压送式和泥浆泵等方式。在选择以上机构形式时，除考虑土质、粒径以及地下水压力等山体条件以外，还需考虑管道的断面及坑道内的各种因素，以选择最合适的设备。在顶管机的隔墙上安装有土压计，用以测量泥土室内的土压力，控制和保持土室内土压保持平衡状态。这种土压式顶管机由于切削土的泥土化方法不同，分为土压式顶管机和泥土加压式顶管机。土压式顶管机的切削刀盘在回转过程中切削土砂，被切削的土砂充满开挖面与顶管隔墙间的泥土室内，顶管在推进的过程中用其推进力给予加压，使土压力作用于全部开挖面，以使开挖面稳定，同时在切削过程中用螺旋输送机排土。土压平衡式顶管机的搅拌机构将切削土砂搅拌成流动状态以便排土。这种顶管机适用于开挖含砂量小的塑性流动性软黏土。

(3) 多功能顶管机

多功能顶管机集机械、液压、激光、电控（含 PLC)、测量技术为一体，是既可在含有较大砾石、卵石等的软土中施工，又可在岩石或复杂地质条件中进行自动化非开挖地下管道施工的先进设备。主要用于城市及周围的地下管道铺设施工，也可用于开挖施工无法解决的穿越河底、公路、桥梁的管道铺设施工。

八、长距离顶管技术

顶管施工的一次顶进长度取决于顶力大小、管材强度、后背强度和顶进操作技术水平等因素。一般情况下，一次顶进长度不超过 60～100m。在市政管道施工中，有时管道要穿越大型的建筑群或较宽的道路，此时顶进距离可能超过一次顶进长度。因此，需要研究长距离顶管技术，提高在一个工作坑内的顶进长度，从而减少工作坑的个数。长距离顶管一般有中继间顶进、泥浆套顶进和覆蜡顶进等方法。

顶管中，一次顶进长度受设备能力、管材强度、后背强度及操作方法等因素限制，一般一次顶进长度约 40～60m。如这一长度不能满足设计要求，可采用中继间顶进、泥浆套减阻等方法顶进，以提高一次顶进长度。

1. 中继间顶进

中继间顶进就是把管道一次顶进的全长分成若干段，在相邻两段之间设置一个钢制套管，套管与管壁之间应有防水措施，在套管内的两管之间沿管壁均匀地安装若干个千斤顶，该装置称为中继间，如图 6-31 所示。中继间以前的管段用中继间顶进设备顶进，中继间以后的管段由工作坑的主千斤顶顶进。如果一次顶进距离过长，可在顶段内设几个中继间，这样可在较小顶力条件下，进行长距离顶管。

图 6-31　中继间

采用中继间顶管时，顶进一定长度后，即可安设中继间，之后继续顶进。当工作坑主千斤顶难以顶进时，开动中继间千斤顶，以后边管子为后背，向前顶进一个行程，然后开动工作坑内的千斤顶，使中继间后面的管子和中继间一同向前推进一个行程。而后再开动中继间千斤顶，如此连续循环操作，完成长距离顶进。

管道就位以后，应首先拆除第一个中继间，开动后面的千斤顶，将中继间空档推拢，接着拆第二个、第三个，直到把所有中继间空档都推拢后，顶进工作方告结束。

2. 泥浆套顶进

该法又称为触变泥浆法，是在管壁与坑壁间注入触变泥浆，形成泥浆套，以减小管壁与坑壁间的摩擦阻力，从而增加顶进长度。一般情况下，可比普通顶管法的顶进长度增加 2～3 倍。长距离顶管时，也可采用中继间——泥浆套联合顶进。

（1）触变泥浆的组成

触变泥浆的触变性在于泥浆在输送和灌注过程中具有流动性、可泵性和承载力，经过一定时间的静置，泥浆固结产生强度。

触变泥浆是由膨润土掺合碳酸钠加水配制而成。为了增加触变泥浆凝固后的强度，可掺入石灰膏做固凝剂。但为了使施工时保持流动性，必须掺入缓凝剂（工业六糖）和塑化剂（松香酸钠）。触变泥浆的配合比见表 6-6，各种掺入剂的配合比见表 6-7。

触变泥浆配合比（重量比） **表 6-6**

膨润土的胶质价	膨润土	水	碳酸钠
60～70	100	524	2～3
70～80	100	524	1.5～2
80～90	100	614	2～3
90～100	100	614	1.5～2

触变泥浆掺入剂配合比（重量比，以膨润土为 100） **表 6-7**

石灰膏	工业六糖	松香酸钠（干重）	水
42	1	0.1	28

膨润土是粒径小于 2μm 的微晶高岭土，主要矿物成分是 Si—Al—Si（硅—铝—硅），密度为 0.83～1.13×10^{3}kg/m^3。对膨润土的要求是：

1）膨润倍数要大于 6。膨润倍数越大，造浆率就越大，制浆成本就越低。

2）胶质价要稳定，保证泥浆有一定的稠度，不致因重力作用使颗粒沉淀。

膨润土的胶质价可用如下方法测定：

① 将蒸馏水注入直径为 25mm，容量为 100mL 的量筒中，至 60～70mL 刻度处；

② 称膨润土试料 15g，放入量筒中，再加入水至 95mL 刻度处，盖上塞子，摇晃 5min，使膨润土与水混合均匀；

3）加入氧化镁 1g，再加水至 100mL 刻度，盖好塞子，摇晃 1min；

4）静置 24h 使之沉淀，沉淀物的界面刻度即为膨润土的胶质价。

（2）触变泥浆的拌制设备

1）泥浆封闭设备包括前封闭管和后封闭圈，主要作用是防止泥浆从管端流出；

2）调浆设备包括拌和机和储浆罐等；

3）灌浆设备包括泥浆泵（或空气压缩机、压浆罐）、输浆管、分浆罐及喷浆管等。

前封闭管（注浆工具管）的外径应比所顶管道的外径大 40～80mm，以便在管外形成一个 20～40mm 厚的泥浆环。前封闭管前端应有刃脚，顶进时切土前进，使管外土壤紧贴前封闭管的外壁，以防漏浆，如图 6-32 所示。

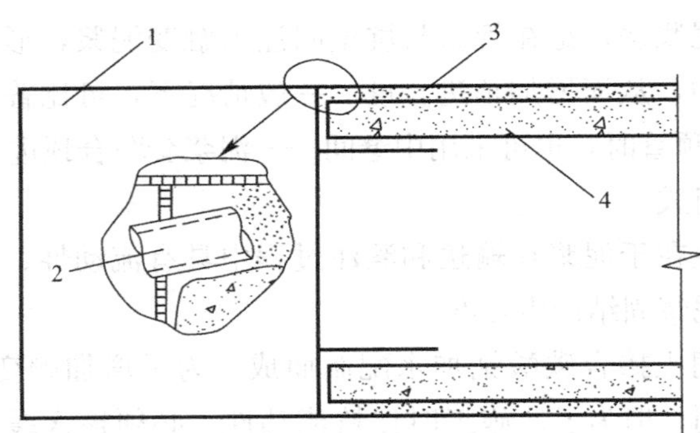

图 6-32　前封闭管装置

1—工具管；2—注浆口；3—泥浆套；4—钢筋混凝土管

管道顶入土内，为防止泥浆从工作坑壁漏出，应在工作坑壁处修建混凝土墙，墙内预埋喷浆管和安装后封闭圈用的螺栓，图 6-33 所示为橡胶止水带后封闭圈。

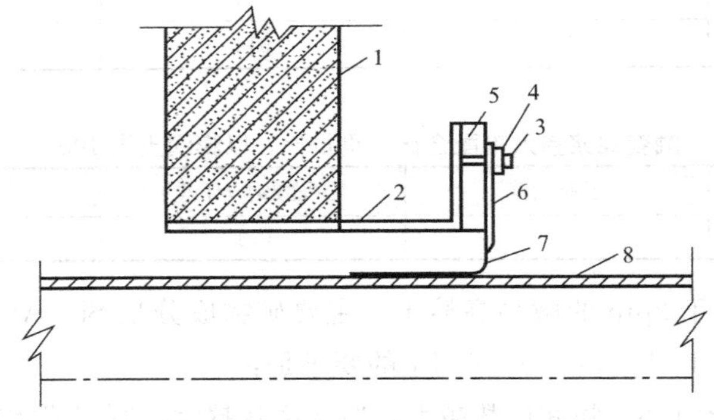

图 6-33　工作坑壁橡胶止水带后封闭圈

1—混凝土墙；2—预埋钢管；3—预埋螺栓；4—固紧螺母；5—环形木盘；6—压板；7—橡胶止水带；8—顶进管道

九、管道牵引不开槽铺设

1. 普通牵引法

该法是在管前端用牵引设备将管道逐节拉入土中的施工方法。施工时，先在预铺设管线地段的两端开挖工作坑，在两工作坑间用水平钻机钻成通孔，孔径略大于穿过的钢丝绳直径，在孔内安放钢丝绳。在后方工作坑内进行安管、挖土、出土、运土等工作，

操作与顶管法相同，但不需要设置后背设施。在前方工作坑内安装张拉千斤顶，用千斤顶牵引钢丝绳把管道拉向前方，不断地下管、锚固、牵引，直到将全部管道牵引入土为止，如图6-34所示。

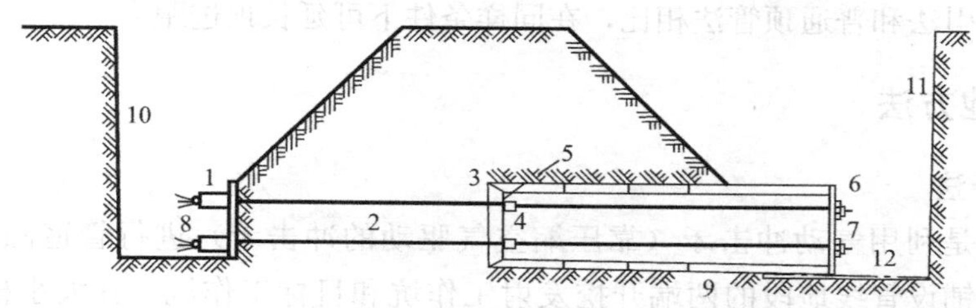

图6-34　管道牵引铺设

1—张拉千斤顶；2—钢丝绳；3—刃角；4—锚具；5—牵引板；6—紧固板；7—锥形锚；8—张拉锚；9—牵引管节；10—前工作坑；11—后工作坑；12—导轨

普通牵引法适用于直径大于800mm的钢筋混凝土管、短距离穿越障碍物的钢管的敷设。在地下水位以上的黏性土、粉土、砂土中均可采用，施工误差小、质量高，是其他顶进方法所难以比拟的。施工时千斤顶的牵引力很大，必须将钢丝绳的两端锚固后才能牵引。该法把后方顶进管道改为前方牵引管道，因此不需要设置后背和顶进设备，施工简便，可增加一次顶进长度，施工偏差小；但钻孔精度要求严格，钢丝绳强度及锚具质量要求高，以免发生安全和质量事故。

2. 牵引挤压法

该方法同普通牵引法一样，先在两工作坑间用水平钻机钻成通孔，孔径略大于穿过的钢丝绳直径，在孔内安放钢丝绳。在后方工作坑内安装锥形刃脚，刃脚的直径与被牵引管道的管径相同，如图6-35所示，安装在管节前端。刃脚通过钢丝绳的牵引先挤入土内，将管前土沿锥形面挤到管壁周围，形成与被牵引管道管径相同的土洞，带动后面的管节沿着土洞前进。

图6-35　牵引接头

牵引挤压法适用于在天然含水量的黏性土、粉土和砂土中，敷设管径不超过400mm的焊接接口钢管，管顶覆土厚度一般不小于管径的5倍，以免地面隆起，牵引距离一般不超过40m。牵引挤压法的工效高、误差小、设备简单、操作简易、劳动强度低，不需要挖土、运土，用工较少。但只能牵引小口径的钢管，使用受到了一定程度的限制。

3. 牵引顶进法

牵引顶进法是在前方工作坑内牵引导向的盾头，而在后方工作坑内顶入管道的施工方法。在施工过程中，由盾头承担顶进过程中的迎面阻力，而顶进千斤顶只承担由土压及管重产生的摩擦阻力，从而减轻了顶进千斤顶的负担，在同样条件下，可比管道牵引及顶管法的顶进距离大。

牵引顶进法吸取了牵引和顶进技术的优点，适用于在黏土、砂土，尤其是较硬的土质中，进行钢筋混凝土排水管道的敷设，管径一般不小于 800mm。由于千斤顶负担的减轻，与普通牵引法和普通顶管法相比，在同样条件下可延长顶进距离。

十、其他方法

1. 气动矛法

气动矛法是利用气动冲击矛（靠压缩空气驱动的冲击矛）进行管道的非开挖铺设，施工时先在欲铺设管线地段的两端开挖发射工作坑和目标工作坑，其大小根据矛体的尺寸、管道铺设的深度、管道类型等确定。在发射工作坑中放入气动冲击矛，并置于发射架上，用瞄准仪调整好矛体的方向和深度。在压缩空气的作用下启动冲击矛内的活塞做往复运动，不断冲击矛头，矛头挤压周围的土层形成钻孔，并带动矛体沿着预定的方向进入土层。当矛体的$\frac{1}{2}$进入土层后，再用瞄准仪校正矛体的方向，如有偏差应及时纠正。这样，随着气动矛的不断前进，就可将直径比矛体小的管道拉入孔内达到目标工作坑，完成管道的铺设工作，如图 6-36 所示。根据地层土质条件，也可先成孔，随着气动矛的后退将管道拉入，或边扩口边将管道拉入。

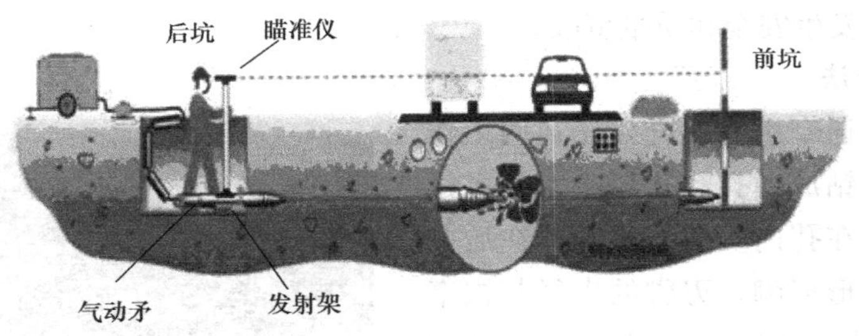

图 6-36　气动矛施工法示意

气动矛施工中常用的施工机具主要有：冲击矛、空气压缩机、注油器、高压胶管、发射架、瞄准仪、拉管接头等。

冲击矛是主要的钻具，由钢质外壳、冲击活塞、控制活塞和矛头组成。

近年来，为了克服冲击矛施工的盲目性，提高施工精度，先后研制开发了可测式冲击矛和可控式冲击矛，并对矛头进行了一定的改进。可测式冲击矛是在矛头内附加一个信号发射装置，施工时在地表用手持式探测器接收该信号发射装置发射出来的信号，并显示其深度和平面投影位置，如图 6-37 所示。当发现冲击矛严重偏离设计方向，或接近现有的地下管道时，可退回冲击矛重新开孔。可控式冲击矛是在可测式冲击矛的基础上，利用带斜面的矛头来控制冲击矛的推进方向，因而施工精度高。

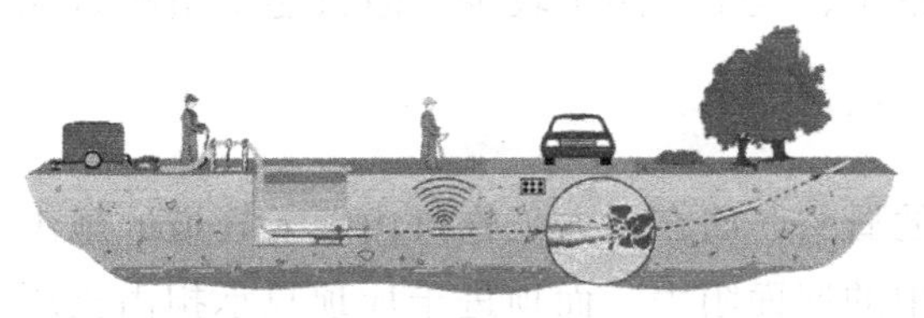

图 6-37　可测式冲击矛施工示意

气动矛法一般适用于在无地下水的均质土层中铺设管径为 30～250mm 的各种地下管线，如 PVC 管、PE 管、钢管和电缆等，管线长度一般为 20～60m。由于该法以冲击挤压的方式成孔，容易造成地表隆起现象。为避免出现地表隆起现象，一般要求地下管线的埋设深度应大于冲击矛直径的 10 倍，如果管线并排平行敷设，相邻管线的距离也应大于冲击矛直径的 10 倍，以免破坏邻近管线。

2. 夯管法

夯管施工法是指用夯管锤（低频、大冲击功的气动冲击器）将欲铺设的钢管沿设计路线直接夯入地层，实现非开挖穿越铺管。施工时，夯管锤产生的较大的冲击力直接作用于钢管的后端，通过钢管传递到钢管最前端的管鞋上切削土体，并克服土层与管体之间的摩擦力使钢管不断进入土层。随着钢管的夯入，被切削的土芯进入钢管内，待钢管达到目标工作坑后，将钢管内的土用压缩空气或高压水排出，而钢管则留在孔内，如图 6-38 所示。

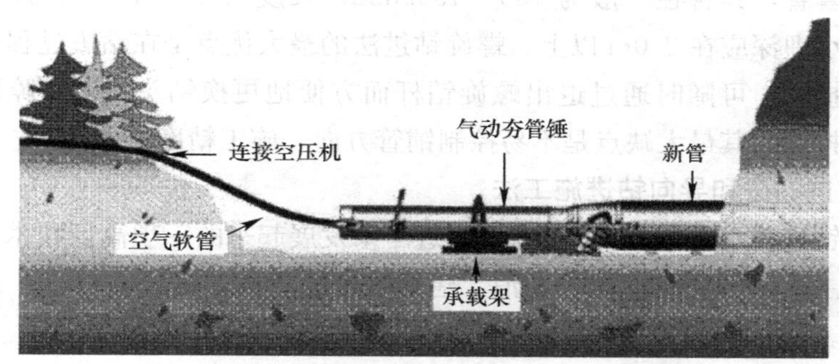

图 6-38　夯管施工法示意

施工过程中，首先要将夯管锤固定在工作坑内，并精确定位，然后用锥形接头和张紧带将夯管锤连接在钢管的后面，夯管锤和钢管的中心线必须在同一直线上，钢管的焊接要平整、光滑，以保证施工质量。

夯管施工法的主要机具有空气压缩机、夯管锤、带爪卡盘、锥形接头、张紧带、管鞋等。空气压缩机的工作压力为 0.6～0.7MPa，排气量较大，最大可达 $50m^3/min$。夯管锤通常是低频、大冲击功的气动冲击锤，有时可用气动矛代替。

带爪卡盘罩在锤的后端，卡盘上的爪用于挂张紧带。张紧带是柔韧性强的尼龙带，在锤的两侧对称张紧，以便锤的能量有效地传递给钢管。管鞋焊接在钢管前端，主要用来切割土体，减少土层及土芯与钢管外壁及内壁的摩擦力。

夯管法适用于在不含大卵砾石的各种地层（包括含水地层）中，敷设管径在 50～2000mm 的钢管，管线长度一般为 20～80m。其优点是对地表的干扰小，设备简单，施工成本低。

3. 水平螺旋钻进法

水平螺旋钻进法又称水平干钻法，施工时先开挖工作坑，将螺旋水平钻机安放在工作坑内，由钻机的钻头切土，欲铺设的钢管套在螺旋钻杆之外，由钻机的顶进油缸向前顶进，钢管间焊接连接。在稳定的地层中，当欲铺设的管道较短时，可采用无套管的方式施工，即先成孔后再将欲铺设的管道拉入或顶入孔内。施工中采用的螺旋钻机如图 6-39 所示。

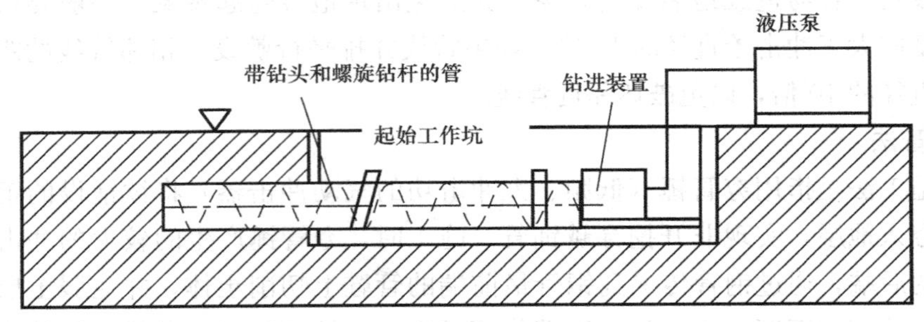

图 6-39　水平螺旋钻进施工示意

水平螺旋钻进法适用于在软至中硬的不含水土层、黏土层和稳定的非黏性土层中，敷设钢管或钢套管，其管径一般为 100～1500mm，长度为 20～100m。为了防止地表隆起，管道的最小埋深应在 2.0m 以上。螺旋钻进法的最大优点是在钻进过程中若地层发生变化或钻头磨损时，可随时通过退出螺旋钻杆而方便地更换钻头；遇到障碍物时，也易用人工的方法排除。其最大缺点是不易控制铺管方向，施工精度较差。

4. 水平定向钻进和导向钻进施工法

水平定向钻进技术又称 HDD 技术，是近年来发展起来的一项高新技术，是石油钻探技术的延伸。主要用于穿越河流、湖泊、建筑物等障碍物，铺设大口径、长距离的石油和天然气管道。

施工时，将钻机牢固地锚固在地面上，把探头装入探头盒内，导向钻头连接到钻杆上，转动钻杆测试探头发射是否正常；回转钻进 2m 左右后开始按设计的轨迹，先施工一个导向孔，随后在钻杆柱端部换接大直径的扩孔钻头和直径小于扩孔钻头的待铺管道，在回拉扩孔的同时将待铺管道拉入钻孔，完成铺管作业，如图 6-40 所示。

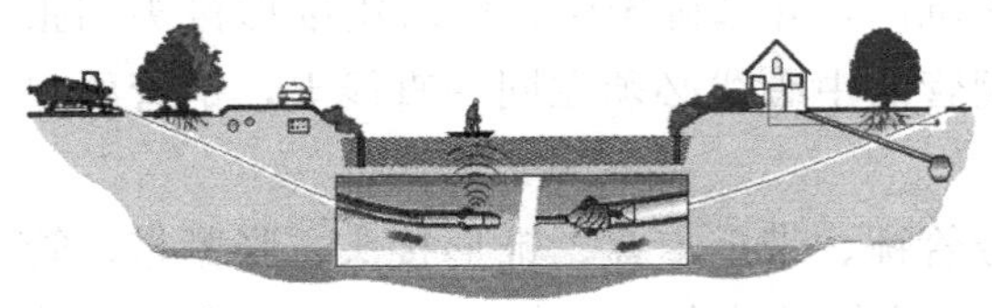

图 6-40　水平导向钻进施工示意

水平导向钻进与定向钻进的原理基本相同，按照国际上通用的分类方法，将采用小型定向钻机施工的方法称为导向钻进，一般用于铺设管径小、长度短的管道；采用大中型定向钻机施工的方法称为定向钻进，一般用于铺设管径大的管道。

导向孔是通过导向钻头的高压水射流冲蚀破碎、旋转切削成孔的，导向钻头的前端为 15°造斜面，在钻具不回转钻进时，造斜面对钻头有一偏斜力，使钻头向着斜面的反方向偏斜，起到造斜作用。钻具在回转钻进时，由于斜面在旋转中方向不断改变，斜面周向各方向受力均等，使钻头沿直线前进。施工中通常采用导向仪来确定钻头所在的位置，以保证施工精度。

定向孔的施工方法要根据土质确定。一般在松软地层中，靠高压水射流切割成孔；在坚硬地层中，靠钻头破碎钻进成孔。导（定）向钻进设备主要包括用于探测管线的导向仪和导（定）向钻机。导向仪用来随钻测量深度、顶角、工具面向角、温度等基本参

数，并将这些参数值直观地提供给钻机操作者，以准确地控制钻孔的方向，保证施工质量。通常用的导向仪有手持式、有缆式、无缆式三种。手持式导向仪由孔内探头、手持式接收机和同步显示器三部分组成。

在交通繁忙的城市道路下穿越铺管时，手持式导向仪使用不便，易产生交通事故；穿越河流时，需要船只配合才能使用。所有这些都给施工带来了很大的麻烦，使手持式导向仪的使用受到了一定的限制。

有缆式导向仪有两种，一种是应用磁通门和加速度计作为测量元件，另一种是在手持式导向仪的基础上加以改进，通过电缆向孔底探头提供电源，同时用电缆传输顶角和工具面向角等基本参数，深度还是通过手持式接收机来测定。

有缆导向仪虽然克服了手持式导向仪的一些缺点，但电缆传输的信息需通过滑环导出，每接一根钻杆就需要做一个电缆接头，操作繁琐；同时电缆的使用是一次性的，电缆接头多使故障概率增加。为了克服这些缺点，可使用无缆导向仪。

无缆导向仪以电磁波传输信息，基本测量元件也是磁通门和加速度计。施工效果良好。

导（定）向钻机是水平钻进设备，美国按照钻机铺设管线的直径和长度能力，将其分为小型、中型和大型三类。小型钻机适用于电信电缆、电力电缆和聚乙烯燃气管的铺设，铺管直径为50～250mm，最大铺管长度100m，最大铺管深度5m。中型钻机适用于穿越河流、道路和环境敏感区域的管道铺设，铺管直径为250～800mm，最大铺管长度600m，最大铺管深度20m。大型钻机适用于穿越河流、高速公路、铁路的管道铺设，铺管直径为800～2000mm，最大铺管长度2000m，最大铺管深度60m。

5. 盾构法

在市政管道的不开槽施工中，顶管施工一般用于单根管道的敷设。而当管线过多且集中布置时，一般需要修建地下管廊，此时宜采用盾构施工法。盾构法广泛应用于铁路隧道、地下铁道、地下隧道、水下隧道、水工隧洞、城市地下管廊、地下给水排水管沟的修建工程。安装不同的掘进机构，盾构可在岩层、砂卵石层、密实砂层、黏土层、流砂层和淤泥层中掘进。在施工过程中应根据掘进地段的土质、施工段长度、地面情况、隧道形状、隧道用途、工期等因素确定盾构的形式。

盾构是不开槽施工时用于地下掘进和拼装衬砌的施工设备。使用盾构开挖隧道的方法就是盾构法。

(1) 盾构法的施工原理

盾构法施工时，先在需施工地段的两端，各修建一个工作坑（又称竖井），然后将盾构从地面下放到起点工作坑中，首先借助外部千斤顶将盾构顶入土中，然后再借助盾构壳体内设置的千斤顶的推力，在地层中使盾构沿着管道的设计中心线，向管道另一端的接收坑中推进，如图6-41所示。同时，将盾构切下的土方外运，边出土边将砌块运进盾构内，当盾构每向前推进1～2环砌块的距离后，就可在盾尾衬砌环的掩护下将砌块拼成管道。在千斤顶的推进过程中，其后座力传至盾构尾部已拼装好的砌块上，继而再传至起点井的后背上。当管廊拼砌一定长度后就可作为千斤顶的后背，如此反复循环操作，即可修建任意长度的管廊（或管道）。在拼装衬砌过程中，应随即在砌块外围与土层之间形成的空隙中压注足够的浆液，以防地面下沉。

图 6-41 盾构法施工

（2）盾构组成

盾构一般由掘进系统、推进系统、拼装衬砌系统三部分组成。

1）掘进系统

市政管廊施工中使用的盾构是由钢板焊接成的圆形筒体，前部为切削环，中部为支撑环，盾尾为衬砌环。掘进系统主要是切削环，它位于盾构的最前端，作为支撑保护罩，在环内可安装挖土掘进设备或容纳施工人员在环内挖土和出土。施工时切入地层，掩护施工人员进行开挖作业。切削环的长度主要取决于支撑、挖土机具和操作人员回旋余地的大小。

2）推进系统

推进系统是盾构的核心部分，依靠千斤顶将盾构向前推动。千斤顶采用油压系统控制，由高压油泵、操作阀件等设备构成。每个千斤顶的油管须安装阀门，以便单个控制。也可将全部千斤顶分成若干组，按组分别进行控制。

推进系统位于盾构的中部，主要是支撑环。支撑环紧接于切削环之后，是一个刚性较好的圆形结构。地层土压力、所有千斤顶的顶力以及刃口、盾尾、衬砌拼装时传来的施工荷载等均由支撑环承担。支撑环的外沿布置盾构千斤顶。大型盾构将操作动力设备和拼装衬砌设备等都集中布置在支撑环内，中小型盾构可把部分设备放在盾构后面的车架上。

3）拼装衬砌系统

盾构被顶进后应及时在盾尾进行衬砌工作，在施工过程中已砌好的砌块可作为盾构千斤顶的后背，承受千斤顶的后座力，竣工后则作为永久性承载结构。拼装衬砌系统主要是衬砌环，它位于盾构尾部，由盾构的外壳钢板延长构成，主要是掩护砌块的衬砌和拼装，环内设有衬砌机构，尾端设有密封装置，以防止水、土及注浆材料从盾尾与衬砌环之间的间隙进入盾构内。

砌块通常采用钢筋混凝土或预应力钢筋混凝土预制，形状有矩形、梯形、中缺形等。砌块尺寸根据管廊大小和衬砌方法确定。

项目7 市政管道附属工程施工

【项目描述】

给水排水工程中，常修建各种类型的井室、检查井、雨水口、阀门井等附属构筑物。一般采用砖、石、混凝土等材料。请运用砖砌筑检查井，混凝土浇筑方沟。

【学习支持】

一、砌筑用砂浆

砂浆是由无机胶凝材料、细骨料和水拌制而成。根据需要可加入掺加剂。按砂浆的用途可分为砌筑砂浆、抹面砂浆、防水砂浆、装饰砂浆等；按砂浆所用的材料可分为水泥砂浆、混合砂浆、白灰砂浆等。给水排水构筑的砌筑一般采用水泥砂浆。

砂浆应严格按设计配合比配料，配料应过秤称量，水泥掺加剂的配料精度应控制在±2%以内，砂、粉煤灰等的配料精度控制在±5%以内。

砂浆一般采用砂浆搅拌机拌制，有时也可采用人工拌制。搅拌机拌和时间不小于1.5min；人工拌和时一般应在钢板或其他不渗水的平板上进行，必须拌和均匀。拌和后的砂浆应具有良好的保水性、流动性。若砂浆出现泌水现象，应在砌筑前再次拌和。砂浆应随拌随用，已拌和好的砂浆应在初凝前使用完毕，其积存时间不宜超过2h。同标号砂浆的强度平均值不应低于设计规定，任意一组试块强度不得低于设计强度标准值的0.75倍。每一砌筑段或100m^3砌体，留取砂浆试块不得小于一组，每组6块。

砌筑、勾缝与抹面均应采用水泥砂浆，其中水泥标号不应低于325号，砂宜采用质地坚硬、级配良好而洁净的中粗砂，其含泥量不应大于3%。

砂浆中掺用防水剂或防冻剂时，应符合国家现行有关标准规范的规定。

二、砌筑用砖、石

1. 砌筑用砖

市政给水排水构筑物大多采用机制普通黏土砖砌筑而成。

砌筑井室用砖应采用普通黏土砖，其强度不应低于 MU10，并应符合国家现行《烧结普通砖的强度等级》GB 5101—2003 标准的规定。机制普通砖的外形为直角平行六面体，标准尺寸为 240mm×115mm×53mm。在砌筑时考虑灰缝为 10mm，则每 4 块砖长、8 块砖宽和 16 块砖厚的长度均为 1m。

2. 砌筑石料

石料具有较高的硬度、抗压强度和耐久性，可就地取材。石料适用于砌筑基础、墙身、拱桥、堤坡、挡土墙、沟渠及进（出）水口等。

砌筑石材分为毛石和料石两大类：毛石又称片石或块石，是经过爆破直接获得的石块。按平整程度又可分为乱毛石和平毛石。乱毛石形状不规则，可用于砌筑基础墙身、堤坝、挡土墙，也可作为毛石混凝土的原料。平毛石是由乱毛石略经加工而成，可用于砌筑基础、墙身、桥墩、涵洞等。

料石又称条石，是由人工或机械开采出的较规则的六面体石块，再经凿琢而成。按其加工后的外形规则程度分为毛料石、粗料石、半细料石和细料石等。

砌筑用的石料应采用质地坚实无风化和裂纹的料石或块石，其强度等级不应低于 MU20 及设计要求。

除上述材料外，有时工程中还使用混凝土砌块。混凝土砌块的抗压强度、抗渗、抗冻指标应符合设计要求，其尺寸偏差应符合国家现行有关标准规范的规定。

【任务实施】

一、检查井的砌筑

1. 准备工作

(1) 清理基础表面，复核尺寸、位置和标高是否符合设计要求；

(2) 按设计要求选用合格机制普通黏土砖，并将砖湿润，但浇水应适量，否则会使墙面不清洁，灰缝不整；

(3) 准备砂浆，按照设计给定的砂浆配合比上料，拌制。控制好拌制时间，使砂浆拌和均匀，做到随拌随用。

除上述准备工作外，有时尚需准备脚手架。各种井井底基础应与管道基础同时浇筑。

图 7-1　全丁砌法

2. 圆形检查井砌筑技术要点

(1) 在已安装完毕的排水管的检查井位置处，放出检查井中心位置线，按检查井半径摆出井壁砖墙位置；

(2) 在检查井基础面上，先铺砂浆后再砌砖，一般圆形检查井采用全丁 24 墙砌筑，如图 7-1 所示。采用内缝小外缝大的摆砖方法，外灰缝塞碎砖，以减少砂浆用量。每层砖上下皮竖灰缝应错开。随砌筑随检查弧形尺寸。

(3) 井内踏步，应随砌随安随座浆，其埋入深度不得小于设计规定（参见国标S147)。踏步安装后，在砌筑砂浆未达到规定强度前，不得踩踏。混凝土检查井井壁的踏步在预制或现浇时安装。

(4) 排水管管口伸入井室30mm，当管径大于300mm时，管顶应砌砖圈加固，以减少管顶压力，当管径大于或等于1000mm时，拱圈高应为250mm；当管径小于1000mm时，拱圈高应为125mm。

(5) 砖砌圆形检查井时，随砌随检测检查井直径尺寸，当需收口时，若四面收进，则每次收进应不超过30mm；若三面收进，则每次收进最大不超过50mm。

(6) 排水检查井内的流槽，应在井壁砌到管顶时进行砌筑。污水检查井流槽的高度与管顶齐平；雨水检查井流槽的高度为管径的$\frac{1}{2}$。当采用砖砌筑时，表面应用1∶2水泥砂浆分层压实抹光，流槽应与上下游管道接顺。

(7) 砌筑检查井的预留支管，应随砌随安，预留管的管径、方向、标高应符合设计要求。管与井壁衔接处应严密不得漏水，预留支管口宜用低标号砂浆砌筑，封口抹平。

3. 抹面、勾缝技术要求

砌筑检查井、井室和雨水口的内壁应用原浆勾缝，有抹面要求时，内壁抹面应分层压实，如图7-2。外壁用砂浆搓缝应严密。其抹面、勾缝、座浆、抹三角灰等均采用1∶2水泥砂浆，抹面、勾缝用水泥砂浆的砂子应过筛。

(1) 抹面要求

当无地下水时，污水井内壁抹面高度抹至工作顶板底；雨水井抹至底槽顶以上200mm。其余部分用1∶2水泥砂浆勾缝。

当有地下水时，井外壁抹面，其高度抹至地下水位以上500mm。

抹面厚度20mm。抹面时用水泥板搓平，待水泥砂浆初凝后及时抹光、养护。

图7-2　内壁抹面

(2) 勾缝要求

勾缝一般采用平缝，要求勾缝砂浆塞入灰缝中，应压实拉平深浅一致，横竖缝交接处应平整。

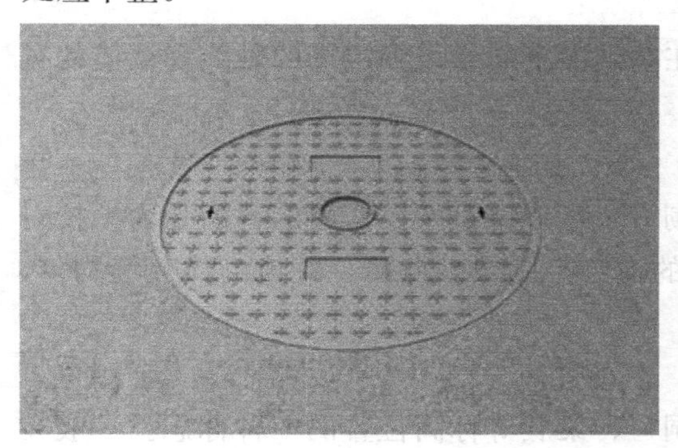

图7-3　井盖安装效果图

4. 井口、井盖的安装

检查井、井室及雨水口砌筑安装至规定高程后，应及时浇筑或安装井圈，盖好井盖。

安装时砖墙顶面应用水冲刷干净，并铺砂浆。按设计高程找平，井口安装就位后，井口四周用1∶2水泥砂浆嵌牢，井口四周围成45°三角。安装铸铁井口时，核正标高后，井口周围用C20细石混凝土填抹密实。

井盖安装效果如图 7-3 所示。

5. 检查井及井室允许偏差

检查井及井室允许偏差见表 7-1。

检查井及井室允许偏差　　表 7-1

项目		允许偏差（mm）
井身尺寸	长、宽	±20
	直径	±20
井盖与路面高程差	非路面	20
	路面	5
井底高程	*D*<1000	±10
	D>1000	±15

注：表中 *D* 为管内径（mm）。

二、方沟的砌筑

在城市排水、供热、电力、电信等工程中，常采用砖砌方沟或石砌方沟。

砖砌方沟及石砌方沟具有就地取材、施工方便、造价低等优点，因此，在工程中广泛应用。

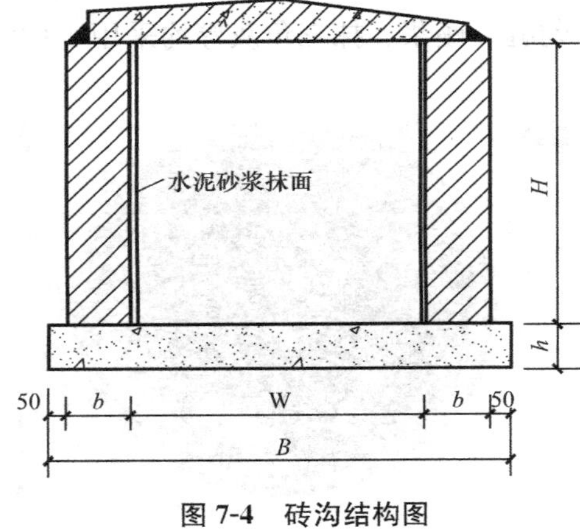

图 7-4　砖沟结构图

1. 砖砌方沟施工

砖砌方沟通常采用图 7-4 所示结构。由混凝土底板、砖墙和钢筋混凝土盖板组成。

砖砌方沟砌筑前应将砖用水浸透，并在检查基础尺寸、高程合格，混凝土强度达到 1.2N/mm²，基础面处理平整和洒水湿润后，方可按砌筑基线铺灰砌筑。

砌筑过程一般包括：抄平——放线——摆砖——立皮数杆——挂线砖筑——抹面——清理——盖板——土方回填。

（1）抄平

砌墙前先在基础面上定出标高，用水泥砂浆找平，使砖墙底部标高符合设计要求。

（2）放线

根据龙门板上给出的轴线和墙体尺寸，在基础面上用墨线弹出墙的轴线和墙体的宽度线，如图 7-5 所示。

（3）摆砖

摆砖是在放好线的基础面上，按选定组砌方式用干砖试摆。摆砖的目的是为了校对所放出的墨线在洞口、墙垛等处是否符合砖的模数，以减少砍砖，并使砌体灰缝均匀，组砌得当。摆砖一般由有经验的工人操作。

（4）立皮数杆

皮数杆是控制每皮砖和灰缝厚度，以及洞口、梁底等标高位置的一种标志。一般在墙体的转角、端头、墙的交接处以及在直线段 10～15m 设立一根。设立时皮数杆上的±0

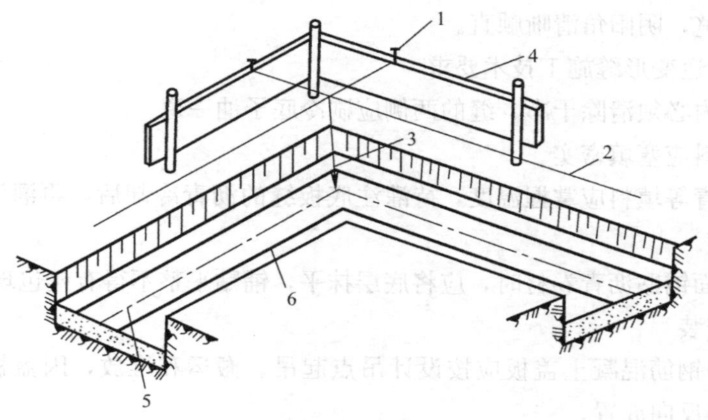

图7-5　基础放线

1—轴线钉；2—轴线；3—锤球；4—龙门板；5—基础轴线；6—基础宽度线

与基础面上测出的±0标高应相一致，使其牢固并且垂直。

（5）铺灰砌砖

砌筑渠道应按变形缝分段施工，砌筑时先挂好通线，铺灰砌第一皮砖，而后盘角及交接处，盘角不宜超过六皮砖。在盘角过程中，随时用靠尺检查墙角是否垂直平整，砖灰缝厚度是否符合皮数杆上的标志。在砌墙身时每砌一层砖，挂线往上移动一次，砌筑过程中应三皮一吊，五层一靠，以保证墙面垂直平整。

砖砌渠道墙体宜采用五顺一丁砌法，其底皮与顶皮均应用丁砖砌筑。

砖砌渠道应满铺满挤、上下错缝、内外搭砌，水平灰缝厚度和竖向灰缝宽度宜为10mm，并不得有竖向通缝。曲线段的竖向灰缝，其内侧灰缝宽度不应小于5mm，外侧灰缝不应大于13mm。

墙体有抹面要求时，应随砌随将挤出的砂浆刮平。墙体为清水墙时，应随砌随搂出深度10mm的凹缝。

砌筑须间断时，应预留阶梯型斜茬，接砌时应将斜茬冲净并铺满砂浆。斜茬长度不小于墙高的$\frac{2}{3}$。

（6）抹面

墙体砌筑至设计高程后应按设计要求抹面。砌筑渠体抹面应符合下列规定：

1）渠体表面粘接的杂物应清理干净，并洒水湿润。

2）水泥砂浆抹面宜分两道抹成。第一道抹成后用水泥板刮平，并使表面成粗糙纹，第二道砂浆抹平后，应分两次压实抹光。

3）施工缝留成阶梯形。接茬时，应先将留茬均匀涂刷水泥浆一道，并依次抹压，使接茬严密。阴阳角均应抹成圆角。

4）抹面砂浆终凝后，应及时保持湿润养护，养护时间不宜少于14d。

（7）水泥砂浆抹面质量要求。

1）砂浆与基层及各层间应粘结紧密牢固，不得有空鼓及裂纹等现象。

2）抹面平整度不应大于5mm。

3）接茬平整，阴阳角清晰顺直。

（8）砌筑渠道变形缝施工技术要求

1）变形缝内必须清除干净，缝的两侧应刷冷底子油一道。

2）缝内填料应塞填密实。

3）灌注沥青等填料应掌握温度，待灌注底板缝的沥青冷却后，再灌注墙缝，并应一次连续灌满灌实。

4）缝外墙面铺贴沥青卷材时，应将底层抹平，铺贴平整不得有壅包现象。

（9）盖板安装

砌筑方沟的钢筋混凝土盖板应按设计吊点起吊、搬运和堆放，因盖板中钢筋多为单筋布置，故不得反向放置。

方沟钢筋混凝土盖板的安装应符合下列要求：

1）盖板前，墙顶应清扫干净洒水湿润，而后铺浆安装。

2）盖板安装的板缝宽度应均匀一致，吊装时应轻放不得碰撞。

3）盖板就位后，相邻板底错台不应大于 10mm。常在墙顶铺浆时加入小垫块，以使盖板底面找平。板端压墙长度，允许偏差为±10mm，板缝及板端的三角缝，应用水泥砂浆填抹密实，并与板面齐平。

2. 石砌方沟的施工

石砌方沟与砖砌方沟基本相同，但尚应符合下列要求：

（1）石块应清除表面的污垢和水锈，并用水湿润。

（2）砌筑应用铺浆法分层卧砌，上下错缝，内外搭砌，并应在每 0.7m^2 墙面内至少设置拉结石一块，拉结石在同皮内的中距不应大于 2m，每日砌筑高度不宜超过 1.2m。

（3）灰缝宽度均匀，嵌缝饱满严实。

3. 砖石方沟的冬期施工

冬期施工砌筑材料应符合下列要求：

（1）砖石及混凝土块不得用水湿润，但应将冰雪或粘结的土等杂物清除干净，并适当增大砂浆的流动性，以弥补冬期砌块不得浸水或洒水的不足，砌筑后砌体必然在短期内吸收砂浆中的微量水分利于砌块固结，但不能过大。

（2）砂浆宜选用普通硅酸盐水泥拌制，因其抗冻性能好，早期凝结速度快。

（3）冬期砌筑方沟，必要时应采用抗冻砂浆。

（4）冬期施工期间和回填土前，均应防止地基遭受冻结，砂浆砌体不得在冻融土上砌筑。

4. 冬期砂浆抹面应符合以下要求：

（1）砂浆降低冰点可依最低气温，掺入适量食盐。

（2）抹面前宜用热盐水将墙面刷净。

（3）抹面应在气温为零上时进行。

（4）外露抹面应覆盖养护，有顶盖的内墙抹面应堵住风口。

三、现浇钢筋混凝土方沟的施工

现浇钢筋混凝土方沟施工内容包括：挖槽、铺设垫层、底板浇筑、墙体施工、顶板

施工、养护及土方回填。

沟槽开挖完毕后，可按设计要求铺设垫层，垫层材料一般采用级配砂石或卵石，其厚度一般为100～200mm，夯实后浇筑混凝土垫层。

基础（底板）模板安装应先在槽底面或垫层上弹出边线，将模板内侧对准边线，板面垂直，标明基础面高程，用斜撑和平撑钉牢，若基础宽度较大，可在模内侧基槽底钉铁钎，边浇筑混凝土边拔出。基础模板一般采用木模或钢模，模板高20～30cm。

施工时应掌握以下要点：

(1) 基础下的砂垫铺平拍实后，混凝土浇筑前，不得踩踏。

(2) 浇筑基础垫层时，应严格控制基础高程，其允许偏差宜比设计基础面低，但不大于10mm。

(3) 浇筑基础前，混凝土垫层面上应先铺设与现浇混凝土渠体配合比相同的水泥砂浆，厚度为5～10mm，并随即开始浇筑。

1. 模板支设及绑扎钢筋

当基础（垫层）混凝土抗压强度达到1.2N/mm^{2}时，方可支设模板及绑扎钢筋。其施工程序：先支设固定侧墙的内模板及方沟顶板底模，再绑扎固定钢筋，最后支设侧墙外模板。当侧墙较高，为保证浇筑振捣混凝土质量，可采用插模法，随浇筑随插模。当侧墙不高，若能保证浇筑混凝土振捣质量时，其外模也可一次支好。

现浇钢筋混凝土方沟模板工程一般采用定型组合钢模板，有时也采用木模板。如图7-6所示。

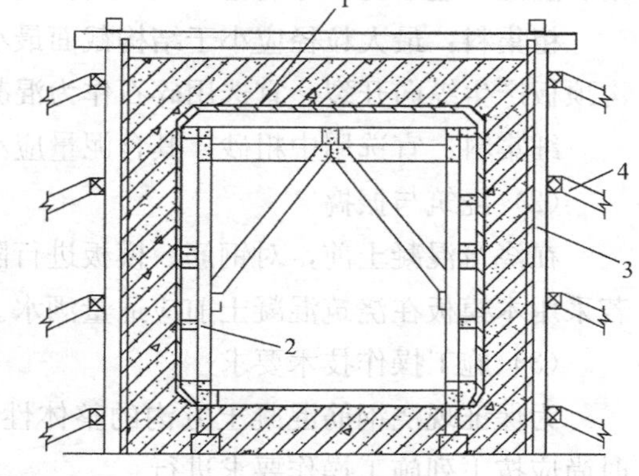

图7-6　矩形管沟模板

1—内模板；2—支撑架；3—外模板；4—外撑木

模板支设要求：

(1) 当方沟跨度等于或大于4m时，其顶板底模应支起适当的拱度。当设计无规定时，其拱度宜为全跨长的2‰～3‰。

(2) 方沟墙体侧模，当不采取螺栓固定时，其两侧模板间应加临时支撑杆，且在浇筑时，应随混凝土面接近支撑杆时，随之将撑杆拆除。

(3) 固定模板的支撑不得与脚手架发生联系。侧墙模板与顶拱板的支设应自成体系，不得因侧墙拆模影响顶板混凝土强度的正常增长。

(4) 若采用钢筋混凝土板桩支撑与现浇钢筋混凝土内衬组成排水管渠主体结构时，其板桩施工时应做到：板桩在平面上，纵向直线偏差应小于50mm；板桩垂直度偏差不应大于1%；

(5) 现浇钢筋混凝土方沟，其变形缝内止水带的设置应位置准确，与变形缝垂直，与墙体中心顺直对正，安装牢固。架立止水带的钢筋应预制成型。

现浇钢筋混凝土方沟模板安装允许偏差应符合表7-2的规定。

方沟钢筋绑扎一般是在基础预埋架立筋后进行绑扎，使其平直后与架立钢筋焊牢。绑扎钢筋，应满足常规钢筋绑扎技术要求。

现浇混凝土管渠模板安装允许偏差（mm）　　表 7-2

项目		允许偏差
轴线位置	基础	10
	墙板、管、拱	5
相邻两板表面高低差	刨光模板、钢模	2
	不刨光模板	4
表面平整度	刨光模板、钢模	3
	不刨光模板	5
垂直度	墙、板	0.1%H，且不大于 6
截面尺寸	基础	+10 −20
	墙、板	+3 −8
	管、拱	不小于设计断面
中心位置	预埋管、件及止水带	3
	预留洞	5

注：H 为墙的高度。

2. 浇筑混凝土

（1）材料的选择

水泥：一般选用普通硅酸盐水泥和火山灰质硅酸盐水泥，当掺有外加剂时，也可采用矿渣硅酸盐水泥。冬期施工宜采用普通硅酸盐水泥。

粗集料：最大粒径应小于结构截面最小尺寸的 1/4，钢筋最小净距的 3/4。为防止方沟顶板产生纵向开裂，宜选用碎石作为混凝土的粗骨粒。

细集料：宜选用中粗砂，其含泥量应小于 3%。

（2）浇筑与振捣

在浇筑混凝土前，对钢筋、模板进行隐检，合格后可按原制定的浇筑方案开始浇筑。若采用木模板在浇筑混凝土前应适量洒水。

（3）施工操作技术要求

为保证现浇钢筋混凝土方沟的整体性，除满足混凝土浇筑的施工技术要求外，施工时尚应按下列施工操作要求进行：

1）方沟混凝土的浇筑应连续进行。当需要间歇时，间歇时间应在前层混凝土凝结之前将次层混凝土浇筑完毕。混凝土从搅拌机卸出到次层混凝土浇筑压茬的间歇时间是：当气温低于 25℃时，不应超过 3h；气温等于或高于 25℃时，不应超过 2.5h；当超过规定间歇时间时，应留置施工缝。现浇钢筋混凝土方沟应避免或尽可能减少人为的施工缝。

2）现浇钢筋混凝土矩形方沟的施工缝，应留在底角加腋的上皮以上不小于 20cm 处。墙体与顶板宜一次连续浇筑，但应在浇至墙顶时，暂停 1～1.5h 后再继续浇筑顶板。其目的是墙体混凝土在振捣后，还有自沉自密的过程。混凝土凝结硬化后与顶板连接处不致出现沉裂现象。

3）方沟两侧一般应对称浇筑，高差不宜大于 30cm。严防一侧浇入量过大，推动钢筋笼及内模板产生弯曲变形。

4）浇筑时变形缝处应仔细处理，与止水带相接处的混凝土浇捣密实。

5）顶板混凝土的坍落度应适当降低，且增加二次振捣，顶部厚度不得出现负值。不小于设计厚度，初凝后抹平压光。

6）浇筑混凝土时，还应经常观察模板、支撑、钢筋笼、预埋件和预留孔洞，当有变形或位移时应立即修整。

7）混凝土的振捣。直墙采用插入式振捣器（振捣棒）振捣，必要时可用外部振捣器（附着式振捣器）配合使用，顶板一般采用表面振捣器（平板振捣器）振捣。

3. 拆模

拆模除按拆模一般要求进行外，现浇钢筋混凝土方沟模板及其支架的拆除应按程序进行。重要部件的拆除程序，应在模板设计中规定。

侧模板应在混凝土强度能保证表面及棱角不因拆除而损伤时拆除。

内模板应待混凝土达到设计强度标准值的75%以后方可拆除。预留孔洞的内模板，在混凝土强度能保证构件和孔洞表面不发生坍塌和裂缝时，即可拆模。

顶板的底模应在结构同条件养护的混凝土试块达到表7-3规定的抗压强度时，方可拆除。

现浇混凝土底模拆除时所需的强度值　　表7-3

结构类型	结构跨度（m）	达到设计强度标准值
板、拱	＜2	50
	＞2、≤8	75

注：根据实测抗压强度验算结构安全有保障时，可不受此限。

4. 混凝土的养护与检验

混凝土浇筑完毕后，应在12h内进行覆盖和洒水养护，其养护时间不得小于14昼夜。

每一段宜采用同一种方法养护，使覆盖厚度、养护温度及洒水等条件保持一致。冬期施工，当有条件时混凝土沟体覆盖后，沟内可通低压饱和蒸汽养护。其蒸汽温度不宜大于30℃，升温速度不宜大于10℃/h，降温速度不宜大于5℃/h，混凝土的内外温差不应大于20℃。这种养护方法既可保证抗渗、抗冻要求达到的性能指标，而且使混凝土在2～3d内即达到抗冻临界强度，有效地加速模板使用周转，缩短施工工期。

检验评定混凝土质量，应以配合比设计作保证，检验质量的试块应在浇筑地点制作，其试块留置应符合下列规定：

（1）抗压强度试块

1）标准养护试块：每工作班不应少于一组，每组三块。每浇筑100m^{3}或每段长大于100mm时，不应少于一组，每组三块。

2）与结构同条件养护试块，根据施工设计规定，按拆模、施加预应力和施工期间临时荷载等需要留置一定数量试块。

（2）抗渗试块

每浇500m^{3}混凝土不得少于一组，每组六块。

（3）当配合比及施工条件发生变化时，如：气温突然变化、材料变更等均需适当增留试块，用以检验各项性能是否能够达到设计要求。

试块检验各项结果，将是工程验收重要依据之一。

混凝土工程施工完毕，应分段进行成品检验。成品检验主要采用满水试验，按设计规定验收合格，回填土方施工完毕后，方可投入使用。

【知识链接】

一、井口、井盖安装注意事项：

1. 井口、加固井圈、井框必须吻合。

2. 在安装井盖前，应仔细核对井盖的类型、尺寸和构造是否符合设计标准，检查有无损坏、裂纹等现象。

图 7-7　螺栓固定

3. 开挖、清除井口位置的面层、基层材料时不得扰动周围路面结构。

4. 预埋螺栓不得少于 6 个；无法安装预埋螺栓的，必须采用其他方式加固井框，如膨胀螺栓或钢筋网，如图 7-7 所示。

5. 井圈浇筑前，根据实测高程，将井框垫稳；井口内模必须采用定型模板。

6. 井框、井盖和附件安装必须牢固、平稳，位置正确，应保证完整无损。

二、雨水口砌筑及质量要求

雨水口一般采用三顺一丁或一顺一丁的砌法砌筑，如图 7-8 所示。砌筑时在基础面上放线，摆砖铺灰后砌筑，其中底皮与顶皮砖均应采用丁砖砌筑。

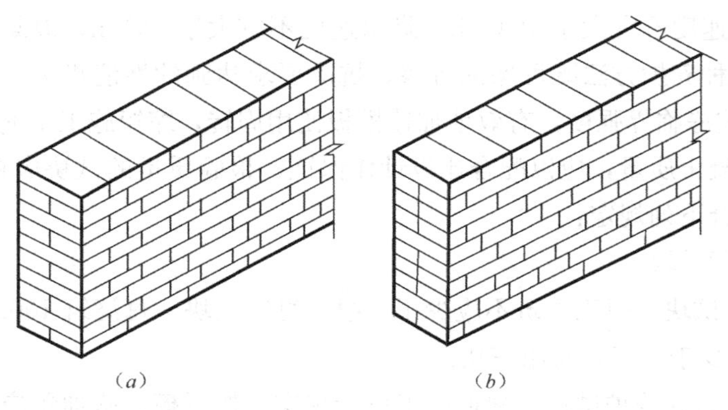

图 7-8　雨水口墙体砌法

(a) 一顺一丁；(b) 三顺一丁

雨水口砌筑应做到墙面平直，边角整齐，宽度一致。砌筑时应随时用角尺和挂线板检查四面墙体是否成直角，墙面是否平整垂直，砂浆厚度是否均匀，若不符合要求应随

时纠正。砌筑雨水口应符合下列规定：

1. 雨水管端面应露出井内壁，其露出长度不得大于 2cm。

2. 雨水口井壁，应表面平整，砌筑砂浆应饱满，勾缝应平顺。

3. 雨水管穿井墙处，管顶应砌砖圈。

4. 井底应采用水泥砂浆抹出雨水口泛水坡。

雨水口与检查井连接应符合下列要求：

1. 连接管必须顺直，无错口，坡度符合设计规定。

2. 连接管埋设深度较小时，应根据施工情况，对连接管采取必要的加固措施。

3. 雨水口底座及连接管应设在坚实的土质上。

三、检查井、井室及雨水口施工时的其他注意事项

1. 雨期砌井或雨水口，在管道铺设后，井身应一次砌起。为防止漂管，必要时可在井室底部预留进水孔，但还土前必须砌堵严实。

2. 冬期砌井应有覆盖等防寒措施，并应在两端管头加设风档。特别严寒地区管道施工应在解冻后砌筑。

3. 检查井、井室或雨水口的周围回填土前应检查下列各项，并应符合要求：

1）井壁的勾缝抹面和防渗层应符合质量要求；

2）井盖的高程应在±5mm 以内；

3）井壁同管道连接处应严密不得漏水；

4）井室的井口应与闸阀的启闭杆中心对中。

四、方沟砌筑质量允许偏差

方沟砌筑质量允许偏差见表 7-4。

渠道砌筑质量允许偏差（mm）　　表 7-4

项目	允许偏差			
	砖砌	料石	块石	混凝土块
轴线位置	15	15	20	15
渠底高程	±10	±20		±10
渠底中心线每侧宽	±10	±10	±20	±10
墙高	±20	±20		±20
墙厚	不小于设计规定			
墙面垂直度	15	15		15
墙面平整度	10	20	30	10
拱圈断面尺寸	不小于设计规定			

五、管道的防腐

腐蚀具有很大的危害性，是制约管道及设备使用寿命的重要因素。如果不采取有效的防腐措施，很容易造成管道或设备的损坏，以致发生漏水、漏汽（气）现象，甚至造成重大事故，所以必须对管道及设备进行防腐处理。建筑设备安装工程中，一般在管道

及设备表面涂刷防腐涂料来防腐。由于管道及设备的材料多为金属材料，绝热性能差，如果不采取适当的绝热（保温或保冷）措施，则管道及设备中与外部的热交换不仅会造成大量的能量损失，还有可能造成系统故障，使系统无法运行。所以必须十分重视管道及设备的防腐与绝热。在建筑设备安装工程中，多数情况下管道及设备既需要防腐又需要绝热。要实现防腐与绝热，需先进行除锈。除锈、防腐、绝热三项工作相辅相成，每项工作都必须按操作要求认真完成。

为了使防腐材料起到较好的防腐作用，除所选涂料能耐腐蚀外，还要求涂料和管道、设备表面能很好地结合。一般管道和设备表面总有各种污物，如灰尘、污垢、油渍、锈斑等。为了增加油漆的附着力和防腐效果，在涂刷底漆前必须将管道或设备表面的污物清除干净，并保持干燥。保温是为减少管道和设备向外传递热量而采取的一种工艺措施。保温的目的是减少管道和设备系统的冷热损失，改善劳动条件，防止烫伤，保障工作人员安全，保护管道和设备系统，保证系统中输送介质的品质。

1. 施工内容

管道的防腐与保温施工内容为：清理除锈——防腐——保温——管道标识。

2. 除油

管道表面粘有较多的油污时，可先用汽油或浓度为5%的氢氧化钠溶液洗刷，然后用清水冲洗，干燥后再进行除锈。

3. 除锈

（1）人工除锈：金属表面浮锈较厚时，先用锤敲掉锈层，但不得损伤金属表面；锈蚀不厚时，直接用钢丝刷、砂纸擦拭表面，直至露出金属本色，再用棉纱擦干净。

（2）除锈机除锈：把需要除锈的管子放在专用的架子上，用外圆除锈机及软轴内圆除锈机清除管子内外壁铁锈。

（3）喷砂除锈

喷砂除锈工作应在专设的砂场内进行。

（4）化学除锈

化学除锈就是酸洗除锈，一般采用浸泡、喷射、涂刷等方法。经酸洗后的金属表面，必须进行中和钝化处理。在空气流通的地方晾干或用压缩空气吹干后，立即喷、刷防腐层。

4. 防腐

（1）室内明装、暗装管道涂漆。

1）明装镀锌钢管刷银粉漆1道或不刷漆，黑铁管及其支架等刷红丹底漆2道、银粉漆2道。

2）暗装黑铁管刷红丹底漆2道。

3）潮湿场所（如浴室）内明装黑铁管及其支架等均刷红丹底漆2道、银粉面漆2道。

（2）室外管道涂漆、包扎防腐材料。

1）明装室外管道，刷底漆或防锈漆1道，再刷2道面漆。

2）通行或半通行地沟里的管道，刷防锈漆2道，再刷2道面漆。

3）铸铁管埋地前一般只需在管表面涂1～2道绝缘沥青漆即可。碳钢管耐腐蚀能力差，埋地要特别加强防电化学腐蚀。

5. 涂漆施工要求

管道防腐涂漆一般有刷、喷两种。

（1）涂漆前应先对管子外面进行除锈、脱脂和酸洗处理。

（2）涂料施工宜在5～40℃的环境温度下进行，并应有防火、防冻、防雨措施；现场刷涂料一般应任其自然干燥，涂层未经充分干燥，不得进行下一工序。

（3）涂料使用前，应先搅拌均匀。

（4）采用手工刷涂时，用刷子将涂料往返刷涂在管子表面，涂层应均匀，不得漏涂。对于管道安装后不易刷涂的部位，应预先刷涂。

（5）利用压缩空气用喷枪喷涂，涂层均匀、质量好，耗料少、效率高，适用于大面积施工。涂层干燥后，用砂布打磨后再喷涂下一层。为了防止漏喷，前后两次涂料的颜色可略有区别。

（6）涂层应附着牢固、完整，无损坏、漏涂现象，颜色一致，无剥落、皱纹、气泡、针孔等缺陷。

（7）用剩的涂料应装入容器，容器口应用硬牛皮纸覆盖，使涂料表面与空气隔离，防止涂料表面干硬。最好用多少调多少，或用后集中倒入有密封盖的容器内。

六、管线设备腐蚀原因及阴极保护方法介绍

1. 埋地钢管的被腐蚀的原因

（1）电化学腐蚀

当金属与电解质溶液接触时，由于电化学作用引起的腐蚀。严重的电化学腐蚀发生在埋地钢管的外壁。其原理是由于土壤各处物理化学性质不同、管道本身各部分的金相组织结构不同，如晶格的缺陷及含有杂质、金属受冷热加工而变形产生内部应力，特别是钢管表面粗糙度不同等原因，使一部分金属容易电离，带正电的金属离子离开金属，而转移到土壤中，在这部分管段上，电子越来越多，电位越来越负；而另一部分金属不容易电离，相对来说电位较正。因此电子沿管道由容易电离的部分向不容易电离的部分流动，在这两部分金属之间的电子有得有失，发生氧化还原反应。失去电子的金属管段成为阳极区，得到电子的管段成为阴极区，腐蚀电流从阴极流向阳极，然后从阳极流离管道，经土壤又回到阴极，形成回路，在作为电解质溶液的土壤中发生离子迁移，带正电的阳离子（如H^+）趋向阴极，带负电的阴离子（如OH^-）趋向阳极，在阳极区带正电的金属离子与土壤中的带负电的阴离子发生电化学作用，使阳极区的金属离子不断电离而受到腐蚀，使钢表面出现凹穴，以至穿孔，而阴极则保持完好。

（2）化学腐蚀

化学腐蚀是单纯由化学作用引起。金属直接和周围介质如氧、硫化氢、二氧化硫等接触发生化学作用，在金属表面上产生相应的化合物（如氧化物、硫化物等）。用金属材料构成的燃气管道上所出现的化学腐蚀，常常发生在管道内壁和外壁，因为管道输送的流体中，通常含有少量的氧和硫化物以及二氧化碳和水等，直接对管道内壁产生腐蚀。

（3）微生物腐蚀

当埋地钢管周围土壤中长年含有较多的水分时，适宜细菌生存，容易引起微生物腐

蚀。同时由于微生物新陈代谢过程的产物是酸性物质，从而形成了使金属管道表面易于腐蚀的环境。

2. 阴极保护法

埋地的输气管线，还可以使用阴极保护法防止外表面腐蚀。使被保护的金属阴极化，以减少和防止金属腐蚀的方法，称之为阴极保护法。

埋地管线周围及土壤，由于管道外壁的电化学不均匀性，以及土壤电解液的浓度差异，管壁外的各部分之间存在一定的电位差，因而形成管道上多个短路的微小电池，造成管外壁的电化学腐蚀。根据上述电化学腐蚀的基本机理，将管壁在土壤里的电位差消除，即使管道各处都阴极化，管壁的电化学腐蚀就会停止，这就是阴极保护法的原理。

3. 阴极保护方式

（1）牺牲阳极法

将被保护金属和一种可以提供阴极保护电流的金属或合金（即牺牲阳极）相连，使被保护体极化以降低腐蚀速率的方法。

在被保护金属与牺牲阳极所形成的大地电池中，被保护金属体为阴极，牺牲阳极的电位往往负于被保护金属体的电位值，在保护电池中是阳极，被腐蚀消耗，故此称之为“牺牲”阳极，从而实现了对阴极的被保护金属体的防护，如图 7-9 所示。

牺牲阳极材料有高钝镁，其电位为−1.75V；高钝锌，其电位为−1.1V；工业纯铝，其电位为−0.8V（相对于饱和硫酸铜参比电极）。

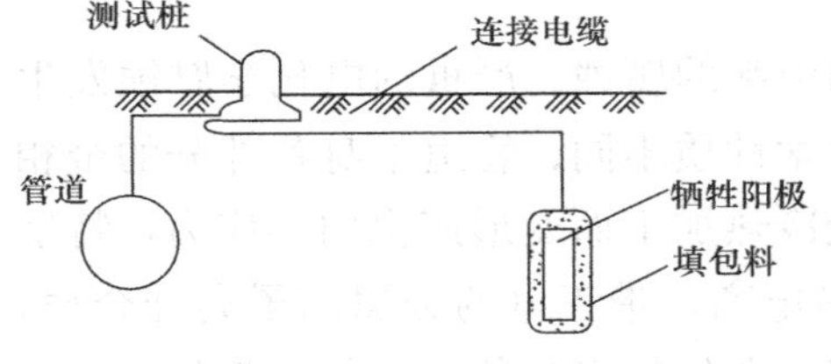

图 7-9　牺牲阳极示意图

（2）强制电流保护法

将被保护金属与外加电源负极相连，由外部电源提供保护电流，以降低腐蚀速率的方法。其方式有：整流器、恒电位、恒电流、恒电压等。如图 7-10 所示。

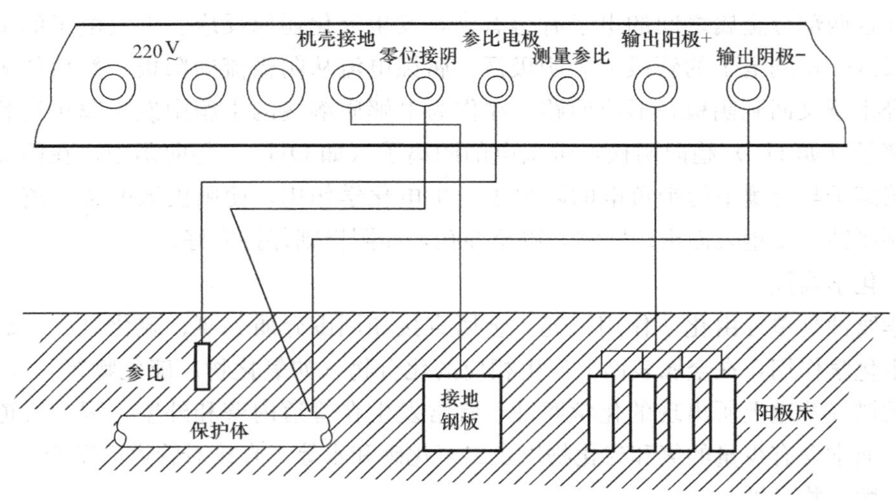

图 7-10　恒电位方式示意图

外部电源通过埋地的辅助阳极、将保护电流引入地下，通过土壤提供给被保护金属，被保护金属在大地中仍为阴极，其表面只发生还原反应，不会再发生金属离子化的氧化反应，腐蚀受到抑制。而辅助阳极表面则发生丢电子氧化反应。因此，辅助阳极本身存在消耗。

4. 两种保护方式的比较

阴极保护的上述两种方法，都是通过一个阴极保护电流源，向受到腐蚀或存在腐蚀需要保护的金属体，提供足够的与原腐蚀电流方向相反的保护电流，使之恰好抵消金属内原本存在的腐蚀电流。两种方法的差别在于产生保护电流的方式和"源"不同。一种是利用电位更负的金属或合金；另一种则利用直流电源，强制电流阴极保护驱动电压高，输出电流大，有效保护范围广，适用于被保护面积大的长距离、大口径管道。

牺牲阳极的阴极保护不需外部电源，维护管理经济、简单，对邻近地下金属构筑物干扰影响小，适用于短距离、小口径、分散的管道。

七、管道保温

保温绝热施工方法有涂抹法、预制装配法、缠包法、浇灌法（现场发泡）、填充法、喷涂法等。

1. 涂抹法保温绝热

涂抹法保温适用于石棉粉、碳酸镁石棉粉和硅藻土等不定形的散状材料，把这些材料与水调成胶泥涂抹于需要保温的管道设备上。这种保温方法整体性好，保温层和保温面结合紧密，且不受被保温物体形状的限制。

涂抹法多用于热力管道和设备的保温，其结构如图 7-11 所示。

2. 预制装配式保温

适用于预制保温瓦或板块料，用镀锌铁线绑扎在管道的壁面上，是热力管道最常用的一种保温方法，其结构如图 7-12 所示。一般管径 $DN \leqslant 80$mm 时，采用半圆形管壳；若 $DN \leqslant 100$mm 时，则采用扇形瓦或梯形瓦。

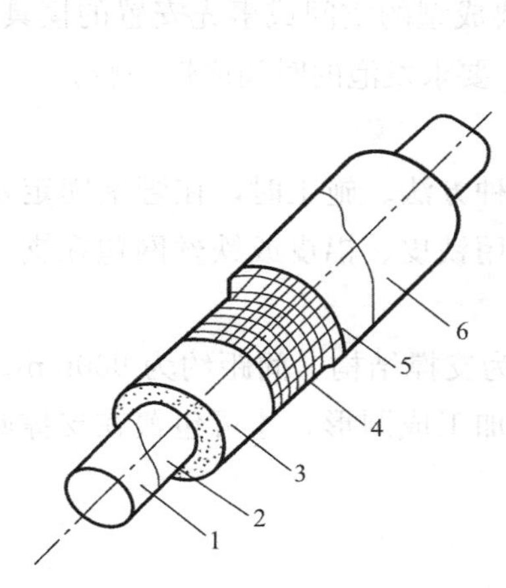

图 7-11 涂抹法保温

1—管道；2—防锈漆；3—保温层；4—铁丝网；5—保护层；6—防腐漆

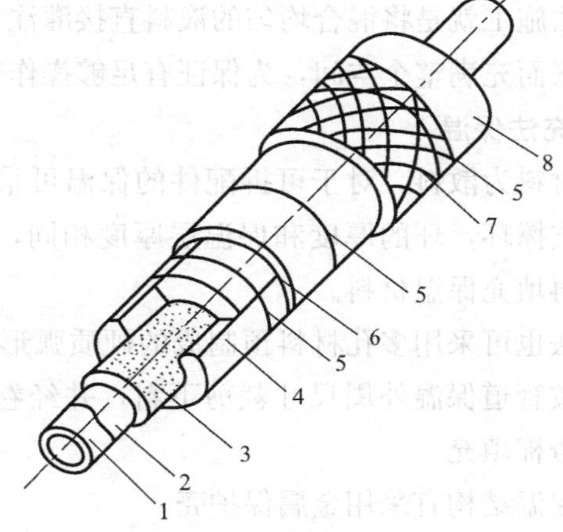

图 7-12 绑扎法保温

1—管道；2—防锈漆；3—胶泥；4—保温层；5—镀锌铁丝；6—沥青油毡；7—玻璃丝布；8—防腐漆

预制品所用的材料主要有泡沫混凝土、石棉、硅藻土、矿渣棉、玻璃棉、岩棉、膨胀珍珠岩、膨胀蛭石、硅酸钙等。

3. 缠包式保温

缠包式保温是将保温材料制成绳状，直接缠绕在管道上。缠包法保温适用于卷状的软质保温材料（如各种棉毡等）。这种方法所用的保温材料有矿渣棉毡、玻璃棉毡、石棉绳或石棉带等。施工时需要将成卷的材料根据管径的大小剪裁成适当宽度（200～300mm）的条带，以螺旋状缠包到管道上，如图 7-13（*a*）所示。也可以根据管道的圆周长度进行剪裁，以原幅宽对缝平包到管道上，如图 7-13（*b*）所示。不管采用哪种方法，均需边缠、边压、边抽紧，使保温后的密度达到设计要求。

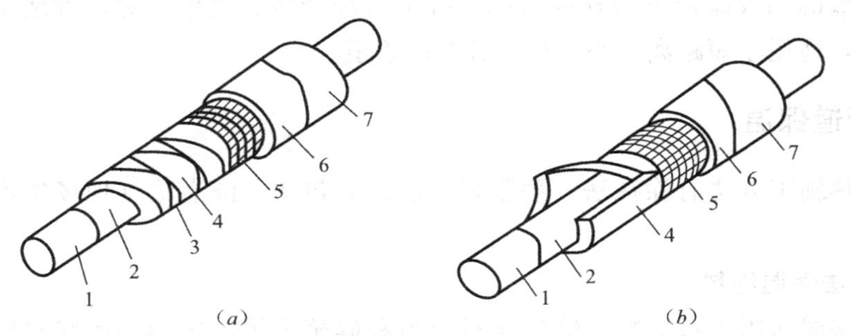

图 7-13　缠包法保温

1—管道；2—防锈漆；3—镀锌铁丝；4—保温层；5—铁丝网；6—保护层；7—防腐漆

4. 浇灌式结构保温

浇灌式结构即现场发泡，多用于无沟敷设，现多采用聚氨酯硬质泡沫塑料。

聚氨酯硬质泡沫塑料一般采用现场发泡，其施工方法有喷涂法和灌涂法两种。

喷涂法施工就是用喷枪将混合均匀的液料喷涂于被保温物体的表面。为避免垂直壁面喷涂时液料下滴，要求发泡的时间要快一点。

灌注法施工就是将混合均匀的液料直接灌注于需要成型的空间或事先安置的模具内，经发泡膨胀而充满整个空间，为保证有足够操作时间，要求发泡的时间应慢一些。

5. 填充法保温

保温材料为散料，对于可拆配件的保温可采用这种方法。施工时，在管壁固定好圆钢制成的支撑环，环的厚度和保温层厚度相同，然后用铁皮、铝皮或铁丝网包在支承环的外面，再填充保温材料。

填充法也可采用多孔材料预制成的硬质弧形块作为支撑结构，间距约为 900mm。平织铁丝网按管道保温外周尺寸裁剪下料，并经卷圆机加工成圆形，才可包覆在支撑圆周上进行矿渣棉填充。

填充保温结构宜采用金属保护壳。

6. 套筒式保温

套筒式保温就是将矿纤材料加工成型的保温筒直接套在管道上，是冷水管道较常用的一种保温方法，只要将保温筒上轴向切口扒开，借助矿纤材料的弹性便可将保温筒紧紧地套在管道上。为便于现场施工，生产过程中多在保温筒的外表面加一层胶状保护层，因此对一般室内管道进行保温时，可不需再设保护层。对于保温筒的轴向切口和两筒之间的横向接口，可用带胶铝簿黏合，其结构如图 7-14 所示。

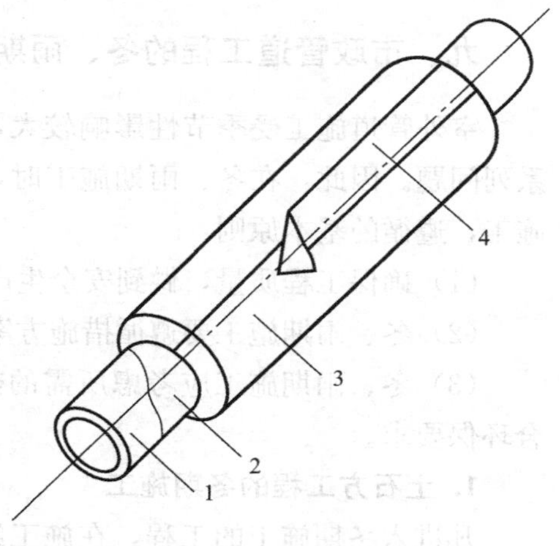

图 7-14　套筒式保温

1—管道；2—防锈漆；3—保温层；4—带胶铝箔带

八、管道附件及设备保温

1. 附件保温

按设计要求进行阀门、附件保温。保温层的两侧应留出 70～80mm 的间隙，并在保温层端部抹 60°～70°的斜坡，以利于更换检修。

管道系统的阀门保温，如图 7-15、图 7-16 所示。

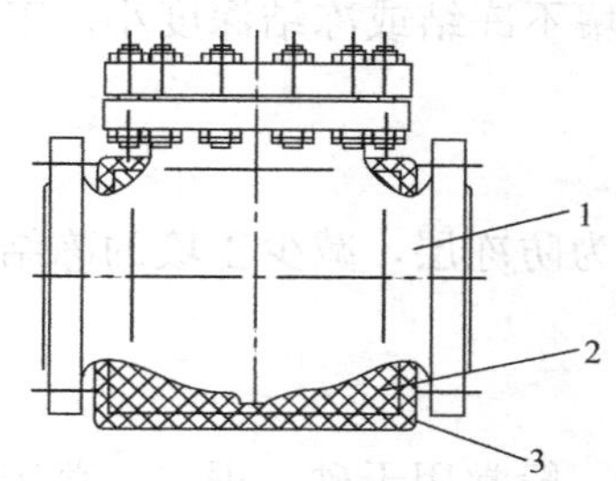

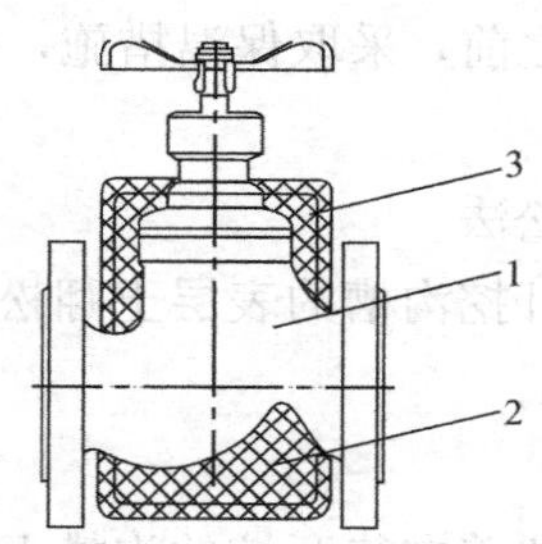

图 7-15　阀门涂抹式保温

1—阀门；2—保温层；3—保护层

2. 设备保温

由于一般设备表面积大，保温层不容易附着，所以设备保温时要在设备表面焊制钉钩并在保温层外设置镀锌铁丝网，铁丝网与钉钩扎牢，以帮助保温材料能附着在设备上。设备保温结构如图 7-17 所示。

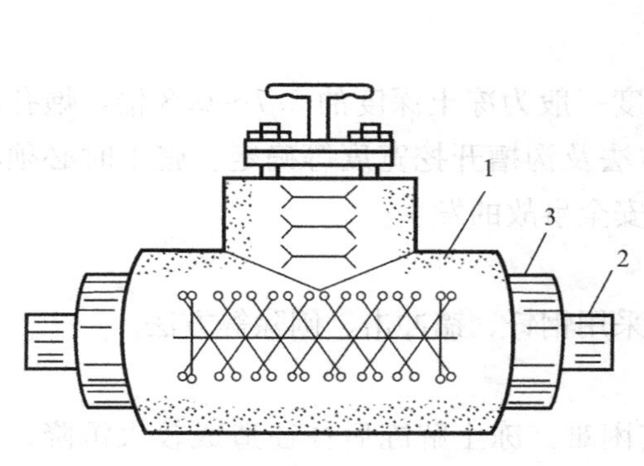

图 7-16　阀门捆扎式保温

1—阀门；2—管道；3—管道保温层

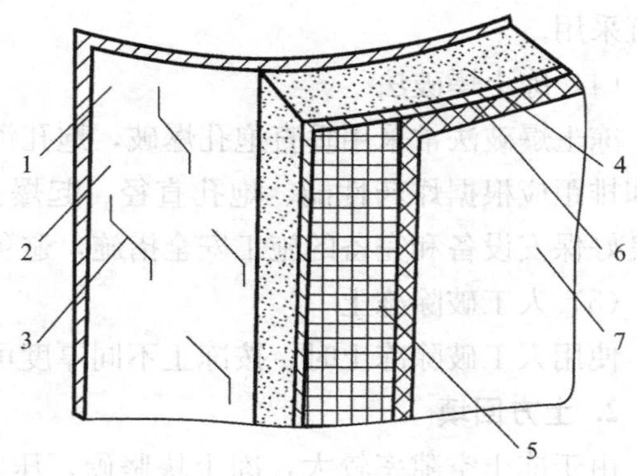

图 7-17　设备保温结构

1—设备外壁；2—防锈漆；3—钉钩；4—保温层；5—镀锌铁丝网；6—保护层；7—防腐层

九、市政管道工程的冬、雨期施工

室外管道施工受季节性影响较大，措施不当会影响施工进度、工程质量及成本等一系列问题。因此，在冬、雨期施工时，应采取相应措施以保证工程正常进行。冬、雨期施工，遵循的基本原则：

（1）确保工程质量，做到安全生产；

（2）冬、雨期施工要遵循措施方案可靠，经济合理，使之效益最大化；

（3）冬、雨期施工应考虑所需的热能及材料有可靠来源，并尽量减少能源消耗，符合环保要求。

1. 土石方工程的冬期施工

凡进入冬期施工的工程，在施工组织设计或施工方案中必须编制冬季施工措施。在寒冷的冬季，由于土石方冻结给沟槽土方开挖及土方回填带来困难，为保证工程质量和施工顺利进行需采取相应的措施。如土壤保温法、冻土破碎法等。

在土壤冻结之前，采取保温措施，使土壤不冻结或冻结深度小。工程中常用表土耙松法和覆盖法。

（1）表土耙松法

用机械将待开挖沟槽的表层土翻松，作为防冻层，减少土壤的冻结深度。翻松的深度应不小于 30cm。

（2）覆盖法

用隔热材料覆盖在待开挖的沟槽上面，一般常用干砂、锯末、草帘、树叶等作为保温材料，其厚度一般在 15～20cm。

（3）冻土破碎法

冻土破碎应根据土壤性质、冻结深度、施工机具性能及施工条件等来选择施工机具和方法。为加快施工进度常用重锤击碎、冻土爆破等方法。

重锤击碎法，重锤由吊车做起重架，重锤下落锤击冻结土层。这种方法适用于土壤冻结深度小于 0.5m 时采用。由于其击土振动较大，在市区或靠近精密仪表、变压器等处不宜采用。

（4）冻土爆破法

冻土爆破法常采用垂直炮孔爆破，炮孔深度一般为冻土深度的 0.7～0.8 倍，炮孔间距和排距应根据炸药性能、炮孔直径、起爆方法及沟槽开挖宽度等确定。施工时必须具有良好保安设备和完备的施工安全措施，避免安全事故的发生。

（5）人工破除冻土

使用人工破除冻土时，按冻土不同厚度可采用钢钎、镐冲击、刨除等方法。

2. 土方回填

由于冻土空隙率较大，冻土块坚硬，压实困难。冻土解冻后往往造成较大沉降。因此冬季回填土时应注意以下几点：

（1）冬季沟槽或基坑土方回填，其冻土块体积不超过填土总体积的 15%。

（2）管沟底至管顶 0.5m 范围内不得用含有冻土块的土回填。

（3）位于铁路、公路及人行道两侧范围内的平整填方，可用含冻土块的土连续分层回填，每层填土厚度一般为 20cm，其冻土块尺寸不得大于 15cm，而且冻土块的体积不得超过总体积的 30%。

（4）冬季土方回填前，应清除基底上的冰雪、保温材料及其他杂物。

除上述技术要求外，冬期施工中尚应注意下列事项：

（1）工作地段条件允许时应设置防风设备，各种动力机械设备应置于暖棚内。

（2）冬期施工应对井点管、水泵进出水管保温，并且将水泵置于取暖棚内，不得停机。

（3）不允许在冻结土壤上砌筑基础，一般挖至设计标高以上 30～40cm，应即行中止。在浇灌基础混凝土前，把最后一层冻土挖去。如已挖至设计标高，不能及时砌筑基础时，应采取保温措施。若基底土已经受冻，而又必须进行基础施工时，应将冻土层完全刨除，换铺砂砾石。

（4）使用机械施工可分三班连续作业，尽量争取时间以减小土层冻结。

（5）冬季废弃的冻土，在自然坡度较大的傍坡路线上有人行道、房屋、河道等时，应注意堆置稳定，以免化冻时发生事故。

（6）冬季开挖排水井时，施工工人应有防寒保护用品和搭设防寒棚。

3. 土石方工程的雨期施工

施工进入汛期，由于雨水降落到地面后，增加了土的含水量，造成施工现场泥泞，增加施工难度，降低施工工效，增加施工费用。因此，为保证雨期施工顺利进行，应采取相应有效措施。如：

（1）进入汛期前，应全面勘测施工现场的地形、天然排水系统及原有排水管渠的泄洪能力，结合施工排水要求，制定汛期排水方案；

（2）对施工现场较近的原有雨水沟渠进行检查或采取必要的加固防护措施，以防雨水流入施工沟槽、基坑内；

（3）雨期施工时，作业面不宜过大，应分段完成，尽可能减少降水对施工的影响；

（4）为保证边坡稳定，边坡应放缓一些或加设支撑，并加强对边坡和支撑的检查工作；

（5）雨期施工时，对横跨沟槽的便桥应进行加固，采取防滑措施；

（6）雨期施工应适当缩小排水井的井距，必要时可增设临时排水井，增加排水机械；

（7）雨季填土应经常检验土的含水量，含水量大时应晾晒，随填随压实，防止松土淋雨，雨天应停止土方回填。

4. 管道的冬、雨期施工

（1）材料存放

冬期施工，应对使用材料用稻草、棉毡、防水油布或篷布等进行覆盖或放置在棚内，防止雨雪等对材料侵害。

（2）给水排水管道的冬期施工

为保证 PE 管热熔接口质量，设计活动暖棚，保证施工时室内温度达到 10～15℃，PE 管接口均在活动暖棚内完成。

冬季采用水泥砂浆抹带，可对材料预先加热。由于水的比热大且加热方便，故首先考虑对水进行加热，其次再考虑对砂子加热。水温加热不超过 80℃，砂子加热不超过

40℃。另外，拌制水泥砂浆时，还可掺入防冻剂。抹带完毕后，及时覆盖保温。

给水铸铁管采用石棉水泥接口时，可用水温低于50℃的热水拌和，气温低于−3℃时，不宜进行石棉水泥和膨胀水泥砂浆接口，必要时应采取保温措施。铸铁管采用柔性接口时，不得使用冻硬的胶圈。防止低温环境下，胶圈生硬，用专门的保温口袋存放胶圈，存放室内温度不得低于10℃。

井室砌筑完毕后，要立即回填土方覆盖，井内用小型火炉进行保温，防止砂浆冻裂。

冬季进行水压试验应采取防冻措施，如管道接口处应用保温材料包裹；压力表、进水管、泄水管等用保温管保温，防止管段冻裂等。管道水压试验合格后要立即放空管道内存水，防止管内结冰，并立即回填覆盖保护。

(3) 给水排水管道的雨期施工

雨期施工时，沟槽的一次开挖长度适当缩短，尽量做到开挖一段，完成一段。沟槽晾槽时间不宜过长，避免泡槽、塌槽事故。做好槽边雨水径流疏导路线设计，进入沟槽的地面水应及时排除，避免泥土进入管内或漂管现象发生，必要时向管内灌水。

雨天不宜进行接口操作，遇雨水时应采取防雨措施，保证接口材料不被雨淋。

排水管线安装完毕后，应及时砌筑检查井，暂时中断安装的管道及与河道相连通的管口应临时封堵。已安装的管道验收合格后应及时回填土。

项目8
水泵与水泵站基础

【项目描述】

给排水工程是城市不可缺少的公共设施，是城市赖以生存的基础设施，水泵和水泵站是给排水工程不可缺少的重要组成部分，是给排水系统正常运行的水力枢纽。在给排水工程中，泵站又分为给水泵站和排水泵站，根据规范进行泵站的布置和安装。

【学习支持】

一、水泵的分类

水泵是机械能转变为液体的势能和动能的一种设备，在给排水工程中得到了广泛应用。

水泵根据其作用原理可分为以下几类。

1. 叶片式泵

叶片式水泵是靠水泵中叶轮高速旋转的机械能转换为水的动能和压能。由于叶轮上有几片弯曲形叶片，故称叶片式水泵。根据叶轮对液体作用力的不同可分为离心泵、轴流泵和混流泵。

2. 容积式泵

它是利用泵体工作容积周期性变化来输送液体的。根据工作容积改变的方式又分为往复式泵和回转式泵。

3. 其他水泵

如真空泵、射流泵等。射流泵没有转动部件，是靠外加的流体高速喷射，与泵中液体相混合，把一部分动能传给液体，使其动能增加，其后减速加压而工作的泵。其结构简单、工作可靠，但其效率较低。

以上各类泵中以离心泵应用最广，离心泵具有效率高，流量和扬程范围广，构造简单，操作容易，体积小，重量轻等优点。

离心泵又可分为以下几种：

（1）按吸水方式可分为单面吸水泵（叶轮一面进水）和双面吸水泵（叶轮两面进水）；

(2) 按装置方式分为卧式泵（泵轴水平安装）和立式泵（泵轴竖直安装）；

(3) 按叶轮级数分为单级泵（单个叶轮）和多级泵（多个叶轮串联）；

(4) 按输送水质分为清水泵、污水泵和耐腐蚀泵。

二、离心泵的工作原理和构造

离心泵的主要结构部件是叶轮和机壳，机壳内的叶轮装置于轴上，并与原动机连接形成一个整体。当原动机旋转时，通过传动轴带动叶轮产生旋转运动，从而使机壳内的流体获得能量。

1. 离心泵的工作原理

如图 8-1 所示，在离心力的作用下，高速流体在蜗形通道截面逐渐增大，动能转变为静压能，液体获得较高的压力，进入压出管；与此同时，叶轮中央液体被离心力甩向外部，产生真空，因此在水源水面大气压的作用下，水就通过吸水管进入进水口，或者说水从进水口“吸”进来。这样连续不断地出水和进水就构成了水泵的连续工作。

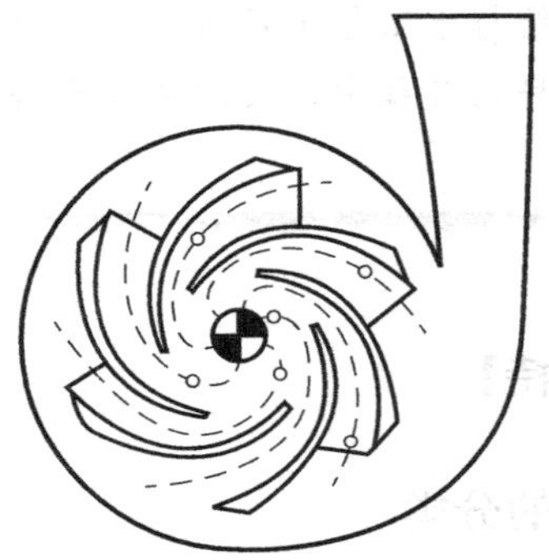

图 8-1 离心泵

2. 离心泵的构造

(1) 叶轮，如图 8-2 所示，按其盖板型式还可分为封闭式、半开式和敞开式三种叶轮型式。有两个盖板的叶轮称为封闭式叶轮；前、后盖都没有的称为敞开式叶轮；而半开式叶轮只有后盖，没有前盖。

(*a*)

(*b*)

(*c*)

图 8-2 离心泵的叶轮

(*a*) 敞开式叶轮；(*b*) 半开式叶轮；(*c*) 封闭式叶轮

清水泵的叶轮一般为封闭式。当输送的水含杂质较多，一般采用敞开式或半开式。

叶轮大多用铸铁或铸钢制成，其内表面要求具有一定的光洁度，不准有砂眼、毛糙和突起部分。

（2）泵壳

泵壳的作用是将水引入叶轮，然后将叶轮甩出的水汇集起来，引向压水管道。泵壳通常铸成蜗壳形，以便形成良好的水力条件。叶轮工作时，泵壳受到较高水压的作用，所以泵壳大多采用铸铁作为材料，内表面要求光滑，以减少水头损失。泵壳顶部设有灌水漏斗和排气栓，以便启动前灌水和排气。底部有放水方头螺栓，以便停用或检修时排水。

（3）泵轴

泵轴用来带动叶轮旋转，是将电动机的能量传递给叶轮的主要部件。

泵轴一般采用碳素钢或不锈钢作为材料，要求具有足够的抗扭强度和刚度。

（4）减漏装置

高速转动的叶轮和固定的泵壳之间总是存在有缝隙的，很容易发生泄漏，为了减少泵壳内高压水向吸水口的回流量，一般在水泵构造上采用两种减泄方式：一是减小接缝间隙（不超过 0.1～0.5mm）；二是增加泄漏通道中的阻力。

在实际应用中，由于加工安装以及轴向力等问题，在接缝间隙处容易发生叶轮与泵壳间的磨损现象。为了延长叶轮和泵壳的使用寿命，通常在泵壳上安装一个金属环，或在缝隙处的泵壳和叶轮上各安一个环，以增加水流回流时的阻力，提高减漏效果，此环称为减漏环或承磨环。减漏环一般用铸铁或青铜制成，当此环磨损到一定程度时，就必须进行更换。

（5）轴向力平衡措施

单吸式离心泵，由于其叶轮缺乏对称性，离心泵工作时，叶轮两侧作用的压力不相等，因此，在水泵叶轮上作用有一个推向吸入口的轴向力。由于推向力的作用，从而造成叶轮的轴向位移，与泵壳发生磨损，水泵消耗功率也相应增大。

对于单级单吸离心泵，如图 8-3 所示，一般采取在叶轮的后盖板上钻开平衡孔，并在后盖板上加装减漏环。高压水经此环时压力下降，并经平衡孔流回叶轮中去，使叶轮后盖板上的压力与前盖板相接近，这样，就消除了轴向推力。此种方法的优点是构造简单，容易实行。缺点是，叶轮流道中的水流受到平衡孔回流水的冲击，使水力条件变差，对水泵的效率有所降低。但对于单级单吸式离心泵，平衡孔的方法仍被广泛应用。

（6）轴承与传动方式

轴承是用来支承泵轴，便于泵轴旋转。轴承分有滑动轴承和滚动轴承两种，传动方式有直接传动和间接传动两种。

（7）填料函

填料函又称盘根箱，其作用是密封泵轴和泵壳之间的空隙，以防止漏水和空气吸入泵内。填料采用柔软而浸油的材料，为了防止漏水过多，填料用压盖压紧，但过紧也会造成泵轴与填料间的摩擦

图 8-3　平衡孔

增大，降低水泵效率。其压紧程度按稍有滴水的情况为宜。

三、离心式泵的管路及附件

离心泵除有以上各组成部分之外，还需配有管路和必要的附件，如图 8-4 所示。

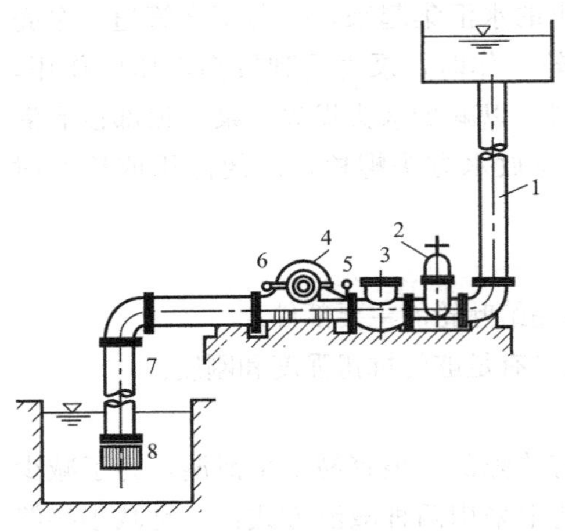

图 8-4　离心水泵管路附件装置

1—压水管；2—闸阀；3—逆止阀；4—水泵；5—压力表；6—真空表；7—吸水管；8—底阀

1. 吸水管段

吸水管段是包括从底阀 8 至泵的吸入口法兰为止的一段。水泵启动前必须将水泵本身吸入管灌满水，底阀 8 的作用是阻止启动前吸水管漏水，防止破坏吸水管的真空状态或降低其真空度。真空表 6 安装在泵的吸入口处，以量测水泵吸入口处的真空度。吸水管段一般不安闸阀，其水平管段要具有向泵方向的抬头坡度，以利于排除空气。

2. 压水管段

压水管段是从水泵出口以外的管段。压力表 5 安装在泵的出水口处，以量测水泵出水口的压强。逆止阀 3 的作用是防止水塔或高位水箱的水经压水管倒流入泵内。闸阀 2 的作用是调节水泵的流量和扬程。

当两台或两台以上水泵的吸水管段彼此相连时；或当水泵处于自灌式灌水，水泵的安装标高低于水池中的水面时，吸水管上也应安装闸阀。

四、离心式水泵的串联与并联

在实际工程中，为了增加系统中的流量或提高杨程，有时需将两台或两台以上的水泵联合使用。水泵的联合运行可分串联和并联两种形式。

1. 水泵的串联

如图 8-5（*a*），两台水泵串联运行时，第一台水泵的压出管与第二台水泵的吸入管连接，水由第一台泵吸入，传输给第二台泵，再由第二台泵转输到用水点。两台泵串联运行时，水流获得的能量，为各台水泵所供能量之和，即 $H=H_1+H_2$，如果需要水泵串联运行，要注意参加串联工作的各台水泵的设计流量应是接近的。否则，就不能保证两台泵都在较高效率下运行，严重时可使流量较小泵过载或者反而不如用大泵单独运行。

2. 水泵的并联

如图 8-5（*b*），两台水泵并联运行时，向同一压水管路供水。这种运行方式，在同样扬程的情况下，可获得较单机工作时大的流量，而且当系统中需要的流量较小时，可以只开一台，降低运行费用。水泵并联工作的特点：1）可以增加供水量，输水干管中的流量等于各台并联水泵出水量之和，即：$Q=Q_1+Q_2$；2）可以通过开停水泵的台数来调节泵站的流量和扬程，以达到节能和安全供水的目的；3）当并联工作的水泵中有一台损坏时，其他几台水泵仍可继续供水。

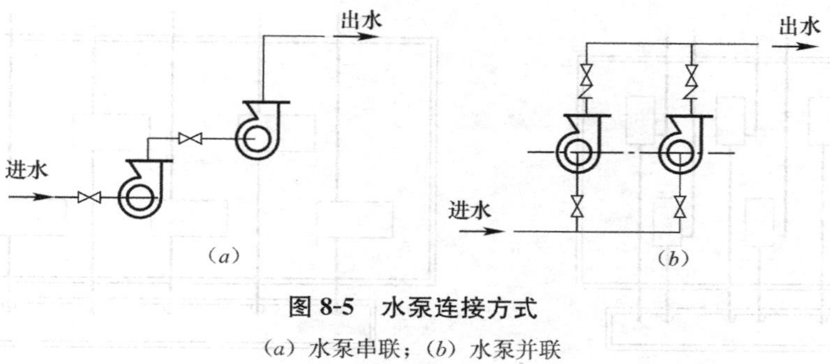

图 8-5　水泵连接方式

(a) 水泵串联；(b) 水泵并联

【任务实施】

一、水泵站的平面布置形式

水泵站内的水泵机组布置形式有以下几种：

1. 单排并列式：机组轴线平行，并列成一排。这种布置使泵站的长度小，宽度也不太大，适宜于单吸式悬臂泵的布置，如图 8-6 所示。

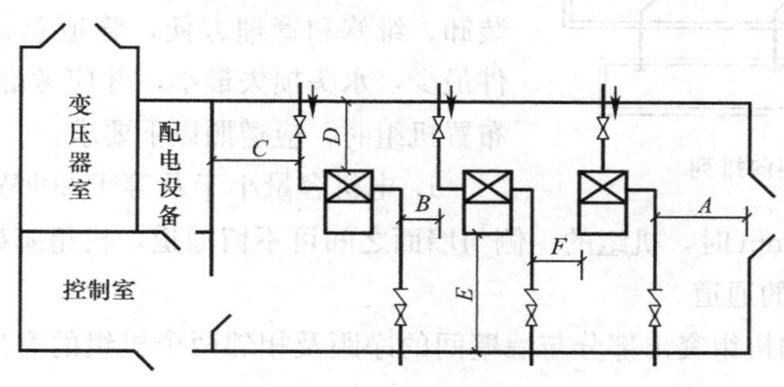

图 8-6　单排并列式

2. 单行顺列式：水泵机组的轴线在一条直线上，呈一行顺列。这种形式适用于双吸式水泵，双吸式水泵的吸水管与出水管在一条直线上，进出水水流顺畅，管道布置也很简短。缺点是泵站的长度较长，如图 8-7 所示。

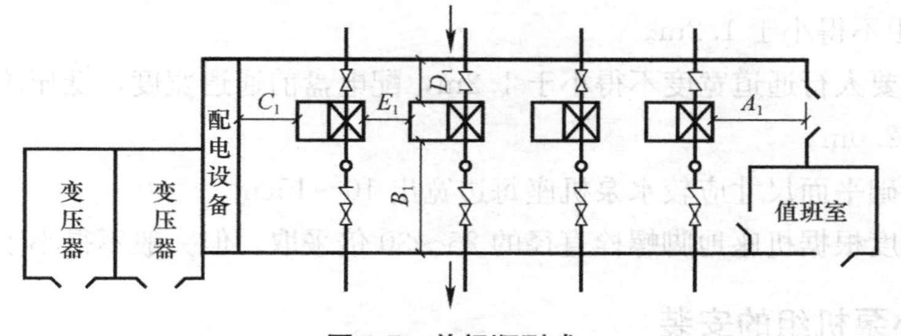

图 8-7　单行顺列式

3. 双排交错并列式：如图 8-8 所示，这种布置可缩短泵站长度，缺点是泵站内管道拥挤而有些乱。

4. 双行交错顺列式：如图 8-9 所示，优点是可将泵站长度减小，缺点是泵站内显得拥挤。

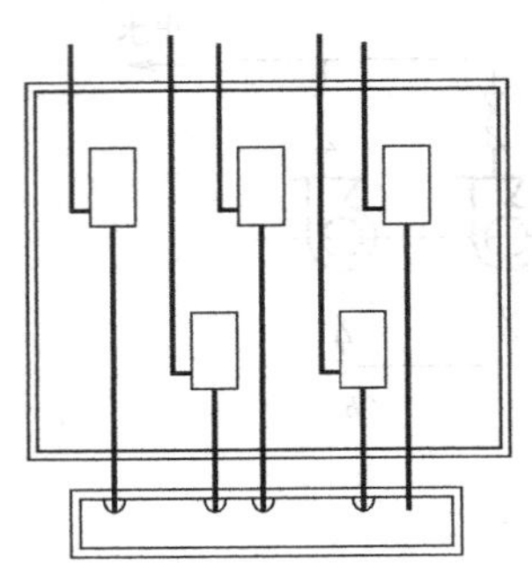

图 8-8　双排交错并列式

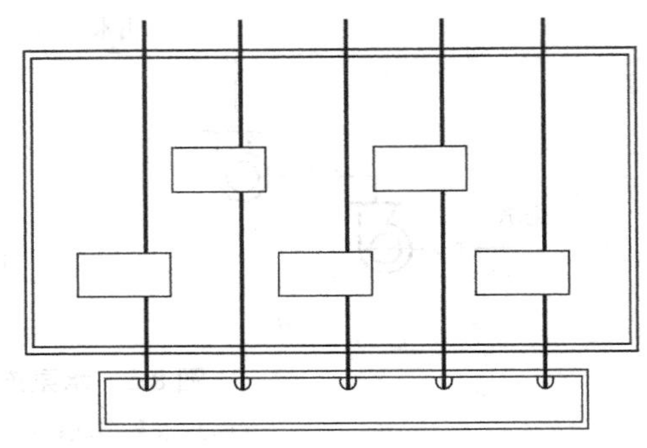

图 8-9　双行交错顺列式

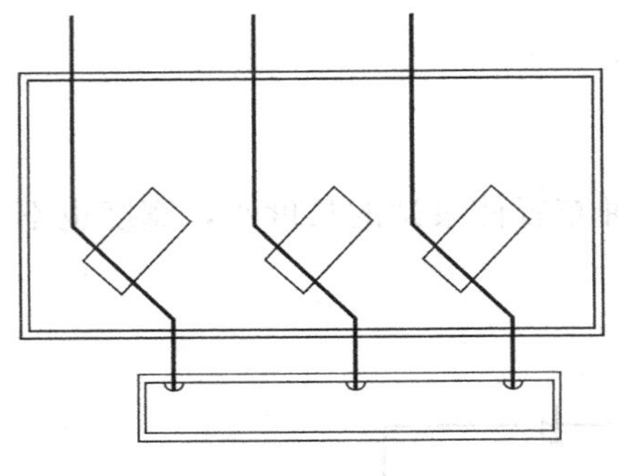

图 8-10　斜向排列

5. 斜向排列：如图 8-10 所示，这种布置也是为了减小长度，但水流不很通畅。

二、水泵机组的布置

泵站内机组布置应保证工作可靠，运行安全，装卸、维修和管理方便，管道总长度最短，接头配件最少，水头损失最小，并应考虑泵站有扩建余地，布置机组时，应遵照以下要求：

1. 电机容量小于及等于 20kW 或水泵吸入口直径小于及等于 100mm 时，机组的一侧与墙面之间可不留通道，机组基础侧边之间距墙壁应有不小于 0.7m 的通道。

2. 不留通道的机组突出部分与墙壁间的净距及相邻两个机组的突出部分的净距不得小于 0.2m，以便安装维修。

3. 水泵机组的基础端边之间至墙壁的距离不得小于 1.0m，电机端边至墙的距离还应保证能抽出电机转子。

4. 水泵基础高出地面不得小于 0.1m。

5. 电机容量在 20～55kW 时，水泵机组基础间净距不得小于 0.8m；电机容量大于 55kW 时，净距不得小于 1.2m。

6. 泵站主要人行通道宽度不得小于 1.2m，配电盘前通道宽度，低压不得小于 1.5m，高压不得小于 2.0m。

7. 水泵基础平面尺寸应较水泵机座每边宽出 10～15cm。

8. 基础深度根据机座地脚螺栓直径的 25～30 倍采取，但一般不得小于 0.5m。

三、离心泵机组的安装

1. 安装底座

(1) 当基础的尺寸、位置、标高符合设计要求后，将底座置于基础上，套上地脚螺栓，调整底座的纵横中心与设计位置相一致。

(2) 测定底座水平度：用水平仪（或水平尺）在底座的加工面上进行水平度的测量。

其允许误差纵、横向不大于0.1/1000。底座安装时应用平垫铁片使其调成水平，并将地脚螺栓拧紧。

(3) 地脚螺栓的安装要求：地脚螺栓的不垂直度不大于10/1000；地脚螺栓距孔壁的距离不应小于15mm，其底端不应碰预留孔底；安装前应将地脚螺栓上的油脂和污垢消除干净；螺栓与垫圈、垫圈与水泵底座接触面应平整，不得有毛刺、杂屑；地脚螺栓的紧固，应在混凝土达到规定强度的75%后进行，拧紧螺母后，螺栓必须露出螺母的1.5～5倍螺杆长度。

(4) 地脚螺栓拧紧后，用水泥砂浆将底座与基础之间的缝隙嵌填充实，再用混凝土将底座下的空间填满填实，以保证底座的稳定。

2. 水泵和电动机的吊装

吊装工具可用三脚架和倒链滑车。起吊时，钢丝绳应系在泵体和电机吊环上，不允许在轴承座或轴上，以免损伤轴承座和使轴弯曲。

3. 水泵找平

水泵找平的方法有：把水平尺放在水泵轴上测量轴向水平；或用吊垂线的方法，测量水泵进出口的法兰垂直平面与垂线是平行，若不平行，可调整泵座下垫的铁片。

泵的找平应符合下列要求：

(1) 卧式和立式泵的纵、横向不水平度不应超过0.1/1000；测量时应以加工面为基准；

(2) 小型整体安装的泵，不应有明显的偏斜。

4. 水泵找正

水泵找正，在水泵外缘以纵横中心线位置立桩，并在空中拉相互交角90°的中心线，在两根线上各挂垂线，使水泵的轴心和横向中心线的垂线相重合，使其进出口中心与纵向中心线相重合。

泵的找正应符合下列要求：

(1) 主动轴与从动轴以联轴节连接时，两轴的不同轴度、两半联轴节端面间的间隙应符合设备技术文件的规定；

(2) 水泵轴不得有弯曲，电动机应与水泵轴向相符；

(3) 电动机与泵连接前，应先单独试验电动机的转向，确认无误后再连接；

(4) 主动轴与从动轴找正、连接后，应盘车检查是否灵活；

(5) 泵与管路连接后，应复校找正情况，如由于与管路连接而不正常时，应调整管路。

5. 水泵安装应符合以下要求

(1) 泵体必须放平找正，直接传动的水泵与电动机连接部位的中心必须对正，其允许偏差为0.1mm，两个联轴器之间的间隙，以2～3mm为宜；

(2) 用手转动联轴器，应轻便灵活，不得有卡紧或摩擦现象；

(3) 与泵连接的管道，不得用泵体作为支承，并应考虑维修时便于拆装；

(4) 润滑部位加注油脂的规格和数量，应符合说明书的规定；

(5) 水泵安装允许偏差应符合表8-1的规定，水泵安装基准线与建筑轴线、设备平面位置及标高的允许误差和检验方法见表8-2。

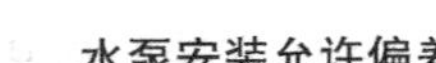

水泵安装允许偏差　　表 8-1

序号	项目			允许偏差（mm）	检验频率		检验方法
					范围	点数	
1	底座水平度			2	每台	4	用水准仪测量
2	地脚螺栓位置			2	每只	1	用尺量
3	泵体水平度、铅垂度			每米 0.1	每台	2	用水准仪测量
4	联轴器同心度	轴向倾斜		台每米 0.8		2	在联轴器互相垂直四个位置上用水平仪、百分表、测微螺钉和塞尺检查
		径向位置		每米 0.1		2	
5	皮带传动	轮宽中心平面位移	平皮带	1.5		2	在主从动皮带轮端面拉线用尺检查
			三角皮带	1.0		2	

水泵安装基准线的允许偏差和检验方法　　表 8-2

序号	项目			允许偏差（mm）	检验方法
1	安装基准线	与建筑轴线距离		±20	用钢卷尺检查
2		与设备	平面位置	±10	用水准仪和钢板尺检查
3			标高	+20	
				−10	

四、管路敷设

1. 一般要求

（1）互相平行敷设的管路，其净距不应小于 0.5m；

（2）阀门、止回阀及较大水管的下面应设承重支墩（也可采用拉杆），不使重量传至泵体；

（3）尽可能将进、出水阀门分别布置在一条轴线上；

（4）管道穿越地下泵站钢筋混凝土墙壁及水池池壁时，应设置穿墙套管或墙管，如图 8-11 所示；

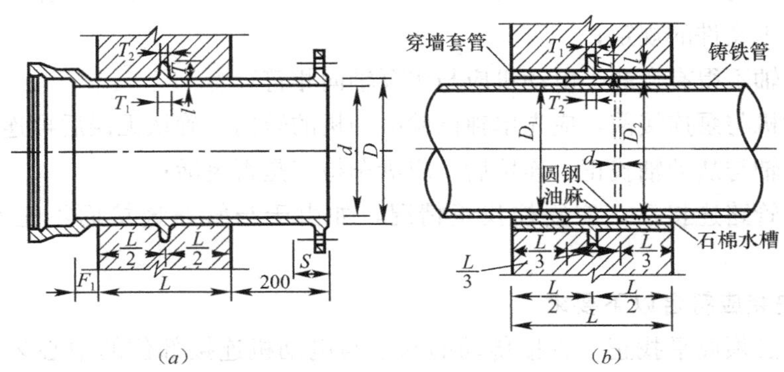

图 8-11　管道穿墙处理

（a）墙管；（b）穿墙套管

（5）埋深较大的地下式泵站和一级泵的进、出水管道一般沿地面敷设，地面式泵站或埋深较浅的泵站采用管沟内敷设管道，使泵站简洁、交通方便，维修地位宽敞。

2. 地面敷设

（1）当管路敷设在泵站地面以上并影响操作通道时，可在跨越管道处设置跨梯或通行平台，以便操作与通行；

（2）管路架空安装应不得阻碍通道及安设于电气设备上，管道可采用悬挂或沿墙壁的支柱安装，管底距地面不应小于 2.0m。

3. 管沟内附属

（1）管道敷设在不通行地沟内，应有可揭开的盖板，一般采用钢板或铸铁板，也可用预制钢筋混凝土板或木板。

（2）管沟内的宽度和深度应便于检修。沟深一般按沟底距管底不小于 300mm 确定，管顶至盖板底的距离应根据管道埋深确定，且不小于 150mm。当管径不大于 300mm 时，管外壁距沟壁不小于 200mm；管径大于 300mm 时，不小于 300mm；一般管沟宽度大于 650mm。

（3）当管沟内敷设大型阀门和止回阀时，必须注意其旁通管和旁通阀的安装位置以及水流方向，必要时管道中心线可偏离管沟中心。如采用液压缓闭止回蝶阀时，必须考虑重锤的起升运动范围和检修地位，管沟要相应加宽。

（4）沟底应有 0.01 的坡度和管径大于或等于 100mm 的排水管，坡向集水坑或排水口。

五、附属设备的安装

水泵进出口管道的附属设备包括真空表、压力表和各种阀等，其安装应符合下列要求：

1. 管道上真空表，压力表等仪表接点的开孔和焊接应在管道安装前进行；

2. 就地安装的显示仪表应安装在手动操作阀门时便于观察表示值的位置；仪表安装前应外观完整，附件齐全，其型号、规格和材质应符合设计要求；仪表安装时不应敲击及振动，安装后应牢固、平整；

3. 各种阀门的位置应安装正确，动作灵活，严密不漏。

六、水泵试运转

1. 水泵试运转前的检查

（1）原动机的转向应符合泵的转向要求；

（2）各紧固连接部位不应松动；

（3）润滑油脂的规格、质量、数量应符合设备技术文件的规定；有预润要求的部位应按设备技术文件的规定进行预润；

（4）润滑、水封、轴封、密封冲洗等附属系统的管路应冲洗干净，保持畅通；

（5）安全保护装置应灵活可靠；

（6）盘车应灵活、正常；

（7）离心泵开动前，应先检查吸水管路及底阀是否严密；传动皮带轮的键和顶丝是否牢固；叶轮内有无东西阻塞。

2. 水泵启动、试运转

（1）泵起动前，泵的入口阀门应全开，出口阀门、离心泵全闭，其余泵全开；

（2）泵的试运转应在各独立的附属系统试运转正常后进行。

（3）泵的起动和停止应按设备技术文件的规定进行。

（4）泵在设计负荷下连续运转不应少于 2h，并应符合下列要求：

① 附属系统运转应正常，压力、流量、温度和其他要求应符合设备技术文件的规定；

② 连接部位不应松动；

③ 滚动轴承的温度不应高于 75℃；滑动轴承的温度不应高于 70℃；特殊轴承的温度应符合设备技术文件的规定；

④ 填料的温升应正常；在无特殊要求的情况下，普通软填料宜有少量的泄漏（每分钟不超过 10～20 滴）；机械密封的泄漏量不宜大于 10mL/h（每分钟约 3 滴）；

⑤ 泵的安全、保护装置应灵活可靠；

⑥ 振动应符合设备技术文件的规定，如设备技术文件没有规定而又需测振动时，可参照表 8-3 的规定。

振动参数 **表 8-3**

转速（r/min）	≤375	>375～600	>600～750	>750～1000	>1000～1500	>1500～3000	>3000～6000	>6000～12000	>12000～20000
振幅不应超过（mm）	0.18	0.15	0.12	0.10	0.08	0.06	0.04	0.03	0.02

（5）停车：按调试方案达到要求，则可停止试运行。并根据运行记录签字验收。

（6）离心泵的试运转应遵守《泵站安装与验收规范》的规定。

（7）深井泵、潜水泵和真空泵的试运转还应符合《机械设备安装工程施工及验收规范》中有关规定和要求。

（8）试运转结束后，应关闭泵的出入口阀门和附属系统的阀门，放尽泵壳和管内的积水，防止生锈和冻裂。

泵站布置实例

如图 8-12 所示为设卧式水泵（6PWA 型）的圆形污水泵站。泵房地下部分为钢筋混凝土结构，地上部分用砖砌筑。用钢筋混凝土隔墙将集水池与机器间分开。内设三台 6PWA 型污水泵（两台工作泵一台备用泵）。每台水泵出水量为 110L/s，扬程为 23m。各泵有单独的吸水管，管径为 350mm。由于水泵为自灌式，故每条吸水管上均设有闸门。三台水泵共用一条压水干管。

利用压水干管上的弯头，作为计量设备。机器间内的污水，在吸水管上接出管径为 25mm 的小管伸到集水坑内，当水泵工作时，把坑内积水抽走。

从压水管上接出一条直径为 50mm 的冲洗管（在坑内部分为穿孔管），通到集水坑内。

集水池容积按一台水泵 5min 的出水量计算，其容积为 $33m^3$。有效水深为 2m。内设一个宽 1.5m，斜长 1.8m 的格栅。格栅用人工清除。

在机器间起重设备采用单梁吊车，集水池间设置固定吊钩。

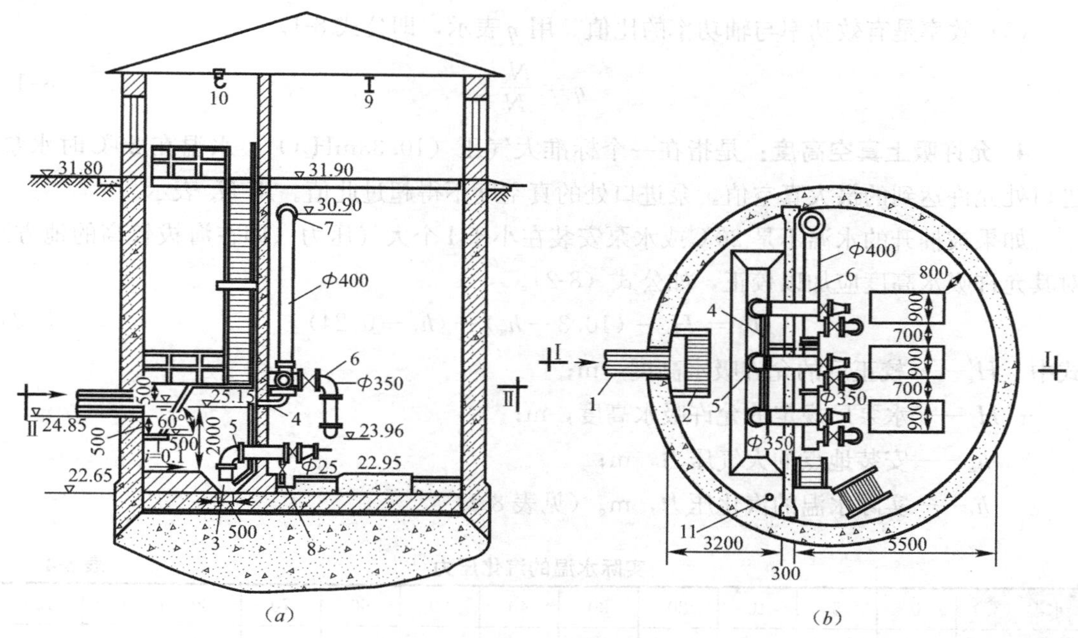

图 8-12　污水泵站

(a) Ⅰ—Ⅰ剖面；(b) Ⅱ—Ⅱ剖面

1—来水干管；2—格栅；3—吸水坑；4—冲洗水管；5—水泵吸水管；6—压水管；7—弯头水表；8—DN25 吸水管；9—单梁吊车；10—吊钩

【知识链接】

一、离心式泵的基本性能参数

不同的泵有不同的性能参数，在水泵铭牌上常用参数来表达各种泵的性能。这些参数包括：流量、扬程、功率、效率、允许吸上真空高度等。

1. 流量：是水泵在单位时间内所抽升液体的体积，以符号 Q 表示，单位为 L/s，m^3/s或 m^3/h。

2. 扬程：又称总水头或总扬程。是指单位重量流体通过泵以后所获得的能量，以符号 H 表示，单位为 mH_2O。

3. 功率

(1) 有效功率：单位时间内泵将多少重量的液体提升了多少高度。用 N_e 表示，单位：kW。

(2) 轴功率：指电动机传递给泵的功率。用 N 表示。

泵的轴功率除了向液体传递有效功率来抽送液体外，还有一部分功率在泵中损失掉。这些损失包括漏泄损失，也叫容积损失，是叶轮出口的高压水通过密封环又漏回到叶轮进口及送到填料函的密封水等损失。机械损失是指转动的叶轮和泵轴同固定的泵壳和轴承的摩擦损失。水力损失是水流在泵内的摩擦阻力、漩涡、冲击损失等三个主要方面。显而易见，轴功率必然大于有效功率，即 $N>N_e$。

（3）效率是有效功率与轴功率的比值。用 η 表示，即公式 8-1。

$$\eta = \frac{N_e}{N} \tag{8-1}$$

4. 允许吸上真空高度：是指在一个标准大气压（10.33mH_2O）、水温在 20℃时水泵进口处允许达到的最大真空值。泵进口处的真空度不得超过此值。用 H_s 表示。

如果被抽升的水温不是 20℃或水泵安装在小于 1 个大气压力（即在海拔较高的地方）对其允许吸水高度应加以校正，如公式（8-2）。

$$H_s' = H_s - (10.3 - h_a) - (h_t - 0.24) \tag{8-2}$$

式中 H_s'——校正后的允许吸水高度，m；

H_s——水泵厂规定的允许吸水高度，m；

h_a——安装地点的大气压力，m；

h_t——实际水温的汽化压力，m。（见表 8-4）

实际水温的汽化压力　　表 8-4

水温（℃）	0	5	10	20	30	40	50	60	70	80	90	100
汽化压力 h_t（mH_2o）	0.06	0.09	0.12	0.24	0.43	0.75	1.25	2.02	3.17	4.82	7.14	10.33

5. 比转数：在最高效率下，将泵的几何尺寸按比例缩小，缩小到这样的程度，使得缩小后的小水泵（称模型泵）的有效功率为 N_e=1 马力，扬程 H=1m，这个模型泵的转数称为比转数。

二、水泵选择

选择水泵的主要依据是根据所需的流量、扬程以及其变化规律。归纳如下：

1. 满足流量和扬程的要求；

2. 水泵机组在长期运行中，水泵工作点的效率最高；

3. 按所选的水泵型号和台数设计的水泵站，要求设备和土建的投资最小；

4. 便于操作维修，管理费用少。

三、水泵机组安装前的检查

1. 设备开箱应按下列项目检查，并作出记录。

（1）箱号、箱数以及包装情况；

（2）设备名称、型号和规格；

（3）设备有无缺件、损坏和锈蚀等情况，进出管口保护物和封盖应完好。

2. 水泵就位前应作下列复查：

（1）基础尺寸、平面位置和标高应符合设计要求和表 8-5 的质量要求。

（2）设备不应有缺件、损坏和锈蚀等情况，水泵进出管口保护物和封盖如失去保护作用，水泵应解体检查。

（3）盘车应灵活，无阻滞、卡住现象，无异常声音。

(4) 检查填料函：卸开填料函压盖螺丝，取出压盖和填料，用柴油清洗填料函，然后用塞尺检查各部分的间隙。填料挡套与轴套之间的间隙为0.3～0.5mm；填料压盖外壁与填料函内壁之间的间隙应为0.5mm；水封环应与泵轴同心，整个圆周向的间隙应为0.25～0.35mm。

(5) 出厂时已装配、调试完善的部分不应随意拆卸。确需拆卸时，应会同有关部门研究后进行，拆卸和复装应按设备技术文件的规定进行。

设备基础尺寸和位置的质量要求　　表8-5

<table>
<tr><th colspan="3">项目</th><th>允许偏差（mm）</th></tr>
<tr><td rowspan="9">设备基础</td><td colspan="2">坐标位置（纵横轴线）</td><td>±20</td></tr>
<tr><td colspan="2">各不同平面的标高</td><td>+0</td></tr>
<tr><td colspan="2">平面外形尺寸</td><td>±20</td></tr>
<tr><td colspan="2">凸台上平面外形尺寸</td><td>−20</td></tr>
<tr><td colspan="2">凹穴尺寸</td><td>+20</td></tr>
<tr><td rowspan="2">不水平度</td><td>每米</td><td>5</td></tr>
<tr><td>全长</td><td>10</td></tr>
<tr><td rowspan="2">竖向偏差</td><td>每米</td><td>5</td></tr>
<tr><td>全长</td><td>20</td></tr>
<tr><td rowspan="2">预埋地脚螺栓</td><td colspan="2">标高（顶端）</td><td>+20</td></tr>
<tr><td colspan="2">中心距（在根部和顶部两外侧量）</td><td>±2</td></tr>
<tr><td rowspan="3">预埋地脚螺栓孔</td><td colspan="2">中心位置</td><td>±10</td></tr>
<tr><td colspan="2">深度</td><td>20</td></tr>
<tr><td colspan="2">孔壁的垂直度</td><td>10</td></tr>
<tr><td rowspan="4">预埋活动地脚螺栓锚板</td><td colspan="2">标高</td><td>±20</td></tr>
<tr><td colspan="2">中心位置</td><td>±5</td></tr>
<tr><td colspan="2">不水平度（带槽的锚板）</td><td>+5</td></tr>
<tr><td colspan="2">不水平度（带螺纹孔的锚板）</td><td>2</td></tr>
</table>

3. 电机安装前检查项目见表8-6。

电机安装前检查项目　　表8-6

项目	检查内容
电动机转子	盘动转子不得有碰卡现象
轴承润滑脂	无杂质、无变色、无变质及硬化现象
电动机引出线	引出线接线铜接头焊接或压接良好，且编号齐全
电刷提升装置	绕线式电机的电刷提升装置应标有“启动”“运行”的标志，动作顺序应使先短路集电环，然后提升电刷

4. 平垫铁安装注意事项：

(1) 每个地脚螺栓近旁至少应有一组垫铁。

(2) 垫铁组在能放稳和不影响灌浆的情况下，应尽量靠近地脚螺栓。

(3) 每个垫铁组应尽量减少垫铁块数，一般不超过3块，并少用薄垫铁。放置平垫铁时，最厚的放在下面，最薄的放在中间，并将各垫铁相互焊接（铸铁垫铁可不焊）。

(4) 每一组垫铁应放置平稳，接触良好。设备找平后，每一垫铁组应被压紧，并可用 0.5kg 手锤轻击听音检查。

(5) 设备找平后，垫铁应露出设备底座底面外缘，平垫铁应露出 10～30mm，斜垫铁应露出 10～50mm；垫铁组伸入设备底座底面的长度应超过设备地脚螺栓孔。

四、吸水管路与压水管路的布置

吸水管路和压水管路是泵站的重要组成部分，合理布置与安装吸水、压水管路，对于保证泵站的安全运行，节省投资，减少电耗有很大的关系。

1. 吸水管路布置

(1) 每台水泵宜设置单独的吸水管直接向吸水井或清水池中吸水。如几台水泵采用合并吸水管时，应使合并部分处于自灌状态，同时吸水管数目不得少于两条，在联通管上应装设阀门，当一条吸水管发生事故时，其余吸水管仍能满足泵站设计流量的要求。

(2) 吸水管要保证在运行情况下不产生气囊。因此，吸入式水泵的吸水管应有向水泵不断上升且大于 0.005 的坡度，如吸水管水平管段变径时，偏心异径管的安装应管顶平接，将斜面向下，以免存气，并应防止由于施工误差和泵站与管道产生不均匀下降而引起吸水管路的倒坡。

(3) 水泵吸水管路的接口必须严密，不能出现任何漏气现象。

(4) 采用吸水井（室）的吸水喇叭管的安装，应注意吸水喇叭口必须有足够的淹没深度，以免出现旋涡吸入空气；还应保持适当的悬空高度，可使进水口流速均匀，减少吸水阻力。当吸水井（室）内设有多台泵吸水时，各吸水管之间的间距不小于吸水管管径的 1.3～1.5 倍；吸水管与井（室）壁的间距应不小于吸水管管径的 0.75～1.0 倍，避免相互干扰。

2. 压水管路布置

(1) 出水管上应设置阀门，一般出水管管径大于或等于 300mm 时，采用电动阀门。

(2) 当采用蝶阀时，由于蝶阀开启后的位置，可能超过阀体本身长度，故在布置相邻联结配件时应予以注意。

(3) 为使泵站安装方便，可在出水管段设有承插口或伸缩配件，但必须注意防止接口松脱，必要时在与出水横跨总管连接处设混凝土支墩。

(4) 较大直径的转换阀门，止回阀及横跨管等宜设在泵站外的阀门室（井）内。对于较深的地下式泵站，为避免止回阀等裂管事故和减少泵站布置面积，更宜将闸阀移至室外。

(5) 对于出水输水管线较长，直径较大时，为尽快排除出管内空气，可考虑在泵后出水管上安装排气阀。

五、离心泵的试运转应遵守下列规定：

(1) 开泵前，应先检查吸水管及底阀是否严密、传动皮带轮的键和顶丝是否牢固、叶轮内有无东西阻塞，然后关闭阀门。

(2) 将泵体和吸水管充满水，排尽空气，不得在无液体情况下起动；自吸泵的吸入管路不需充满液体。

(3) 启动前应先将出水管阀门关闭，启动后再将阀门逐渐开启，不得在阀门关闭情

况下长时间运转，也不应在性能曲线中驼峰处运转。

（4）管道泵和其他直连泵（电动机与泵同轴的泵）的转向应用点动方法检查。

（5）吸水管上的真空表，应在水泵运转后开启，停泵前关闭。

（6）在额定负荷下，连续运转8h后，轴承温升应符合说明书规定，填料函应略有温升，调整填料函压盖松紧度，使其滴状渗漏。

（7）机械运转中不应有杂音，各紧固连接部位不得有松动或渗漏现象。

（8）原动机负荷功率或电动机工作电流，不得超过设备的额定值。

（9）运行中应注意运转声响，观察出水情况，检查盘根、轴承的温度；如发现出水不正常、底阀堵塞或轴承温度过高时，应即停车检修。停泵前应先将出水管阀门关闭，然后停泵。

六、水泵运行故障及排除方法

1. 启动困难，见表8-7。

水泵运行故障及排除方法　　表8-7

故障原因	排除措施
水泵灌不满水	检查底阀或吸水管是否漏水；水泵底部放空螺丝或阀门是否关闭
水泵灌不进水	泵壳顶部或排气孔阀门是否打开
底阀漏水、底阀关	突然大量灌水，迫使底阀关上，如不见效果则底阀可能已坏，必须设法检修
底阀被杂物卡住	检查阀片并设法清除杂物
水泵或吸水管漏气、真空泵抽不成真空	检查吸水管及连接法兰本身是否漏水。拧紧填料压盖。检查水封冷却水管是否打开，水泵底部放水阀是否关紧。吸水井水位是否太低，吸水管是否漏气，灌泵给水管是否堵塞
真空系统故障	检查所有阀门是否在正确位置，真空止回阀是否失灵
真空泵补给水不足或真空泵抽气能力不足	增加真空泵补给水，但进水量过大或压力过高也会影响真空效率。如进水无问题，检查真空泵本身是否完好，发现问题立即修理

2. 不出水或出水量过少，见表8-8。

水泵运行故障及排除方法　　表8-8

故障原因	排除措施
水未灌满，泵壳中存有空气	继续灌水或抽气
水泵转动方向不对	改变电动机接线
水泵转速太低	检查电路，是否电压过低或频率太低
吸水管及填料函漏气	压紧填料，修补吸水管
吸水扬程过高，发生气蚀	检查吸水管有无堵塞，如属于水位下降或安装原因，设法抬高水位或降低泵的安装高度
水泵扬程低于实际需要扬程	进行改造，更换水泵
底阀、吸水管或叶轮填塞与漏水	检查原因，清除杂物，修补漏洞
水面产生漩涡，空气带入水泵	加深吸水口淹没深度或加水盖
减漏环漏水或叶轮磨损	更换磨损零件

续表

故障原因	排除措施
水封管堵塞	拆下清理、疏通
出水阀门或止回阀未开或故障	检查出水阀门、止回阀

3. 振动或噪声过大，见表 8-9。

水泵运行故障及排除方法　表 8-9

故障原因	排除措施
基础螺栓松动或安装不完善	拧紧螺栓、完善基础安装、添加防振部件
泵与电机安装不同心	矫正同心度
发生气蚀	降低吸水高度减少吸水管水头损失
轴承损坏或磨损	更换或修理轴承
出水管存留空气	在存留空气处，加装排气设施

4. 转动困难或轴功率过大，见表 8-10。

水泵运行故障及排除方法　表 8-10

故障原因	排除措施
填料压得太死，泵轴弯曲，轴承磨损	松压盖，矫直泵轴，更换轴承
联轴器间隙太小	调整间隙
电压过低	检查电路，找出原因，对症检修
流量过大，超过使用范围太多	关小出水阀门

5. 轴承过热，见表 8-11。

水泵运行故障及排除方法　表 8-11

故障原因	排除措施
轴承安装不良	作同心检查和矫正泵轴与联轴器
轴承缺油或油太多（用黄油时）	调整加油量
油质不良，不干净	更换合格润滑油
滑动轴承的甩油环不起作用	放正油环位置或更换油环
叶轮平衡孔堵塞，泵轴向心力不平衡	清除平衡孔上堵塞的杂物
轴承损坏	更换轴承

6. 电机过负荷，见表 8-12。

水泵运行故障及排除方法　表 8-12

故障原因	排除措施
转速过高	检查电机与水泵是否配套
流量过大	关小出水闸门
泵内混入异物	拆泵除去异物
电机或水泵机械损失过大	检查水泵轮与泵壳之间间隙，填料函、泵轴、轴承是否正常

7. 填料函发热，见表 8-13。

水泵运行故障及排除方法　　表 8-13

故障原因	排除措施
填料压盖太紧	调整松紧使滴水呈滴状连续渗出
填料函位置装得不对	调整位置
水封环位置不对或冷却水不足	调整水量、保持水封压力，确保冷却水流畅
填料函与轴不同心	检修、改正不同心

七、排水泵站

1. 排水泵站的分类

排水泵站是城市排水工程的重要组成部分，城市污水，雨水因受地质地形条件、水体水位等的限制，不能以重力流方式排除以及在污水处理厂中为了提升污水或污泥时，则需设置排水泵站。

排水泵站通常按其排水的性质分类，一般可分四类：

(1) 污水泵站：设置于污水管道系统中，或污水处理厂内，用以提升城市污水；

(2) 雨水泵站：设置于雨水管道系统中，或城市低洼地带，用以排除城区雨水；

(3) 合流泵站：设置于合流制排水系统中，用以排除城市污水和雨水；

(4) 污泥泵站：在城市污水处理厂中常设置污泥泵站。

排水泵站按其在排水系统中的位置又可分为中途泵站和终点泵站。按其启动方式也可分为自灌式泵站和非自灌式泵站。为了使排水泵站运行可靠，设备简单，管理方便，应首先考虑采用自灌式泵站。

2. 排水泵站的组成

排水泵站主要组成部分包括：泵房、集水池、格栅、辅助间及变电室等。

(1) 泵房：安装泵、电动机等主要设备；

(2) 集水池：用以调蓄进水流量，使泵工作均匀。集水池中装有泵的吸水管及格栅等。

(3) 格栅：设在集水池中，用以阻拦进水中粗大的固体杂质，以防止这些杂质堵塞或损坏泵叶轮。

(4) 辅助间：包括修理间、储藏间、工作人员休息室及厕所等。

(5) 变电室：按供电情况设置。

排水泵站一般宜单独修建，并应尽量搞好绿化，以减轻对周围环境的影响。在受洪水淹没的地区，泵站入口设计地面高程应比设计洪水位高出 0.5m 以上，必要时可设防洪措施。

3. 水泵的选择

排水泵选择主要根据最高时设计流量 Q，全扬程 H，按水泵特性曲线或性能表来选定，并使泵在高效率范围内工作。

污水泵站的设计流量按污水管道的最高时设计流量确定。

雨水泵站及合流泵站的设计流量按雨水管渠或合流管渠的设计流量确定，并应留有适当的余地。

排水泵站的全扬程按式（8-3）计算：

$$H \geqslant H_{ss} + H_{sd} + \Sigma h_s + \Sigma h_d + h_n \tag{8-3}$$

式中　H——泵的全扬程，m；

H_{ss}——吸水池地形高度，m。为集水池内最低水位与水泵轴线之间高差。

H_{sd}——压水地形高度，m。为水泵轴线与输水最高点（即压水管出口处）之高差。

Σh_s、Σh_d——污水通过吸水、压水管路的水头损失，m；应该指出，由于污水泵站一般扬程较低，局部损失占总损失比重较大，不可忽略不计。

h_n——安全扬程，一般采用1～2m。

由于水泵在运行过程中，集水池中水位是变化的，因此所选取水泵在变化范围内应处于高效段。

当泵站内的水泵超过两台时，在选择水泵时应注意不但在并联运行时，而且在单泵运行时都应在高效段内。工作泵可以选用同一型号的，也可以大小搭配。总的要求是在满足最大排水量的条件下，减少投资，节约电耗，运行安全可靠、维护管理方便。在可能的条件下，每台水泵的流量最好相当于1/2～1/3的设计流量，并且以采用同型号的水泵为好。也可采用大、小泵搭配。如设置不同大小的两台泵，则小泵的流量不应小于大泵的1/2；如设置一大两小共三台泵时，则水泵的流量应不小于大泵流量的1/3。排水泵站的扬程一般不高，而流量较大（雨水泵站与合流泵站），且有较大颗粒的杂质。在污水泵站中常选用PWL立式离心污水泵（或潜污泵），流量较大时采用ZL型轴流泵。雨水泵站通常选用ZL型立式轴流泵或混流泵。

4. 集水池

污水泵站集水池的容积与进入泵站的流量变化情况，水泵的型号，台数及其工作制度，泵站操作性质，启动时间有关。流入泵站的流量一般可能出现下列两种情况：（1）流入泵站的流量小于泵站的抽水量；（2）流入泵站的流量大于泵站的抽水量。在前一种情况下，集水池容积主要满足泵运行上的要求，保证储蓄一定的污水量使泵开停不要过于频繁。在后一种情况下，集水池容积除满足上述要求外，尚须起蓄存流入泵站的进水量与抽水量间的超额部分的作用。因此，污水泵站集水池的容积应根据污水流量变化曲线图与泵抽水能力及工作情况，通过计算确定；当缺乏上述资料时，一般按最大一台泵5min的出水量计算。

对于雨水泵站，由于流入泵站的雨水量决定于降雨强度与历时，它的流量比污水量一般大得多，雨水泵站集水池的容积一般不考虑起调节流量的作用，只是保证泵的运转上的要求。室外排水设计规范规定，一般采用不小于泵站中最大一台泵30s的出水量。

排水泵站集水池的容积，是指集水池中最低水位与最高水位间的容积。集水池的实际尺寸还需根据吸水管和格栅布置上的要求决定。排水泵站集水池的最高水位不应超过管渠中设计水面。污水泵站集水池的最低水位与最高水位之间一般采用1.5～2.0m。集水池底部应用0.01～0.02的坡度倾向集水坑。泵吸水喇叭口设在集水坑中，集水坑深度一般不小于0.5m。排水泵站集水池中泵吸水管的布置形式如图8-13所示。每台泵的进水

应不受其他泵进水的干扰。泵吸水管喇叭口中心与池壁间距一般采用喇叭口直径的1.5倍。相邻两喇叭口的中心距可采用喇叭口直径的2.5倍。

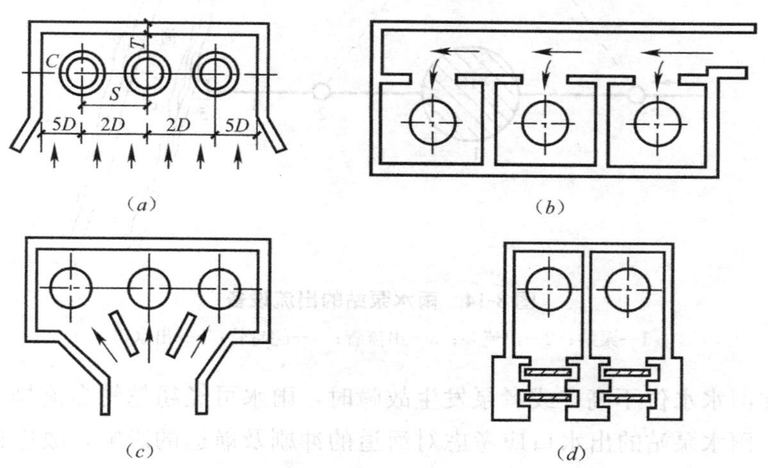

图8-13 集水池中水泵吸水口布置

集水池应装置松动沉渣的设备。当采用离心泵时，一般可在泵出水管上安回流水管伸入吸水坑内。为了便于检修，污水泵站和合流泵站集水池的进水管渠上宜设闸门或闸槽，事故出水口应设在闸门之前。污水泵站的事故出水口若通向雨水管渠或水体，应征得卫生主管部门的同意。

5. 格栅

格栅常用圆钢或矩形截面的钢条、扁钢或不锈钢条等材料焊接在钢框架上制成。栅面与水面应成60°～70°的倾角。格栅底部应比集水池进水管管底低0.5m以上。栅条间隙应根据泵站水泵型号，主要按泵叶轮的流槽尺寸而定。污水泵站的格栅缝隙尺寸按表8-14采用。

污水泵站格栅缝隙尺寸 表8-14

泵型号	2PWA	4PWA	6PWA	8PWA	14PWA	8PWL	14PWL
缝隙尺寸（mm）	30	50	75	100	150	100	150

格栅按清渣方式可分为普通格栅与机械格栅。普通格栅靠人工清渣。在大型排水泵站中，多采用机械清渣。

机械格栅有圆弧形机械格栅，履带式机械格栅，曲臂式机械格栅，抓斗式机械格栅和移动式机械格栅等。

6. 雨水泵站的出流设备

雨水泵站应设置出流设备。出流设备一般包括出流井、出流管超越管和出水口四部分，如图8-14所示。

出流井中设有泵出口的单向阀，以便在泵停止时防止出流井内水位较高的雨水倒灌入集水池。可以每台泵设一出流井，亦可几台泵合用。出流井的井口高程应在河流最高水位以上，井口必须敞开，可设置铁栅盖板。在雨水泵站的进水管与出水管之间用超越

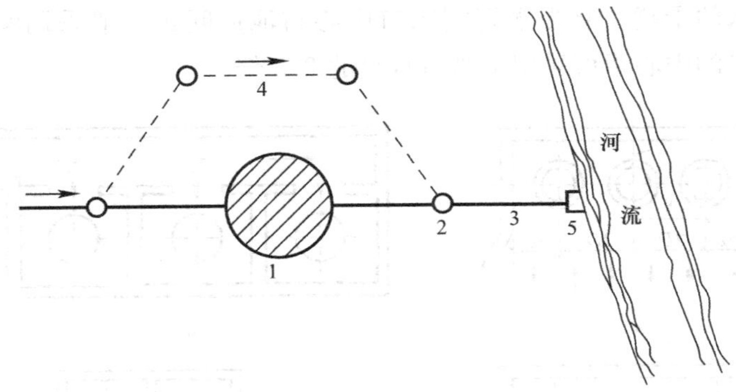

图 8-14　雨水泵站的出流设备

1—泵站；2—出流井；3—出流管；4—超越管；5—出水口

连接，便于在河水水位不高，或者泵发生故障时，雨水可经超越管自流排出。超越管上应设置闸阀。雨水泵站的出水口应考虑对河道的冲刷及航运的影响，故应控制出口的流速与水流方向。流速一般控制在 0.7～1.0m/s，出水口的水流方向，最好向河道下游倾斜，避免与河道垂直。在出口附近应设置挡土墙或护坡。

7. 排水泵站的形式

排水泵站的形式根据进水管渠的埋设深度，进水流量，水文地质条件而定。排水泵站按泵房和集水池的组合方式分为合建式与分建式两种。对于雨水泵站，按泵是否浸入水中可分为湿式泵站与干式泵站。

排水泵站平面形状有圆形、矩形两种。圆形泵站受力情况比矩形泵站好，便于施工，造价低；矩形泵站对于机组和管道布置比较方便。根据设计与使用经验，当泵台数不多于四台的污水泵站及三台以下的雨水泵站，地下结构采用圆形最经济，其地面以上建筑物的形式可采用矩形，主要的是应与周围建筑物协调；水泵机组多于四台的泵站，地下建筑可以采用矩形，也可以采用椭圆形，其地面上建筑部分则不受地下形状的限制。

8. 排水泵站的构造特点

由于排水泵站的工艺特点，水泵大多数为自灌式工作，所以泵站往往设计成为半地下式或地下式，其深度取决于来水管渠的埋深。又因为排水泵站总是建在地势低洼处，所以它们常位于地下水位以下，因此，其地下部分一般采用钢筋混凝土结构，并应采取必要的防水措施。应根据土压和水压来设计地下部分的墙壁（井筒），其底板应按承受地下水浮力进行计算。泵房的地上部分的墙壁一般用砖砌筑。

一般说来，集水池应尽可能和机器间合建在一起，使吸水管路长度缩短。只有当水泵台数很多，且泵站进水管渠埋设又很深时，两者才分开修建，以减少机器间的埋深。机器间的埋深取决于水泵的允许吸上真空高度。分建式的缺点是水泵不能自灌充水。

辅助间（包括工人休息室），由于它与集水池和机器间设计标高相差很大，往往分开修建。

当集水池和机器间合建时，应当用无门窗的不透水的隔墙分开。集水池和机器间各设有单独的进口。

在地下式排水泵站内，扶梯通常沿着房屋周边布置。如地下部分深度超过 3m 时，扶梯应设中间平台。

在机器间的地板上应有排水沟和集水坑。排水沟一般沿墙设置，坡度为 $i=0.01$，集水坑平面尺寸一般为 0.4m×0.4m，深为 0.5～0.6m。

对于非自动化泵站，在集水池中应设置水位指示器，使值班人员能随时了解池中水位变化情况，以便控制水泵的开或停。

当泵站有被洪水淹没的可能时，应设必要的防洪措施。如用土堤将整个泵站围起来，或提高泵站机器间进口门槛的标高，防洪设施的标高应比当地洪水水位高出 0.5m 以上。

集水池间的通风管道必须伸到工作平台以下，以免在抽风时臭气从室内通过，影响管理人员健康。

集水池中一般应设事故排水管。

项目9 给水排水管网的管理与维护

【项目描述】

随着城市建设的发展，一座城市的给水排水管网的使用状况是否良好，很大程度上取决于管网的管理与维护。

市政管道工程施工完毕，经过一段时间的使用后，由于设计上的缺陷、工作条件和外界环境的变化、施工中存留的质量隐患、设备和材料的腐蚀老化等原因，会使管道系统的性能减退，丧失管道设施的功能，影响正常使用。因此，应按照规范要求对管道系统进行必要的维护管理。

【学习支持】

市政给水管网的维护与管理最主要的任务是检漏与修复。防止管网漏水不但可降低给水成本，也等于新开辟水源。另外，漏水还可能使建筑物的基础失去稳定而造成建筑物的破坏。因此，检漏和防漏对于经济效益、社会效益、环境效益和供水安全都具有很大的意义。

引起漏水的原因很多，如：

1. 由于土壤对管壁腐蚀或水管质量差、使用期长而破损；
2. 管线接头不密实或基础不平整引起接头松动；
3. 因阀门关闭过快或失电停泵，引起水锤使管壁产生纵向裂纹，甚至爆裂；
4. 阀门腐蚀，磨损或污物嵌住无法关紧等；
5. 管线穿越障碍物的措施不当，或水管被运输机械等动荷载压坏，使水管产生横向裂纹或接头松动等。

【任务实施】

一、给水管道的维护管理

1. 管网检漏

检漏的方法有直接观察、听漏、分区检漏等，可根据具体条件选用。

(1) 直接观察法

直接观察法是从地面上观察漏水迹象，如路面或河岸边有清水渗出，排水窨井中有清水流出，局部路面沉陷，路面积雪局部溶化，晴天出现湿润的路面，旱季某些地方的树木花草特别茂盛，或离管线损坏处甚远的地方发现水流等。本法简单易行，但只能找出明漏，结果较粗略，通常在白天进行。

(2) 听漏法

主要应用听漏器寻找隐蔽的漏水现象（即暗漏），是确定漏水部位的有效方法。听漏分接触听漏、钻洞打钎听漏和地面听漏三种方式。一般在深夜进行，以免受到车辆行驶和其他杂声的干扰。

2. 分区检漏法

这种方法是把整个给水管网分成若干小区域，将被检查区与其他区相通的阀门和该区内连接用户的阀门全部关闭，暂停用水。在某一起控制作用的阀门前后跨接一直径为10～20mm 与水管平行的旁通管，在旁通管上装有水表。然后打开阀门，让该区进水。若该区管线不漏水，水表指针应不转动。若漏水，将引起旁通管内水流动而使水表指针转动。这时可从水表上读出漏水量，如图 9-1 所示。

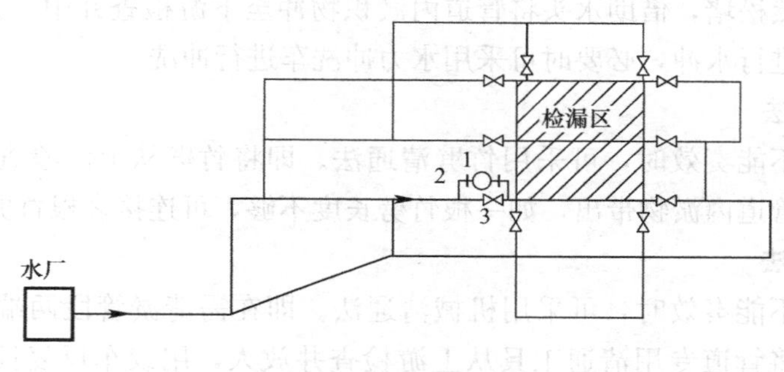

图 9-1　分区检漏

1—水表；2—旁通管；3—阀门

照此法可将检漏区再分小区检查，逐步缩小范围，并结合听漏法即可找出漏水地点。并在漏水点做好标记，以便及时检修。

分区检漏法要在可短期停水和不影响消防的情况下才能进行。

通过各种检漏方法查出漏水地点后，应立即堵漏修复，以保证管线正常工作。

3. 堵漏

查到漏水点后，可根据漏水原因、管道材质、管道连接方法，确定堵漏方法。常用的堵漏方法可分为承插口漏水的堵漏和管壁小孔漏水的堵漏。

承插口漏水的堵漏方法是先把管内水压降至无压状态，然后将承口内的填料剔除再重新打口。如管内有水，应用快硬、早强的水泥填料（如氯化钙水泥和银粉水泥等）。对水泥接口的管道当承口局部漏水时，可不必把整个承口的水泥全部剔除，只需在漏水处局部修补即可。如青铅接口漏水，可重新打实接口或将部分青铅剔除，再用铅条填口打实。

管壁小孔漏水的堵漏方法：管道由于腐蚀或砂眼造成的漏水，可采用管卡堵漏、丝堵堵漏、铅塞堵漏和焊接堵漏等方法。

管卡堵漏时，如水压较大应停水堵漏，如水压不大可带水堵漏。堵漏时将锥形硬木塞轻轻敲打进孔内堵塞漏水处，紧贴管外皮锯掉木塞外露部分，然后在漏水处垫上厚度为 3mm 的橡胶板，用管卡将橡胶板卡紧即可。

丝堵堵漏时，以漏水点为中心钻一孔径稍大于漏水孔径的小孔，攻丝后用丝堵拧紧即可。

铅塞堵漏时，先用尖凿把漏水孔凿深，塞进铅块并用手锤轻打，直到不漏水为止。

焊接堵漏时，把管道降至无压状态后，将小孔焊实即可。

二、排水管道的维护管理

排水管道维护的主要内容为管道堵漏和清淤。

排水管道漏水时，可根据漏水量的大小和管道的材质，采用打卡子或混凝土加固等方法进行维修，必要时应更换新管。

排水管道为重力流，发生淤积和堵塞的可能性非常大，常用的清淤方法有：

1. 水力清通法

将上游检查井临时封堵，上游管道憋水，下游管道排空，当上游检查井中水位提高到一定程度后突然松堵，借助水头将管道内淤积物冲至下游检查井中。为提高水冲效果，可借助“冲牛”进行水冲，必要时可采用水力冲洗车进行冲洗。

2. 竹劈清通法

当水力清通不能奏效时，可采用竹劈清通法。即将竹劈从上游检查井插入，从下游检查井抽出，将管道内淤物带出，如一根竹劈长度不够，可连接多根竹劈。

3. 机械清通法

当竹劈清通不能奏效时，可采用机械清通法。即在需清淤管段两端的检查井处支设绞车，用钢丝绳将管道专用清通工具从上游检查井放人，用绞车反复抽拉，使清通工具从下游检查井被抽出，从而将管道内淤物带出。根据管道堵塞程度的不同，可选择不同的清通工具进行清通。常用的清通工具有骨骼形松土器、弹簧刀式清通器、锚式清通器、钢丝刷、铁牛等。清通后的污泥可用吸泥车等工具吸走，以保证排水管道畅通。因排水管道中污泥的含水率相当高，现在一些城市已采用了泥水分离吸泥车。

4. 采用气动式通沟机与钻杆通沟机清通管道

气动式通沟机借压缩空气把清泥器从一个检查井送到另一个检查井，然后用绞车通过该机尾部的钢丝绳向后拉，清泥器的翼片即行张开，把管内淤泥刮到检查井底部。钻杆通沟机是通过汽油机或汽车引擎带动一机头旋转，把带有钻头的钻杆通过机头中心由检查井通入管道内，机头带动钻杆转动，使钻头向前钻进，同时将管内的淤泥物清扫到另一个检查井内。

三、雨水口与检查井的维护

1. 检查井沉陷

检查井沉陷是城市排水系统普遍存在的问题。其中较有效的方法有：先是在井筒砌筑时颈脖处安装防沉陷的盖板，后来改为直接在颈脖处采用现场浇筑混凝土，同时增加钢筋用量，盖板厚度也加大到30cm，大大增加井口周围的承压能力，防止井盖沉陷。而目前更好的办法则是伴随道路结构层施工进行检查井调整，采用现浇混凝土，道路每施工一层，就浇筑一层混凝土，使检查井井筒更加牢固，有效防止井盖沉降。

2. 更换井盖及井座

改造雨水口、更换雨箅时，有时采用当地产品，形式与《给水排水标准图集》中的构件不同，这时需进行雨箅的泄水能力计算。当雨水口不能满足泄水要求而增设雨箅时，不能仅关注雨箅的泄水能力，还应该核算连接管的输水能力，避免盲目增加雨箅。

四、市政排水管网的日常巡视检查

在日常工作中对市政排水管网的检查，应该加以重视。专门成立巡查小组，对于巡查人员，应该进行专业的技术培训，让他们能够掌握管道检查的基本技术能力，熟知必要的专业知识。平时更应该加强对巡检人员的管理和培养。发现问题及时与有关部门联系、汇报并及时处理。以下几点可做为巡视重点：

1. 检查井和雨水口坍塌及井箅丢失

检查井和雨水口坍塌及井箅丢失不仅易造成排水不畅，更容易影响交通和行人安全，所以应作为日常巡视的重点，发现问题及时更换和维修。

2. 防止污水接入雨水口

施工废水的排放是巡视重点。由于施工废水往往含有泥土、砂石、水泥浆等易凝、易沉降的物质，淤积后清疏困难，将造成管道逐步堵塞，影响整条管线。雨水口由于其分布广、接近建筑，往往成为零星排水的接入点。为防止雨水口的堵塞，应加强管理，禁止油脂含量高、杂物多的污水接入雨水口。

3. 防止垃圾进入雨水口

雨水口设置低于地面且有一定面积的孔洞，有效收集雨水的同时杂物也容易进入。严重时甚至使整个雨水口井身堵塞。这不仅降低了雨水口的泄流能力，也增加了雨水口乃至排水管道的维护工作量，对此需要有一定的制度进行约束。与环卫部门协调，双方同时进行教育、监管，并与对清扫人员的考核工作相结合，有效地减少了人为造成的雨水口的堵塞。

【知识链接】

一、检漏设备

1. 听漏器

是用听觉鉴别管道因漏水而产生的微小振动声的工具。有用电流的和不用电流两种，前者为单柄式或双柄式听漏棒，后者为专门的电子检漏仪，它们都有扩大和传递漏水声的功能。

图9-2为最简单的听漏工具（听漏棒）。它是一根空心木管（或外包木质护理的铜管）一端接一个与耳机相似的，内有铜片的空心木盒，另一端的空孔中塞以少许白蜡，以免堵塞。检漏时，用耳紧贴空心木盒，将木管另一端放在欲检查的地面、阀门或消火栓上。

如果管道有漏水现象，漏水的声音在木管中发生共鸣，传至空心木盒内的铜片，就发出类似铜壶烧水将要沸腾的声音。发现这种可疑的声音后，再到附近雨水窨井查看有无清水流出及流出的方向，从而确定漏水地点。

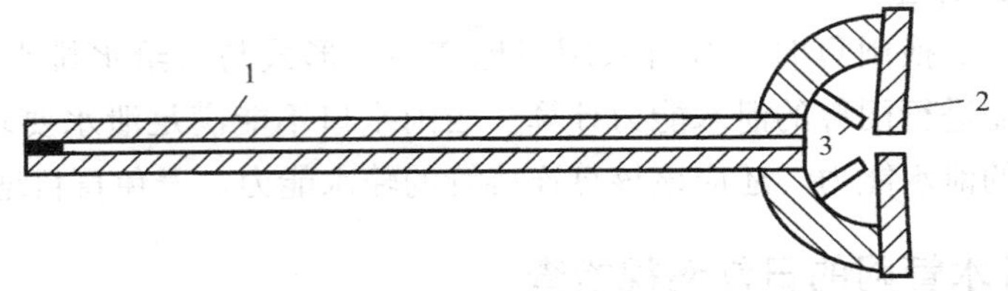

图 9-2 听漏棒

1—空心水管；2—空心木盒；3—铜片

这种听漏器在无风和其他杂音的情况下，可检查出埋深 1～1.5m 的管线在 1～2m 范围内的漏水地点。听漏效果取决于听漏者的经验和对地下管线的熟悉情况。听漏时尽可能沿管线进行。听漏点的距离，根据水管使用年限和漏水的可能性凭经验选定。

2. 电子检漏仪

电子检漏仪是比较现代化的检漏工具，它由拾音器、放大滤波和显示器三部分组成。拾音器通过晶体探头将管道漏水时发出的低频振动转化为电信号，经放大器放大后由耳机听到或在仪表上显示出来。

电子检漏仪的灵敏度很高，所有杂声均可放大听到，故在放大器中有滤波装置，以减少杂音干扰，放大真正的漏水声。

二、养护人员下井应注意安全

排水管渠中的污水通常会析出硫化氢、甲烷、二氧化碳等气体，某些生产污水能析出石油、汽油或苯等气体，这些气体与空气中的氮混合后能形成爆炸性气体。煤气管道失修、渗漏可能导致煤气溢入管渠中造成危险。如果养护人员要下井，除应有必要的劳保用具外，下井前必须先将安全灯放入井内，如有有害气体，由于缺氧，安全灯将熄灭。如有爆炸性气体，灯在熄灭前会发出闪光。在发现管渠中存在有害气体时，必须采取有效措施排除，例如将相邻两检查井的井盖打开一段时间，或者用抽风机吸出气体。排气后要进行复查。即使确认有害气体已被排除干净，养护人员下井时仍应有适当的预防措施，例如在井内不得携带有明火的灯，不得点火或抽烟，必要时可戴上附有气袋的防毒面具，穿上系有绳子的防护腰带，井外必须留人，以备随时给予井下人员以必要的援助。

参 考 文 献

1. 边喜龙. 给水排水工程施工技术（第一版）[M]. 北京：中国建筑工业出版社，2005.
2. 段常贵. 燃气输配（第三版）[M]. 北京：中国建筑工业出版社，2001.
3. 李德英. 供热工程 [M]. 北京：中国建筑工业出版社，2005.
4. 颜纯文，蒋国盛，叶建良. 非开挖铺设地下管线工程技术 [M]. 上海：上海科学技术出版社，2005
5. 李良训. 市政管道工程 [M]. 北京：中国建筑工业出版社，l998.
6. 李昂. 管道工程施工及验收标准规范实务全书 [M]. 北京：金盾电子出版公司，2003.
7. 贾宝，赵智. 管道施工技术 [M]. 北京：化学工业出版社，2003.
8. 白建国，戴安全. 市政管道工程施工 [M]. 北京：中国建筑工业出版社，2011.
9. 市政工程设计施工系列图集编绘组. 市政工程设计施工系列图集（给水、排水工程，下册）[S]. 北京：中国建材工业出版社，2004.
10. 中华人民共和国建设部. 给水排水管道工程施工及验收规范 GB 50268—2008 [S]. 北京：中国建筑工业出版社，2003.
11. 城市建设研究院. 城镇燃气输配工程施工及验收规范 CJJ 33—2005 [S]. 北京：中国建筑工业出版社，2005.
12. 李梅. 城市雨水收集模式和处理技术 [J]. 山东：山东建筑大学学报，2007，12.
13. 赵明. 顶管机及顶管施工技术（上）[J]. 上海：上海宝冶建设有限公司，2010，08.